中国地质大学(武汉)秭归产学研基地野外实践教学系列教材
中国地质大学(武汉)本科教学工程项目(2018G26,2018G42)资助教材
中国地质大学(武汉)地球科学科普研究与创作中心项目资助教材
湖北省地理联合实习三峡段实习教材

秭归产学研基地野外实践教学教程
——地理学 分册

侯林春　王伦澈　郑贵洲　彭红霞　等编著

图书在版编目(CIP)数据

秭归产学研基地野外实践教学教程——地理学 分册/侯林春等编著．—武汉：中国地质大学出版社，2019.9（2025.1重印）

中国地质大学（武汉）秭归产学研基地野外实践教学系列教材

ISBN 978-7-5625-4618-4

Ⅰ.①秭…
Ⅱ.①侯…
Ⅲ.①地理学-实习-高等学校-教材
Ⅳ.①P622②P642

中国版本图书馆 CIP 数据核字（2019）第 201407 号

秭归产学研基地野外实践教学教程 ——地理学 分册	侯林春　王伦澈　郑贵洲　彭红霞　等编著	

责任编辑：马　严		责任校对：张咏梅
出版发行：中国地质大学出版社（武汉市洪山区鲁磨路388号）		邮政编码：430074
电　　话：(027)67883511	传真：67883580	E-mail:cbb@cug.edu.cn
经　　销：全国新华书店		http://cugp.cug.edu.cn
开本：787毫米×1092毫米 1/16	字数：365千字	印张：14.25
版次：2019年9月第1版	印次：2025年1月第3次印刷	
印刷：武汉精一佳印刷有限公司	印数：2001—2600册	
ISBN 978-7-5625-4618-4		定价：58.00元

如有印装质量问题请与印刷厂联系调换

《秭归产学研基地野外实践教学教程——地理学 分册》

编委会名单

侯林春　王伦澈　郑贵洲　彭红霞　李长安

汪正祥　罗　静　胡红青　黄咸雨　王少军

陈　旭　吕建军　樊文有　徐世球　刘福江

序

2013年10月,区域规划与信息技术系组织全体教师到秭归实习基地进行为期5天的实践教学路线考察,通过本次考察讨论了地理科学类本科专业野外实习的内容体系。2015年6月,笔者在《湖北大学学报》(哲学社会科学版)(第42卷 专辑)刊发了一篇论文《自然地理与资源环境专业野外实践教学内容体系构建——以中国地质大学(武汉)为例》,明确系统地阐述了地理科学类本科专业野外实习的内容体系。本书的内容体系也是对该论文阐述的进一步细化。

本书内容是按照地质基础和国土资源的分类展开的,内容涉及地质基础、土地资源、水资源、生物资源、矿产资源、旅游资源、社会经济资源等方面。本书分9个章节对实习内容、路线进行描述。第一章分3节介绍秭归实习基地概况与实习内容和要求:第一节介绍秭归野外实习基地概况;第二节介绍本书的野外实习路线和内容体系;第三节介绍实践教学实习的要求、实习报告编写和注意事项。第二章分2节介绍实习区的经济社会资源特征和资源禀赋:第一节介绍秭归的社会经济概况与发展战略定位;第二节介绍秭归的地形地貌特征和自然资源禀赋。第三章分3节介绍实习工具和黄陵岩基的沿江岩体:第一节介绍实习工具应用和实习区踏勘;第二节介绍黄陵岩基茅坪复式岩体的岩性特征;第三节介绍黄陵岩基黄陵庙复式岩体的岩性特征。第四章分4节介绍实习区的主要沉积岩地层:第一节介绍南华纪和震旦纪地层;第二节介绍寒武纪地层;第三节介绍奥陶纪、志留纪地层和新构造运动;第四节介绍实习区的河流阶地和砾石统计。第五章分2节介绍矿产资源开发与环境恢复:第一节介绍白云岩与灰岩矿的开发与环境恢复;第二节介绍金矿的开采与环境整治。第六章分4节介绍实习区的旅游资源开发:第一节介绍地质遗迹资源的开发(地质公园);第二节介绍峡谷地貌景观开发;第三节介绍历史名人与文化旅游资源开发;第四节介绍工程(三峡大坝)旅游的开发。第七章分3节介绍水资源开发:第一节介绍三峡水库功能与环境;第二节介绍饮用水处理工艺与技术;第三节介绍污水处理的工艺与技术。第八章分7节介绍实习区的土地资源及其开发:第一节介绍岩溶地貌与土地利用现状调查;第二节介绍王家桥小流域土壤与农业用地垂直分带；第三节介绍花岗岩风化壳；第四节介绍张家冲小流域水土保持；第五节介绍旅游景区规划；第六节介绍物流园与港口规划；第七节介绍工业园区的规划。第九章分4节介绍社会与经济资源的开发与规划：第一节介绍秭归城镇体系规划；第二节介绍秭归县城市景观规划；第三节介绍库区移民搬迁、安置与生计；第四节介绍柑橘生态农业与产业化。

为了更深入、更全面地挖掘地理实习资源和发挥秭归实习基地的优势，满足我校地理学相关专业（地理科学、自然地理与资源环境、人文地理与城乡规划、地理信息科学）和不同高校地理专业的实习需求，本教材的编制把握两个原则：①地质基础和自然地理知识的科普化；②人文经济地理、区域规划和地理信息技术制图等知识的技能化和实践实习案例的研究型教学。

在2016年版实习教材——《秭归产学研基地野外实践教学教程（自然地理与资源环境、人文地理与城乡规划 分册）》的基础上，本实习教材有四个方面的改进：①在地质基础部分，增加实习器材使用部分，侧重地质科普和更多图文说明，增加实习趣味性和科普性；②在区域规划或景区规划部分，增加实践实习的研究型教学和专题研究部分，包括工业园区、城镇竞争力、地质公园、文化资源开发等的评价指标应用；③在地理信息技术制图部分，增加资源开发与规划图的制作，包括三峡竹海和月亮花谷景区、地质公园和文化旅游景区、物流园区和工业园区规划图、土地利用现状图、小流域地形坡度图、地形坡向图和三维图等；④扩充了实习内容，增加了实习路线，使本教材的实习路线达到了22条。

本书的特点有以下5个：①按照国土资源分类体系安排教程章节，章节包括土地资源、水资源、矿产资源、生物资源、旅游资源、社会经济资源、气候资源和地质基础；②教材内容包括自然地理（包括地质基础）、遥感与地理信息技术制图和区域或景区规划3个方面，并利用GIS技术制作资源开发规划图，把地理学的3个实习方向统一起来，实习内容注重趣味性和科普性；③教材注重地理信息技术制图与专业实习的结合，制作土地利用现状图、三维图、小流域水土流失分析图等，从地理专业角度展开研究型的实践案例教学；④教材利用评价指标，采用研究型的实践案例教学，便于学生开展专题研究；⑤教材的野外路线内容注重图文说明和实习方法解析，注重实习内容的普适性和趣味性，这样，读者易于接受、理解，便于开展实践认知学习和科普教育。

本书在资料收集和整理过程中，王晗、余晶、毛普、陈玉、张先毓、阳群益、李金鑫、王巧巧、仝桂杰、熊媛、景园媛、陈洪林、李浩琛、朱维欣、郝梦、张舒谨、王玉、谭瑞琳、刘洁玫、牛格格、吴倩倩、马莹、李玲君、吴超越等本科生做了很多基础性工作。全书由侯林春拟纲、统稿、修改和定稿。

本书是中国地质大学（武汉）本科教学工程项目"地理学专业秭归实习教材建设"（编号：2018G26）与"测绘地理信息类专业秭归野外实习体系建立及教学资源拓展"（编号：2108G42）和湖北省教育厅高等学校省级教学研究项目"三峡秭归基地地理科学类专业野外教学资源开发"（编号：2014150）的成果。本书能顺利出版发行，首先需要特别感谢中国地质大学（武汉）副校长赖旭龙、教务处处长周建伟与前处长殷坤龙和副处长庞岚、科学技术发展院院长胡圣虹和副院长刘珩、地理与信息工程学院院长王绍强和书记许德华、公共管理学院院长王占岐和书记张吉军等，在本书的撰写过程中，笔者经常得到他们的鼓励和支持。另外还需要特别感谢中国地质大学（武汉）秭归实习站站长褚喜彬和前站长侯杰、王建胜，他们周到的后勤服务保证了实践实习的顺利进行。

笔者在资料收集和实践实习过程中，得到了秭归县各级领导的热情指导和帮助。需要感谢的领导主要有秭归县县委党校研究员郑承志、秭归县环保局局长许雷、秭归县自来水公司水厂厂长周海峰和县城污水处理厂副厂长向东风、湖北秭归百丽鞋业有限责任公司副总经理鲁华、秭归县郭家坝镇主任向进、秭归县自然资源与规划局总工程师余祖瓒、秭归县水土保持试验站站长彭业轩和秭归县银杏沱村书记崔邦忠等。

在本书即将出版之际，编者遥想2007年暑期第一次到秭归实习基地带本科生野外实习，转眼12年过去，期间笔者每年在秭归实习基地带本科生开展为期超过一个月的野外实习。本书的编著蕴含着笔者多年的积累和心血，也让笔者深深地体会到了"十年磨一剑"的内涵和意义。在此，要特别感谢张先进、樊光明、李昌年、彭松柏、童金南、杜远生、冯庆来、王永标、李长安、肖国桥、黄咸雨、陈旭、赵温霞、袁晏明、张志、佘振兵、陈丽霞、彭红霞、王旭、刘福江、郑贵洲、吕建军、樊文有、林伟华等教授们，在和笔者一起直接参与秭归野外实践教学实习时给予笔者的指导和帮助。

本实习教材内容与体系的完善也得益于2017届和2018届参与湖北省地理联合实习（以"地理科学与国家需求"为主题，倡议人李长安，LOGO设计者徐世球，美工肖瑞嶂）老师们的建议，由此进一步促进本实习教材能够最大限度地满足广大地理高校本科生野外实习的要求。参加和支持这两届地理联合实习的老师有中国地质大学（武汉）的殷鸿福（院士）、赖旭龙（副校长）、刘勇胜（副校长）、李长安、黄咸雨、侯林春、彭红霞、王伦澈、彭俊芳和张明;武汉大学的林爱文、郑永宏和钟赛香;华中师范大学的罗静和聂艳;华中农业大学的刘凡、丁树文和胡红青;武汉理工大学的贾晓娟、尹章才和詹云军;湖北大学的汪正祥、于婧、杨兰芳、庞静和刘韬;湖北文理学院的张弢、李权国、杨剑、文力、孙小舟、赵虎和黄银涛;湖北科技学院的陈志、黄莉敏、朱俊成、徐新创和陈瑞凯;湖北师范大学的葛绪广、宋基灵和刘定惠;信阳师范学院的黄昆、李宗盟;湖北民族大学的宋鄂平和孙毅。在此,笔者向他们表示诚挚的谢意。

  笔者对所有为本书整理、修改、编辑和出版付出了辛勤劳动的同志们致以衷心的感谢。

  由于本书涉及内容相当广泛,尽管笔者长期从事地理学的实践教学和研究工作,但仍感觉编写水平有限,书中难免存在不足之处,敬请广大同行专家和读者批评指正。

中国地质大学(武汉) 侯林春
2019 年 5 月于南望山下

目　录

第一章　实习基地概况与实习内容和要求 …………………………………………（1）

　　第一节　秭归实践教学基地概况 ……………………………………………（1）

　　第二节　实践教学实习路线与内容体系 ……………………………………（3）

　　第三节　实践教学实习要求 …………………………………………………（6）

第二章　实习区社会经济与资源禀赋 ……………………………………………（15）

　　第一节　秭归县社会经济概况与战略定位 …………………………………（15）

　　第二节　秭归县地貌特征与资源禀赋 ………………………………………（17）

第三章　黄陵岩基的岩体实习 ……………………………………………………（28）

　　第一节　实习工具应用与踏勘 ………………………………………………（28）

　　第二节　茅坪复式岩体 ………………………………………………………（36）

　　第三节　黄陵庙复式岩体 ……………………………………………………（47）

第四章　沉积岩地层实习 …………………………………………………………（55）

　　第一节　南华纪与震旦纪地层 ………………………………………………（55）

　　第二节　寒武纪地层 …………………………………………………………（75）

　　第三节　奥陶纪与志留纪地层和新构造运动 ………………………………（85）

　　第四节　河流阶地与砾石统计 ………………………………………………（90）

第五章　矿产资源开发与环境实习 ………………………………………………（94）

　　第一节　白云岩和灰岩矿的开采与环境 ……………………………………（94）

　　第二节　金矿资源开采与环境 ………………………………………………（99）

第六章　旅游资源开发实习 ………………………………………………………（104）

　　第一节　地质遗迹资源开发 …………………………………………………（104）

　　第二节　峡谷地貌景观开发 …………………………………………………（112）

　　第三节　文化旅游资源开发 …………………………………………………（118）

第四节　工程旅游资源开发 …………………………………………………（125）

第七章　水资源开发实习 …………………………………………………（131）

第一节　三峡水库功能与环境 ………………………………………………（131）

第二节　饮用水处理工艺流程 ………………………………………………（137）

第三节　污水处理的工艺流程 ………………………………………………（142）

第八章　土地资源开发实习 …………………………………………………（147）

第一节　喀斯特地貌和土地利用现状调查 …………………………………（147）

第二节　土壤与农业用地的垂直分带 ………………………………………（154）

第三节　花岗岩风化壳 ………………………………………………………（164）

第四节　水土流失监测与水土保持 …………………………………………（167）

第五节　月亮花谷景区规划 …………………………………………………（175）

第六节　翻坝物流产业园与港口规划 ………………………………………（178）

第七节　工业园区的建设与规划 ……………………………………………（187）

第九章　社会与经济资源实习 ………………………………………………（194）

第一节　城镇体系规划 ………………………………………………………（194）

第二节　城市景观规划 ………………………………………………………（199）

第三节　库区移民搬迁与安置 ………………………………………………（202）

第四节　柑橘农业与产业化 …………………………………………………（207）

主要参考文献 ……………………………………………………………………（216）

第一章　实习基地概况与实习内容和要求

第一节　秭归实践教学基地概况

中国地质大学(武汉)三峡实习基地位于湖北省宜昌市秭归县新县城(茅坪镇)西部边缘的丹阳路文教区,东倚秀丽的夔龙山,距县政府所在地约1km,北瞰三峡库区库首部分,基地以南为县城的文教区,基地以西为坡地与耕作区,环境幽静。实习基地筹备始于2003年,2005年正式开始动工,2006年完工并投入使用。

中国地质大学(武汉)秭归产学研基地(以下简称"基地")是中国地质大学(武汉)为开展野外实践教学与科研而建成的,属于国家教育部重点支持的实践教学基地。以基地为核心的长江三峡库区地质灾害研究中心是教育部直接领导下的、以地质灾害为主要研究领域的综合性开放平台(图1-1)。

图1-1　中国地质大学(武汉)秭归教学实习基地内景(侯林春,2017)

基地总规划面积60 320m²,分两期完成。一期工程以教学为主,总建筑面积21 000m²,于2005年建成,2006年正式投入使用,包括综合楼1栋、学生公寓2栋、食堂1栋、澡堂1栋、运动场1块。二期工程以科研为主,总建筑面积30 000m²,于2012年建成,2013年正式投入使用,包括专家楼1栋、实验楼1栋、试验场1处(图1-2)。

基地功能以保障性服务为主,主要服务于教学、科研与会务,建有丰富齐全的教学、科研、生活、娱乐设施,集食、住、行、学、研于一体,服务内容涉及餐饮、住宿、运输、实习、科研、会务等多个领域。

图1-2　中国地质大学(武汉)秭归教学实习基地鸟瞰图(伍豪,侯林春,2017)

教学资源:实习区范围主要位于秭归县内,小部分位于宜昌夷陵区三斗坪镇。基地实习区内,地层出露连续完整,三大岩类发育齐全,褶皱与断裂等构造现象丰富,黄陵岩体(三峡大坝坝基)与南华系莲沱组国际标准剖面闻名遐迩,新构造运动明显发育。此外,实习资源包括三峡水库选址、建设、水力资源开发、库区地质灾害等,实习内容还包括:以三峡工程为核心的AAAAA级的三峡截流园景区;以屈原和民俗文化为主体的AAAAA级的屈原故里景区;以峡谷生态旅游为特色的AAAA级的三峡竹海景区;以户外漂流为主体的国家级体育基地九畹溪景区;长江经济带上的连接我国华中、华东与西部的物流关键节点(三峡水库库首的翻坝物流园与港口)建设;秭归县的经济技术开发区的规划发展,新百丽公司等多部门企业的区位选择;地貌类型、土壤类型和土地利用类型复杂多样,生物多样性明显,山区地方小,气候垂直分异显著,农业种植结构的垂直分带性明显。这些都成为秭归实习基地最具特色的教学资源,能充分满足本专业的实践教学需要。

硬件条件:基地的后勤保障设施齐全,配备到位。硬件包括:标准化食堂1座,可提供刷卡式流水用餐、自助式用餐、宴席包间;学生公寓2栋,设有教师备课房(4人/套)及学生宿舍(6人/间),可同时供1100余人入住;三星级标准客房52间(现已投入使用44间);专家公寓套房30间;大、中、小型教室6间;多媒体教室2间;中小型会议室2间;小型机房1间;陈列室1间;水化学实验室1间;实验大楼1栋;野外渗流试验场1处;室内活动室2间;篮球场2个;排球场1个;羽毛球场2个。

交通条件:秭归县隶属于宜昌市,位于湖北省西部,地处长江上游与中游结合部,是鄂西山区向江汉平原的过渡地带,素有"三峡门户""川鄂咽喉"之称,是举世闻名的三峡工程坝上库首第一县。溯流经长江三峡直通巴蜀,顺江畅达沪宁,素有"上控巴蜀、下引荆襄、南通湘粤桂、北达中原"的独特区位优势。

基地位于秭归县城文教区,地处长江之滨的西陵峡,与三峡大坝相连。高速公路直达县城,基地与武汉相距300km,与三峡机场相距50km,与宜昌火车站相距40km,与秭归港相距2km,交通十分便利(图1-3)。

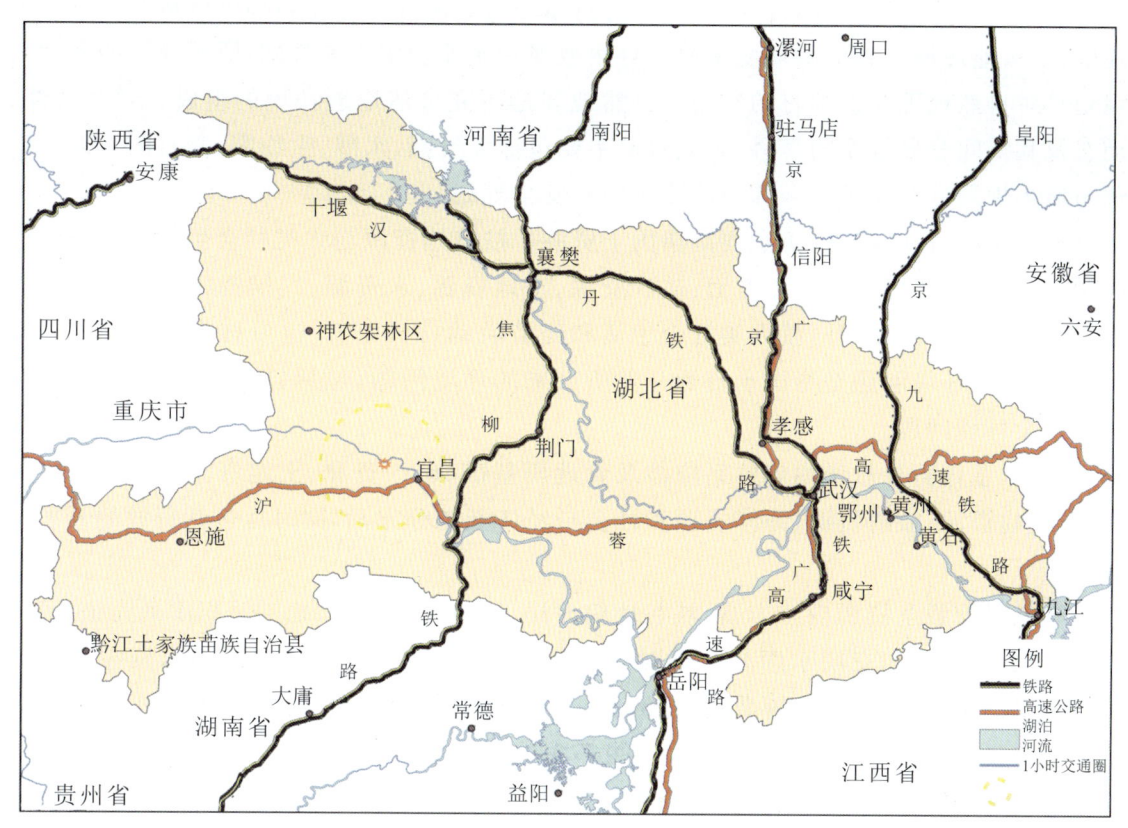

图1-3　秭归实习基地区位与交通条件(王晗 制,侯林春 核,2016)

基地独特的教学科研体系、齐全的硬件设施、完善的后勤服务正吸引着越来越多相关院校的到来。迄今为止,基地接待的实习师生、科研人员、会议团队已逾万人,教学实习涉及的专业包括地理学相关专业、地质学、资源勘查、土地资源管理、石油工程、工程地质、工程勘察、环境工程、水文地质、水利水电、物探、信息工程、行政管理、法学、艺术传媒等。部分高校已与基地建立长期合作关系,来基地开展调研和野外实习。

第二节　实践教学实习路线与内容体系

地理学是以地球表层的人与自然环境相互关系为研究对象的,是研究地球表层自然和人类社会诸种事物的空间存在循序秩序的科学,它面对的是一个复杂的地球表层系统,该系统由各种自然现象和人文、社会现象组成，这就决定了地理学是一个综合性非常强的学科。这样的学科特点使得它必须以野外工作作为研究基石，无论是自然地理还是人文地理，都必须回到大自然或社会实践中去。实践教学在培养地理专业人才中有着其他教学方式不可替代的特殊作用。因此，本专业的野外实习定名为区域资源环境调查实习。

2012年教育部学科体系调整，把资源环境与城乡规划管理专业分为自然地理与资源环境和人文地理与城乡规划两个专业。自然地理与资源环境专业名称可以从两个方面来理解：自然地理模块和资源环境模块。自然地理专业课程学习是基础，资源环境的开发与规划是对自然地理知识学习的应用。自然地理是研究自然地理环境的组成、结构、功能、动态及其空间分异规律的学科，研究对象主要包括大气圈、水圈、生物圈、岩石圈。人文地理与城乡规划专业注重社会和经济资源的开发与规划。

地理学科所涉及的资源主要是指国土资源。按自然资源与人类社会生活和经济活动的关系，国土资源可分为7个方面：矿产资源、土地资源、水资源、气候资源、生物资源、旅游资源和海洋资源，另外，就人类社会生活和经济活动自身而言，也可称为社会与经济资源。相应地，环境问题是指国土资源开发所带来的环境问题，包括自然环境、人文经济环境和社会环境问题。

因此，基地野外教学内容体系应涉及到地质基础、矿产资源、土地资源、水资源、气候资源、生物资源、旅游资源、海洋资源和社会与经济资源等方面，同时也包括资源的开发与规划。

基地目前教学资源内容丰富，峡谷地貌多样、地质灾害典型、地层沉积序列完整、黄陵岩基岩性独特多样；三峡水库是人类对自然扰动最为特殊的景观，区域内水资源与水环境、水土流失类型、植被、土壤典型、山区农业（柑橘和茶叶）和典型文化景观、山区城镇布局等都是良好的人文地理教学内容，这些都为地理学专业野外实习提供了良好的基础。秭归实习基于实习基地已有的教学资源，扩展地理学相关专业野外实习内容体系，构建人文地理综合实习内容体系、自然地理实习内容体系。伴随着人文地理与自然地理野外实习，通过绘制规划图件，地理信息技术也得以锻炼和应用。因此，地理科学、自然地理与资源环境、人文地理与城乡规划和地理信息科学专业实践教学内容体系就围绕着资源开发与规划展开（表1-1）。

表1-1 秭归实习基地地理科学类本科专业实践教学内容体系（按资源分）

资源类型	实习内容
地质基础	黄陵岩基，岩体特征，矿物识别与岩石定名，地层沉积与展布特征，河流阶地与地貌
矿产资源	矿产资源开发与环境（金矿、白云岩矿和灰岩矿等）
旅游资源	地质旅游资源开发与规划（链子崖地质公园），峡谷地貌景区开发与规划（三峡竹海景区），三峡大坝工程景区开发与规划（三峡截流园景区），历史名人与民俗文化旅游资源开发与规划（屈原故里景区）
水资源	三峡大坝选址与规划，港口选址与规划，三峡水库，水资源开发，自来水处理和污水处理的工艺流程

续表 1-1

资源类型	实习内容
土地资源	土壤分类,花岗岩风化壳剖面,山区水土流失调查与检测(水土保持站),土地资源利用现状调查(利用地形图和遥感图,绘制利用现状图),秭归九里工业园区规划、月亮花谷景区规划、三峡翻坝物流产业园规划
气候资源	农业作物垂直地带分布,农业生产、柑橘产业与气候资源关系
生物资源	陆生植物,陆生动物,渔业资源
社会与经济资源	新百丽公司等多部门企业空间扩展与区位选择,工业区规划、城市景观系统与城镇体系规划、移民安置调查、柑橘农业规模化与产业化等

三峡秭归实习基地野外实习的具体内容是根据专业培养目标、室内课程设置和实习基地的特点安排的,实习期限 5~6 周,共有 22 条实习路线,包括地质学实习路线,景区规划路线,矿产资源与环境路线,水资源与水环境路线,产业园区、港口和工业园区规划路线,土地资源调查路线,土壤类型与分布路线,水土流失监测路线,农业产业与气候资源路线,多部门企业空间扩展路线等(表 1-2)。实习区内实习点的空间分布主要是位于以秭归县城为中心、沿着长江南岸的上下游约 60km 的范围内(图 1-4)。

表 1-2 秭归实习基地地理科学类本科专业实践教学内容体系(按实习路线分)

实习路线	实习内容
1.实习踏勘	地形地貌与地质概况、地形图、地质图、矿产资源分布、人文经济状况、罗盘使用等
2.滚装码头—陈家沟	黄陵岩基的太平溪岩体、中坝岩体、兰陵溪岩体和小渔村组变质岩体的岩性识别与定名
3.堰湾—小滩头	黄陵岩基的堰湾岩体、东岳庙岩体、三斗坪岩体、青鱼背岩体和小滩头岩体的岩性识别与定名
4.九曲垴—横墩岩	南华系(莲沱组与南沱组)与震旦系(陡山沱组和灯影组)地层的观察描述与接触关系识别
5.横墩岩—九豌溪	寒武纪地层(岩家河组、水井沱组、石牌组、天河板组、石龙洞组、覃家庙组、娄山关组)的岩性观察描述和相互接触关系识别
6.九豌溪—路口子	奥陶纪地层、志留纪地层的岩性观察描述与接触关系识别,仙女山断裂的观察与识别
7.链子崖景区	地质灾害国家公园的服务设施布置与地质遗迹资源的分类,中国传统文化与儒教、道教和佛教文化融合,绘制地质公园规划图,志留系、泥盆系和二叠系地层观察,危岩体与滑坡识别与了解
8.高家溪	莲沱组与太平溪岩体接触关系识别,莲沱组、南沱组、陡山沱组和灯影组母岩风化土壤层特征,土壤分类,灰岩、白云岩开采与土地复垦
9.月亮包金矿和月亮花谷	金矿赋存矿床条件,金矿开采工艺流程,尾矿库建设条件及其维护,土地污染调查;月亮花谷景区规划和运营模式
10.花鸡坡—雾河	喀斯特地貌,土地资源利用调查(用遥感图),农业作物垂直地带性分布,气候资源与柑橘农业,绘制土地利用现状图

续表 1-2

实习路线	实习内容
11. 张家冲水土保持站	水土保持监测和实验方法,观察不同坡度和不同耕作方式的土地水土保持与监测技术;花岗岩风化壳剖面,水土保持的重要性和对社会经济环境的意义
12. 水环境与水资源	水资源利用开发与水环境,三峡水库的功能与意义,参观饮用水处理厂和污水处理厂,了解其处理的设备和工艺流程
13. 三峡竹海景区	泗溪峡谷形成与演化过程,峡谷地貌景区开发与规划,景区服务设施配置,绘制三峡竹海景区规划图
14. 屈原故里景区	民俗民风传统文化、历史名人资源的旅游开发与规划,景区服务设施配置,景区景点布局与地形地貌的关系,绘制景区规划图
15. 三峡大坝景区	三峡大坝的结构与选址,三峡大坝景区开发与规划,景区内景点旅游路线,绘制三峡大坝景区规划图
16. 三峡翻坝物流产业园	河流码头与翻坝物流产业园建设地理条件、规划及其对区域经济影响,绘制产业园与码头建设规划图,移民搬迁与安置调查
17. 九里工业园区	园区产业发展现状调查,工业园区规划,绘制园区土地利用现状图,参观百丽企业,了解企业文化,多部门企业的空间扩展与区位选择
18. 秭归城市规划局	城市规划的地理影响因素,城市功能区划分,了解城市规划与长江的关系,城市景观系统规划,城市性质与职能,城镇体系规划
19. 银杏沱移民安置	移民文化融合的影响因素,移民生计资本调查和移民安置标准
20. 河流阶地与砾石测量	观察夷平面、河流阶地、河流沉积特征,测量河滩砾石,绘制玫瑰图
21. 柑橘农业与产业化	柑橘产业关联,柑橘种植所需的土壤、气候条件,柑橘品种、柑橘生态种植措施、柑农专业合作社、秭归脐橙的中国驰名商标与峡江气候、智慧农业等
22. 土壤与农业用地垂直分带	王家桥小流域水土保持、土壤分布和农业农地垂直分带,制作王家桥小流域土地利用现状图、土壤类型图、坡度分级图、植被覆盖图、土壤侵蚀图、三维图等

第三节　实践教学实习要求

三峡秭归资源环境调查教学实习是地理学专业本科教学体系中极为重要的一个实践性教学环节,该实习时间为 5~6 周,实习内容包括人文经济地理、自然地理、遥感与地理信息技术和地质学基础等,也是该专业学生进入生产实习与毕业设计(论文)阶段前最重要的一个实践环节。

经过北戴河地质认识实习和两年系统的专业课程学习之后,学生已经系统掌握了专业基础知识,本次实习就是为了更好地促进学生专业知识的掌握与理解,促进学生专业知识的融会贯通。同时,本次实习也将为学生进一步有目的地了解野外实践工作、补充和完善自身知识结构、提高解决实际问题的能力等方面打下坚实的基础。通过本次实习,还将为学生进入生产实习阶段提供良好的预备知识结构。

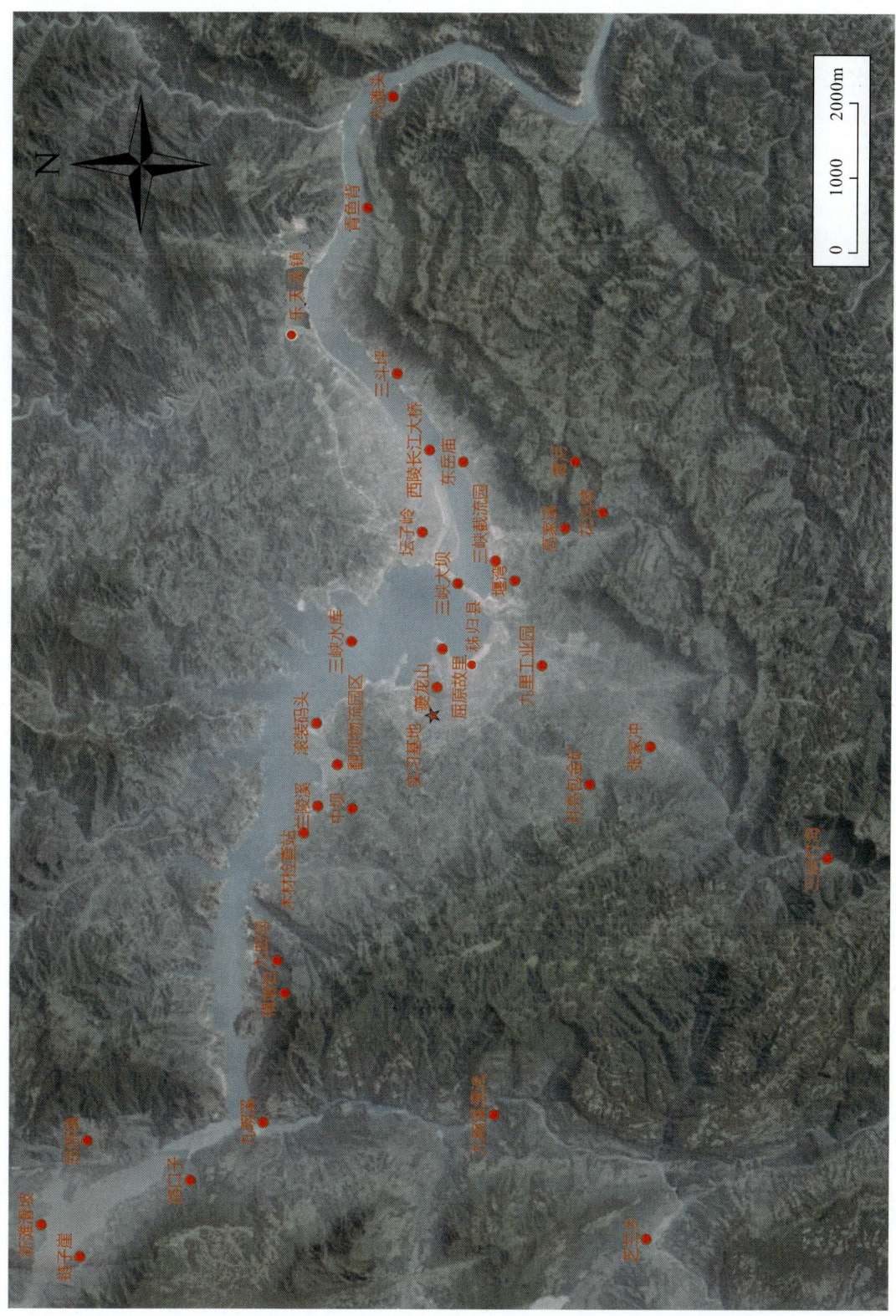

图1-4 实习区实习点展布示意图(2016/SPOT Image)(王晗 制,侯林春 核)

一、实习目的

本次实习安排在学生学完相关课程（矿物岩石学、普通地质学、地貌学、地貌景观学、人文地理学、经济学基础、经济地理学、土地资源学、地学遥感和地理信息系统等）后展开，目的是强化学生对所学专业知识的理解和应用，培养和提高学生的专业实践能力。

本次实习是对学生两年的专业学习和专业技能训练的综合锻炼与总结，着眼于利用专业思维理解问题、分析问题和解决问题。实习内容以专业问题的认识与解决问题的方法手段为主，即以资源和环境问题为中心，锻炼学生提出问题、分析问题，并设计解决问题的方案与技术路线，实地现场调查以及在占有资料的基础上解决问题的能力。

通过实习，使学生具备以下基本技能：掌握三大岩类的野外观察方法与描述内容以及地层系统的建立原则；掌握土地资源调查与制图方法；掌握野外自然资源与环境调查的方法和综合图件的绘制；掌握民俗文化景区、三峡工程景区、峡谷地貌景区、地质公园景区等的规划与制图方法；掌握工业园区与物流园区的规划与制图；掌握多部门企业区位选择的影响因素和途径；掌握港口规划与建设的基本地理条件；具备一定的资料综合分析和整理能力，独立完成实习报告的编写，为以后的学习与工作打下坚实的基础。

地理学野外实践教学通过理论联系实际，加深学生对地理教学中基础知识和基本理论的理解和掌握，帮助学生掌握资源环境区域综合调查及开发规划的方法，培养学生野外观察问题、分析问题和解决问题的能力，培养基础扎实、知识面宽、素质高、能力强、具有科研精神和科研能力的创新人才。

二、实习阶段

1. 带教阶段

该阶段安排的教学路线，由老师带领学生，采取老师讲解、学生记录观察的方式，主要使学生掌握野外实践工作的基本技能，掌握野外三大岩类和矿物的野外观察与定名方法。同时，学生在老师的带领下，展开各类景区和开发区的规划调查与制图，了解山区农业的垂直分带性。这个阶段要求学生掌握各教学路线的教学内容，并进行认真、系统的总结，写出个人的体会与收获。

2. 半独立阶段

该阶段安排的教学路线，采取老师指出野外调查内容，提出相应要求，具体的调查描述由学生完成，主要培养学生的独立调查与分析能力，为后期工作打下基础。该阶段后期安排一次室内考核，促进学生对前期的实习内容有一个全面的巩固与提高，为后期独立制作土地资源利用现状图打下坚实的基础。

3. 独立调查阶段

该阶段安排路线4~5条，采取老师在调查区各个关键地点留守，学生独立完成规定范围内的土地资源利用现状调查工作，同时，老师必须随时了解学生独自工作情况，及时解决学生遇见的问题。本阶段要求学生能够针对具体专题,制定切实可行的调查研究方案,开展相关的资料收集、现场调查和资料分析工作,并做出初步的研究结论,编制相应的实习研究报告。

4. 报告编写阶段

该阶段主要由老师辅导,学生独自完成野外实习报告的编写工作。报告文字 8000～10 000 字,主要图件有景区规划图、经济开发区规划图、调查数据统计分析图和地质信手剖面图、土地资源利用现状图等。报告上交后,学生就自己的研究专题参加实习队组织的答辩。

三、室内教学与讨论

为了让学生更加深入地认识资源开发与环境保护和评价的内容,了解资源开发的现状和发展方向,增强学生对专业的兴趣和信心,同时也为了野外教学工作一致性、系统性的需要,可增加部分室内教学内容(也可以在去实习前校内完成)与讨论内容。可选的内容如下。

1. 综合性研究

三峡库区(或实习区)发展背景、三峡地区资源开发与环境影响评价、资源开发的理念和策略等。

2. 专题性研究

水资源开发与环境问题、矿产资源开发与环境问题、地质遗迹分类、峡谷地貌景观开发、民俗文化旅游资源开发、三峡工程旅游资源开发、生态恢复和土地复垦、土地利用调查(结合遥感和地理信息技术)、农村经济结构、专题地图绘制等。

四、实习程序和内容

本次实习是本专业学生的最后一次野外教学实习,根据以上的实习目的与要求,院系相关人员与机构应密切配合,协调工作。自然地理与资源环境专业教学实习的内容和程序如下。

1. 实习动员与准备

通过实习动员、实习情况介绍,使学生了解实习的目的、内容、安排及要求达到的目标。从思想上和物质上作好准备,时间为一天。准备工作包括以下内容。

(1)每班按 5～6 人编一组,选定实习小组组长。

(2)检查野外用品(野外定位仪器,如实习区域地质图、地形图、罗盘、手持 GPS 等;其他需要的一些用品,如地质锤、放大镜、小刀、三角板、量角器、铅笔、橡皮、稀盐酸等)及其他劳保装备(如水壶、防晒霜、登山鞋等)和绘图设备(如每个学生带上自己的笔记本电脑,并安装绘图软件 MapGIS、ArcVIEW、ERDAS、ENVI、AutoCAD 等)等。

(3)检查罗盘,校正磁偏角,熟悉野外仪器设备的使用与日常维护。

(4)熟悉地形图和地质图,了解实习区域主要地形地物。

(5)了解野簿的记录格式。

2. 野外路线教学阶段

野外路线教学阶段的目的是让学生结合实际,认识、了解本专业野外实习所需的环境要素与背景、实际工作手段与方法,进而强化学生对所学专业知识的理解和应用,掌握进行专业调查研究的方法,提高学生在生产实践中观察问题、分析问题以及解决问题的能力。

1)地质环境、地层和岩浆岩部分(区域资源环境的背景知识)

• 岩浆岩、沉积岩与矿产资源开发

目的:地质背景、第四纪地质演化与气候。

• 矿区环境恢复问题

目的:矿产资源开发带来的环境破坏,生态恢复和土地复垦的方法。

• 水土流失、库区环境调查

目的:柑橘农业和库区水环境问题。

2)土地利用方式与水土流失的关系

目的:不同坡度的坡耕地的水土流失测试方法和同一坡度不同利用方式的坡耕地的水土流失。

3)山区土地利用、农村发展和社会经济调查

• 山区农业结构系统:柑橘、茶叶、玉米、林地、核桃等

目的:研究山区土地承载力和社会经济发展。

• 随着海拔高度变化,农业生产结构的变化调查

目的:不同海拔地区土地利用的方式变化和农业垂直地带性分布特征。

• 经济开发区和港口开发与规划

目的:九里工业园区和多部门企业的区位选择,翻坝物流园建设与规划和港口建设的地理条件。

4)三峡工程

目的:三峡水库、三峡工程选址和工程旅游资源开发与规划。

5)旅游资源的开发与规划

以链子崖景区、屈原故里景区、三峡截流园景区和三峡竹海景区为例,分析旅游资源的经济开发途径和规划。

以上这些教学内容将会在教学路线过程中体现,在学生的教学路线中有机有序地结合在一起,充分体现区域资源环境的系统性和关联性,引导学生以科学的思维分析问题。

3. 独立工作阶段

设立学生独立工作区(在老师的指导下)的目的是培养学生综合运用专业知识完成工作的能力。独立工作区工作任务将紧扣专业基础知识的理解、专业技能的培养与综合专

业知识的应用,并让学生有发挥和思考的余地。主要独立工作区及相对应的内容如下。

(1)土地污染调查区(月亮包金矿的尾矿库附近区域),内容包括土地污染面积测量、污染土地的开发利用模式探讨等。

(2)农村社会经济调查区(高家溪),内容包括农业种植结构、劳动力结构、经济结构等。

(3)旅游资源开发与规划(链子崖地质公园、屈原故里、三峡竹海、三峡截流园),内容包括地质遗迹调查、危岩体和滑坡成因调查、民俗文化旅游资源调查、旅游线路规划、旅游产品类型与开发、峡谷地貌景观开发和景区规划专题图的绘制等。

(4)土地利用现状调查区(高家溪),内容包括山区土地利用现状(借助遥感图和地形图)并绘制土地利用现状专题图、气候垂直分异与农业种植结构关系、土壤类型与母岩关系(包括花岗岩、碳酸岩、砂岩、泥岩、砾岩等)、山区植被类型等。

在独立工作阶段,学生将以小组为单位,针对具体区域与专题,制定切实可行的调查研究方案,协调工作,开展相关的资料收集和资料分析工作,并做出初步的研究结论,编制相应独立的工作研究报告。

五、报告编写与答辩阶段

报告的编写有利于学生总结取得的调查分析成果,阐述自己的观点,合理科学地得出结论,并加以提炼和升华,从而训练科学论文或报告的编写能力。

报告答辩程序注重于培养学生有重点且条理清晰地表述自己的观点和结论,培养科学的思维。同时面对评委的提问能够给予科学且清晰的反应与解释,这也是培养学生语言表述能力的一部分。学生完成独立工作区的相应研究后,应提交完整的报告,并以小组为单位参加报告的答辩。

本次实习要求每人提交一份报告,要求章节内容安排合理、重点突出、图件表述准确美观,数据资料准确可靠、无虚假,分析要言之有理、依据充分,结论正确合理。

1. 编写实习报告的要求

(1)实习报告必须每人编写一份。

(2)实习报告必须结合实际,资料应来自野外观察和本人记录,部分可来自教师介绍。

(3)不应是假设和想象,也不是书本知识的复述。

(4)文字要使用专业语言,要做到概念准确,使用恰当。

(5)图件要求内容正确、恰当,整洁美观。

(6)文章要求条理清楚、通顺、精炼、书写清晰。一般为8000~10 000字(包括图件)。

(7)凡抄袭他人报告者,视为不及格。

(8)一般小组内成员共同进行野外和室内工作。在编写实习报告时共用资料,各自表述。

(9)如有特别情况,可以参考其他小组的资料,但引用之处必须注明来源。

2. 实习报告编写

野外实习报告编写时，可以撰写专题性的实习报告，如以新构造运动（仙女山断裂）、地质旅游（链子崖景区）、工程旅游（截流园景区）、文化旅游（屈原故里景区）、水土流失（张家冲水土监测）、矿区土地复垦（白云岩灰岩矿）、峡谷旅游（三峡竹海）、山区农业经营模式（雾河村）、工业园区规划（九里）、物流产业园与港口建设的区域经济意义（银杏沱翻坝物流港）、农村社会经济特征等为内容的专题实习研究报告。

野外实习报告也可以撰写综合性的实习报告，我们以《秭归三峡资源环境调查野外实习综合报告》为例，给出提纲，供学生参考。

第一章　前言
　　第一节　实习区区域概况
　　第二节　实习过程与路线
　　　　本次实习的目的、任务；实习过程；独立工作分工、获取第一手资料的调查活动工作量。
　　第三节　实习调查的方法与步骤
　　　　调查研究的思路、技术路线；采用的方法手段；调查工作与获得的资料情况等。

第二章　地质资源分析
　　第一节　长江南岸黄陵岩基的岩性特征
　　第二节　地层展布与地层特征

第三章　地质旅游资源开发与建设
　　第一节　链子崖地质公园
　　第二节　峡谷地貌生态旅游资源开发
　　第三节　岩溶景观地貌特征
　　第四节　工程旅游——三峡大坝景区

第四章　大型工程项目选址分析
　　第一节　三峡大坝选址分析
　　第二节　工业园区（九里）规划与多部门企业选址分析
　　第三节　港口选址与港口翻坝物流园规划

第五章　水资源与水环境分析
　　第一节　三峡水库功能与环境
　　第二节　水资源开发与水环境
　　　　一、饮用水处理
　　　　二、污水处理

第六章　土地资源开发与利用
　　第一节　水土流失监测及小流域土地利用
　　第二节　山区土地资源利用现状

第三节　矿产开发与土地复垦
　　一、碳酸盐矿开发与环境
　　二、金矿开采与环境
第四节　柑橘产业化与脐橙农业
第七章　社会旅游资源开发与规划
第一节　文化资源开发
　　围绕着屈原故里景区,分析历史名人屈原和民俗文化旅游资源开发的方式和途径。
第二节　移民搬迁与安置
　　银杏沱——银杏花园
第三节　城市体系规划
第八章　结束语
结束语主要内容:综述所取得的结论;对整个调查研究工作进行评价,同时指出本次工作的成功和不足,提出改进建议或者其他有启发性的意见;本次实习的感受。

六、野外实习注意事项

三峡地区是著名旅游区,同时也有军事禁区、天然林保护区,本区也是果品生产区,为了顺利地完成教学任务,特提出如下要求。

(1)根据实习地点的气候情况、环境条件和生活条件,准备必要的防护用具和药品。准备实习工具,带上相关的书籍。

(2)野外活动中要避免被蛇或野兽伤害,在险要地段工作时要更加小心谨慎。服从安排,严格遵守纪律是确保安全的前提。

(3)实习前认真阅读有关实习教材,明确实习要求,做好必要的准备工作。

(4)实习中遵守规定和实习要求,一丝不苟,积极思考和分析实习(数据)结果。

(5)保持良好的实习秩序,在小组活动时间团结互助,合理分工,每人均应全面练习。

(6)爱护国家财产,对仪器、标本、工具、实验用品等妥善使用和保管,发现损坏及时向指导教师报告。

(7)按指定时间,独立完成实习报告,野外实习总结应当力求材料真实,观点正确,有理有据,而不单纯追求表面形式。

(8)实习涉及风景区及管制区,因此应服从安排,爱护野生生物,尊重农民的劳动果实,不得随意采摘。同时谨防野外森林火灾。

七、实习安全用具的使用方法

1. 安全指示牌

实习用安全指示牌主要用于外出实习时指示车辆注意减速和提醒其他行人前方有正

在作业的实习人员,起到保障实习安全和正常进行的作用。

安全用具的使用:根据实习观察点的道路等级、车流量、时速设计等,在观察点周围200~1000m范围内设置指示牌,以警示过往车辆和行人。

注意事项:安全指示牌设置不可阻碍正常交通秩序。安全指示牌须有专人看护,离开设置指示牌的观察点时,须及时带走指示牌。

2. 荧光棒

荧光棒轻便小巧,发光时间长,成本低,在野外实习中可以作为照明或求救的光源。荧光棒的发光时间为 4~48h。

荧光棒的使用:使用时将荧光棒轻轻弯曲,折断塑料管中的玻璃管,轻轻摇动即可。

注意事项:荧光棒中的液体不可食用,且具有一定的黏附性。如果泄漏须避免沾染衣物、触碰皮肤等,若沾染须及时清洗;如果荧光棒中的液体进入眼睛,须及时用清水洗净或就医。

3. 反光背心

反光背心是用高能见度反光材料制成的,细网眼设计,通透性好,穿戴舒适,是很好的安全警示用品。它能使野外实习在夜间或特殊天气情况下顺利进行,还能减少意外伤害。在野外实习中起着安全保障作用。

使用:在日常衣物外穿着,保证大部分反光材料暴露无遮挡。

注意:野外实习时必须整齐穿着实习站统一配备的黄色警示反光背心,保障实习安全。不得随意放置,以免丢失。

第二章　实习区社会经济与资源禀赋

第一节　秭归县社会经济概况与战略定位

秭归县是三峡库区移民大县,新县城于1992年12月26日开工建设,1998年9月28日正式建成,距离三峡大坝1km,是三峡库区13个县市中最先整体搬迁的县城。全县耕地面积239km^2,多以荒山林地为主,是一个典型的山区农业县。近些年,大力发展多种经济和市场农业,全县基本形成了高山烤烟和反季节蔬菜、中山茶叶和板栗、低山柑橘的农业生产基地格局,高效经济林面积达187km^2。农特资源丰富多样,盛产柑橘、茶叶、烤烟、板栗、魔芋等。脐橙、锦橙、桃叶橙和夏橙号称"峡江四秀",尤以脐橙盛名。全县脐橙种植面积已达100km^2,因为规模大、品质好,被国家农业部命名为"中国脐橙之乡",并多次获得优质水果金奖和中华名果称号。2017年,"秭归脐橙"被国家工商总局认定为"中国驰名商标""中国原产地地理保护标志"。

秭归于1994年被国务院列为"长江经济开放区",1995年被命名为"中国脐橙之乡",1998年被国务院批准为对外开放县,2001年被湖北省评为优秀旅游县,2002年被中央精神文明建设指导委员会表彰为"全国文明县城",同年获建设部颁发的"中国人居环境范例奖"。现在秭归人民正为实现"特色农业大县、精品工业强县、三峡旅游名县、库区经济富县"的目标而努力奋斗。

一、秭归县社会经济资源概况

秭归全县辖8镇4乡,分别为茅坪镇、屈原镇、归州镇、沙镇溪镇、两河口镇、郭家坝镇、九畹溪镇、杨林桥镇,以及水田坝乡、泄滩乡、梅家河乡、磨坪乡。全县目前共有186个村、8个居民委员会,1111个村民小组。

截至2018年末,秭归县总户数144 634户,总人口370 788人,面积2427km^2。2018年实现地区生产总值136.02亿元,按现价计算(下同),比2017年增长7.8%。其中,第一产业增加值(农业增加值)达到26.25亿元,比2017年增长3.4%;第二产业增加值达到52.92亿元,比2017年增长9.2%;第三产业增加值达到56.84亿元,比2017年增长8.5%。人均GDP达到37 579元,比2017年增加3941元,同比增长11.72%。

2018年,工业增加值达到41.71亿元,比2017年增长2.5%,其中规模工业增加值同比增长8.8%。2018年三类产业增加值占GDP的比重为19.3∶38.9∶41.8,其中工业占国民经济的比重达到30.67%。

第一产业:2018年,农、林、牧、渔业现价总产值达到45.29亿元,同比增长3.7%,其中农业产值4.53亿元,同比增长1.72%;2018年农、林、牧、渔业增加值达到28.21亿元,同比增长3.6%。

第二产业:2018年,年销售收入在2000万元以上的规模工业企业累计创造工业总产值105.12亿元,同比增长21.3%;实现规模工业增加值同比增长8.8%;利润总额达到5.45亿元,同比增长57%;税金总额8.67亿元,同比增长53.2%。年销售收入2000万元以上规模工业企业达到59家;产值过亿元企业34家;2018年建筑业完成总产值41.53亿元,比2017年增长98.36%。

第三产业:2018年,社会消费品零售总额达到54.08亿元,比2017年增长12.6%。分行业看,批发业零售额8.65亿元,增长5.98%;零售业零售额35.15亿元,增长10.07%;住宿业零售额4.60亿元,增长36.74%;餐饮业零售额5.68亿元,增长24.46%。2018年旅游接待人数940万人次,实现旅游综合营业收入132.99亿元,分别比2017年增长13.18%和30.27%。2018年,秭归县完成全社会固定资产投资85.59亿元,同比增长11.2%;房地产投资完成3.01亿元,下降57.86%;2018年实施投资500万元以上项目272个。2018年完成地域性财政收入23.35亿元,比2017年增长20.54%。其中地方一般预算收入达到7.82亿元,比2017年增长5.41%。在地方一般预算收入中各项税收达到4.83亿元,增长6.39%。2018年地方财政支出达到53.84亿元,比2017年增长15.4%。2018年12月末,秭归县金融机构人民币存款余额达到177.19亿元,比年初增加7.52亿元。

二、秭归在区域发展中的战略定位

根据《宜昌市城市总体规划(2011—2030)》,秭归县城是宜昌市的副中心之一,在长江城镇聚合带上。秭归地处湖北省西部,举世瞩目的长江三峡水利枢纽工程大坝距离新县城茅坪镇长江下游仅1km。独特的区位条件和资源禀赋,使得秭归县在区域发展格局中具有特殊的战略定位(图2-1)。

1. 全国知名的屈原文化旅游名县

地处坝上库首,秭归县发挥屈原文化品牌优势,建设屈原故里国际文化旅游区,制胜三峡区域和鄂西生态文化旅游圈。加强文化与旅游的互动融合,对旅游六要素实行主题文化开发,建设一批反映屈原文化的主题村镇、主题街区、主题景区、主题景观、主题宾馆、主题餐厅、主题游船、主题商品等,延伸文化旅游产业链,形成文化旅游产业集群,打造全国知名的屈原文化旅游名县。

2. 三峡库区重要的生态经济示范基地

库区经济社会和生态环境协调发展机遇与挑战并存,转变经济发展方式,全力建设秭

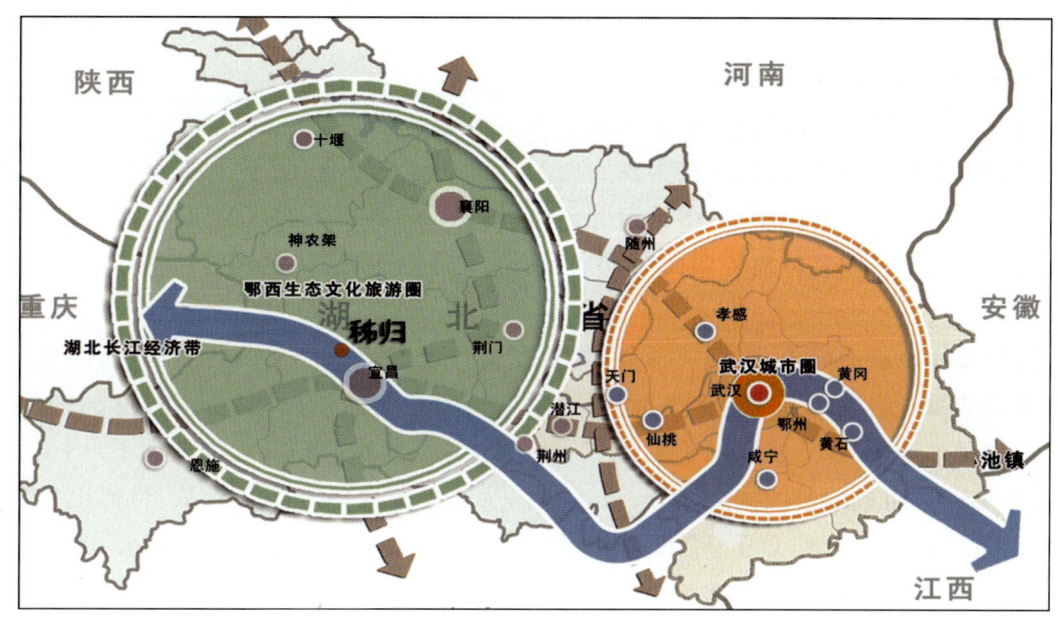

图 2-1　秭归县在湖北省发展中的战略定位（湖北省城市规划设计研究院，2015）

归县生态工业园区和生态农业园区，发展绿色食品加工、生物医药、现代物流、生态旅游等特色优势产业和低碳经济，增强可持续发展能力，努力把秭归县建设成国家级生态经济示范区。

3. 长江经济带中以翻坝物流为特色的区域交通枢纽

以翻坝物流为特色，统一规划 64km 长江水域岸线、8 个码头作业区，形成以茅坪为主翻坝港，以郭家坝、归州港（贾家店）为战备分流港，以屈原、沙镇溪、泄滩、水田坝为支流作业区的三峡枢纽坝上第一港区，把秭归港建设成为长江中上游的翻坝中转港、国际商旅服务港、三峡注册港，建成物流产业园区，形成区域性枢纽港区。

4. 鄂西生态文化圈核心区组成部分，宜昌重要的休闲度假基地

三峡工程和长江三峡是一个巨大的旅游"磁场"，以三峡大坝为龙头，建设三峡翻坝高速公路和秭归港，将进一步增强秭归县与宜昌市和鄂西生态文化旅游圈的交通对接，提升旅游的可进入性和通达性，成为鄂西生态文化圈核心区组成部分和宜昌重要的休闲度假基地。

第二节　秭归县地貌特征与资源禀赋

一、地貌特征

秭归县东起茅坪镇河口，西至磨坪乡凉风台，东西最大距离 66.1km；南起杨林桥镇向王山，北至水田坝乡懒板凳垭，南北最大距离 60.6km。长江流经巴东县入境，横贯县中部,流长64km,于茅坪河口出境。长江由西向东将全县分为南、北两部分,江北北高南低,江南南高北低,呈独特的长江三峡山地地貌。

秭归县位于鄂西褶皱地带,是中国地形第二阶梯向第三阶梯的过渡地带。地势西南高、东北低,东段为黄陵背斜,西段为秭归向斜。川东褶皱与鄂西山地在此会合,境内山脉为大巴山、巫山余脉,群山相峙,多为南北走向,形成秭归县广大起伏的山岗丘陵和纵横交错的河谷地带。秭归整体地势四面高、中间低,大致呈盆地地形,盆地边缘整体为西南高、东北低。

秭归整体地貌山峰耸立,河谷深切,相对高差一般在500~1300m之间。区内地貌类型主要有结晶岩组成的侵蚀构造类型,侏罗系砂页岩组成的侵蚀构造类型,古、中生界灰岩组成的侵蚀构造类型、侵蚀堆积类型。地貌类型按照区域分布特征描述如下。

(1)结晶岩组成的侵蚀构造类型:位于长江及其支流河谷及庙河以东,为低山丘陵地貌,地势低缓,高程500m以下,山丘平缓,多为浑圆状山顶,水系呈树枝状发育,最大的河流为茅坪河。

(2)侏罗系砂页岩组成的侵蚀构造类型:位于香溪以上归州至水田坝一带,为低山区,山体高程为500~1000m,水系发育,主要河流为归州河。

(3)古、中生界灰岩组成的侵蚀构造类型:该类型在区内分布广泛,其地貌形态主要为高中山、低中山、中低山3种。

高中山区分布于县区内南部云台荒、香炉山一带及西北部羊角尖(高程1749m)、东北部九岭头(高程2024m),河谷深切,剥夷面发育,山脊线清晰,多顺构造线呈北北东向延伸。南部绿葱坡至云台荒一带高程1800~2000m,构成了长江与其支流清江的分水岭。主要山峰有云台荒(高程2056m)、香炉山(高程1635m)、老观顶(高程1721m)、凉风台(高程1700m)、漆子山(高程1863m)、向王山(高程1780m)和大金坪(高程1851m)。

低中山区的分布与高中山区接近,分布高程1000~1500m,相对高差500~1000m,剥夷面发育,河谷呈"V"形,由灰岩、砂页岩组成的地段山脊线明显,水系呈树枝状,主要河流为九畹溪上游的三渡河、林家河、老林河,青干河上游的偏岩河、龟坪河。

中低山区分布秭归县中部的广大地区,分布高程500~1000m,相对高差200~500m,河谷多呈槽谷型("U"形),水系发育,县内8条支流均分布于该地。

(4)侵蚀堆积类型:分布于长江及其支流河谷区,以侵蚀为主,堆积较少,河谷呈宽谷和峡谷相间,长江河谷地貌可分为以下主要3段。

茅坪至庙河段,低山丘陵、宽谷型、阶地发育,属于结晶岩组成的侵蚀构造类型。

庙河至香溪段,属西陵峡西段,为中低山峡谷地貌,河谷深切,呈"V"形,阶地不发育,山地高程1000~1500m,著名的兵书宝剑峡、牛肝马肺峡位于其间。

香溪以上至牛口段,为西陵峡与巫峡的过渡带,中低山地貌,宽型谷,阶地发育。

秭归县地形坡度变化较大,河谷区、低山丘陵区和高中山剥蚀台面地形坡度较缓,坡角一般在15°左右,面积约846km²;15°~25°的斜坡多分布于中低山区,主要分布在秭归盆地,面积约960km²;大于25°的斜坡主要分布在长江峡谷区、中高山向中低山过渡地带,陡缓变化较大,多形成陡崖,面积约621km²。

二、气候资源

秭归地处中纬度,属亚热带大陆性季风气候。由于北部大巴山、巫山的天然屏障作用,大大削弱了南侵冷空气的势力,冬温较高,成为湖北省有名的冬暖中心。但在复杂地形地貌影响下,气候类型复杂多样,且垂直变化大。由于受地形和海拔高差影响,形成热量资源低山多、高山少;水资源南多北少,高山多、低山少;光能资源阳坡多阴坡少的特征。

秭归年平均无霜期为260天,平均12月18日为初霜日,次年2月13日为终霜日,其中低山、河谷地区无霜期为270~310天,半高山区无霜期为240~270天,高山区无霜期多在240天以下。秭归年均降雪天数为3.9天,12月20日为初雪日,次年3月2日为终雪日。年均风速1.2m/s,多偏南风,其次为偏北风。全县年均日照时数1 619.6h,夏多冬少。平均日照时数低山区为4.4h,半高山为3.5h,高山区为4.1h。年平均空气相对湿度72%。

秭归四季分明,雨量充沛,光照充足,因受秦岭与鄂西山地屏护,气候比较温和,是湖北省著名的冬暖区和甜橙栽培的最适宜区。同时由于县内受地势和海拔高差的影响,气候类型垂直变化明显。

秭归县气候属亚热带季风气候,处于中亚热带和亚热带交汇地带,受地形地貌条件的影响,形成了春早、夏温、秋迟、冬暖,秋温高于春温、春雨多于秋雨、夏季降水集中、雨热同季的气候特征。年均气温在13.1℃~18℃之间;多年平均降水量1216mm,但区域、时空分布不均,五峰湾潭等地年降水量1800~2200mm,东北部的远安、当阳只有800~900mm。降雨具连续集中的特点,雨季多暴雨,单日最大降雨量达358mm。

据统计,县内年平均气温17.9℃,一月平均气温6.4℃,极端最低气温-8.9℃(1977年1月30日)。7月平均气温28.9℃,极端最高气温42℃(1959年7月12日)。日均气温一般都在0℃以上。5℃以上持续期:低山区331天,半高山区267天,高山区212天。三峡工程建成后,冬季平均增温0.3~1.3℃,夏季平均降温0.9~1.2℃,气候条件更为温和。

降水的时间分布方面,秭归平均年降水量1 006.8mm(根据归州站1959—1990年资料)。全县冬季(12至次年2月)降水最少,仅占全年总雨量的6.4%,夏季(6—8月)降水最多,占全年的41.9%,春季(3—5月)降水占全年的27.2%,秋季(9—10月)降水占全年的24.5%。全年降水主要集中在下半年。汛期(5—9月)降水总量达674mm,占全年的67.3%,其余7个月降水总量只占全年的32.7%;在作物生长季节的4—10月,降水总量为843mm,占全年降水量的84.2%。气象资料均来源于低山观测点归州镇(图2-2)。

秭归降水量的年际差异很大,最大年降水量为1 430.6mm(1963年),最小年降水量仅733.0mm(1964年),相差697.6mm;月降水量也是如此。如8月,月最大降水量达

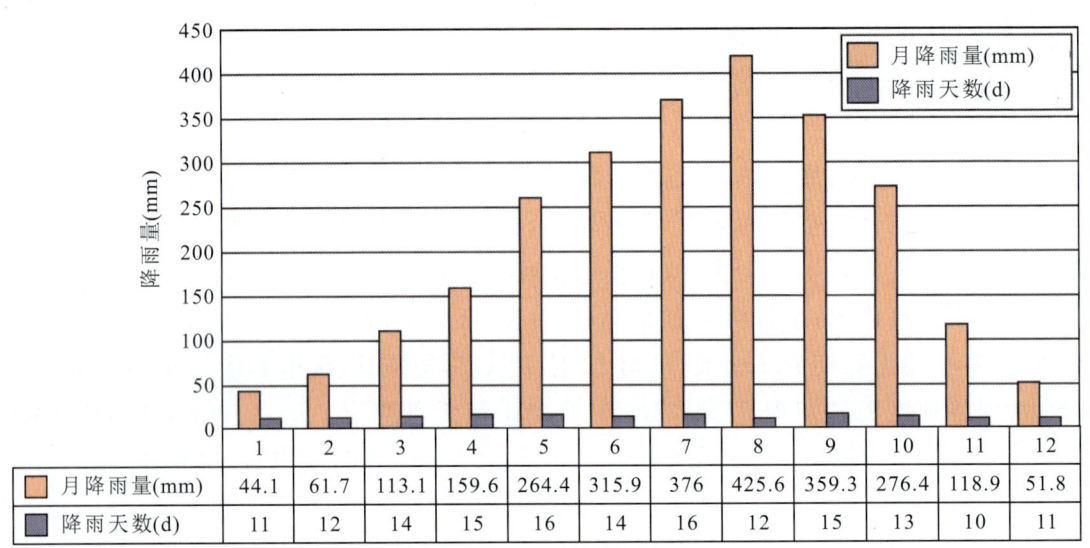

图 2-2 秭归县降雨日数与降雨量分布

425.6mm(1963 年),同月最小降水量仅 1.5mm(1990 年),两者相差较大。年、月降水量的差异,致使干旱几乎可在一年内任意时段出现。同时,一年内汛期(5—10 月)各月的降水量分布也不均匀,从而形成了旱涝同年的情况。一般有前涝后旱和前旱后涝两种形式,以前者居多。如 1971 年 6 月降水量比常年增加 76.3%,而 7 月降水量则减少 41.9%;再如 1979 年 8 月降水量比常年减少 27.2%,而 9 月降水量则增多 204.0%。

降雨日数与降雨量分布基本一致,大部分地区为 120～159d,个别高山地区达 200d。降雨主要集中在 4—10 月,月平均降雨量 150～457.6mm,多暴雨,日降雨量达 50～100mm 的暴雨 4 至 10 月均有发生,100mm 以上的暴雨主要发生在 6、7 月,年平均频次 3～4 次,150mm 以上的特大暴雨频次较少,历史上曾发生过 2 次,即 1975 年 8 月 9 日最大日降雨量 358.0mm;1996 年 7 月 4 日最大日降雨量 260.0mm。

降水的空间分布方面,秭归县海拔 600m 以下地区,温热冬暖;海拔 600～1200m 地带,温和湿润,冬冷夏凉;海拔 1200m 以上地区,冬寒无夏,具有典型的山区气候特征。县内气候分低山河谷温热区、半高山温暖区、江南南部温湿区、江北东部温凉区,分别占秭归县总面积的 20.9%、56.1%、16.4%、6.6%。

秭归县西南部降水量 1600mm 以上,西北部高山降水量为 1100mm 左右,西部的长江沿线降水量小于 1000mm,而东部茅坪降水量为 1400mm 左右。秭归县地域分布自北向南、由低向高逐渐增大。县区内降水受地形影响较大,降水量随海拔高度增加而增大,而海拔 900m 以下地区的降水量明显低于海拔 1100m 以上的地区。海拔 100m 以下平均年降水量 947.6mm,海拔 800m 以上降水量 1 143.4mm,海拔 1500m 以上降水量 1 865.2mm,海拔 1800m 以上降水量 1 904.3mm(图 2-3)。

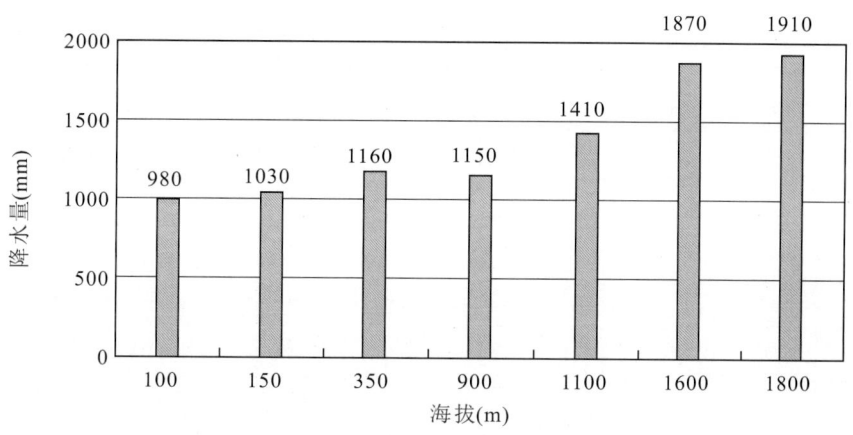

图 2-3 秭归县不同海拔高度年平均降雨量分布

秭归低山区与高山区相比较,低山区降雨量相对偏少,温度较高,蒸发较大,因此低山区容易致旱。高山地区降雨量偏多,加之湿度过大,气温较低,适度干旱少雨,农业收成反而较好,但又因蓄、引水条件差,若遇大旱之年,常造成人畜饮水困难。秭归旱灾多发,有"十年九旱"之称。秭归干旱有西部重于东部,北部重于南部,低山、半高山重于高山的地域分布特点,重旱区集中在秭归西部沿江河谷地区。

三、水资源

秭归县年平均径流量 $1.837 \times 10^8 m^3$。县内共有水库 20 座,其中小(Ⅰ)型 4 座,小(Ⅱ)型 16 座,承雨面积 $138.65 km^2$,总库容 $3.839\ 86 \times 10^4 m^3$,有效库容 $2.704\ 47 \times 10^4 m^3$,灌溉面积 $20 km^2$。县内地下水蕴藏量 $4.89 \times 10^8 m^3$。在水能资源利用方面,现已开发建设水电站 109 座,装机容量 $8.52 \times 10^4 kW$。

水资源总量虽大,但调节能力偏低,有效调节能力只有 $9.8 \times 10^8 m^3$,占径流总量的 7.45%;水资源地域时空分布也不均,水旱灾害频繁。秭归县年平均径流深度为 821.5mm。汛期 4—9 月占径流总量的 70%~80%;年际丰枯水资源量相差 2.6~5.2 倍,经常出现年丰年枯的现象;地域分布不均,且与耕地组合不平衡。西部山区水资源丰富,耕地面积少;东部平原丘陵区耕地面积多,水资源量较少。

秭归县属长江流域,境内河流多为长江一级支流,另有部分为长江支流清江的支流。长江为县内主要河流,由巴东县破水峡入境,于茅坪河口出境,流长 64km,这构成了秭归县最大的水库(三峡水库),三斗坪坝址长江多年平均流量为 $4.51 \times 10^{11} m^3$。

秭归县水利资源优势明显,长江横贯东西 64km,135 条溪河汇成 8 条水系注入长江,形成以长江为主干的"蜈蚣"状水系。8 条水系为青干河、童庄河、九畹溪、茅坪河、龙马溪、香溪河、吒溪河及泄滩河,流域面积 $1\ 952.5 km^2$(表 2-1)。

表 2-1 秭归县水系概况

河流名称	全长 (km)	流域面积 (km²)	均流量 (m³/s)	最大流量 (m³/s)	最小流量 (m³/s)	平均径流量 (×10⁸m³)	总落差 (m)	备注
茅坪河	23.9	113	2.47			0.78	277	位于东南部,主要支流有芭蕉溪、大溪、清坪溪、四溪
九畹溪	42.3	514.5	17.5	7000	2.5	5.41	1073	位于东南部,由三渡河、林家河、老林河、九畹溪4个河段组成
龙马溪	10	509	1.11			0.35	980	位于东北部
香溪河	33	212	47.4	3000	14			位于东北部,发源于神农架,自游家河流入境内
童庄河	36.6	248	6.36	1000	2	2.08	1410	位于南部,发源于云台荒,依河段为仓坪河、平睦河、童庄河
吒溪河	52.4	193.7	8.34			2.63	1205	位于北部,依河段为南阳河台河、袁水河
青干河	53.9	532.34	19.06	2350	1.8	6.01	873	发源于巴东绿葱坡,由西南向东北流经两河口、沙镇溪镇,沿途汇纳磨坪乡龟坪河、梅家河乡梅家河、两河口镇锣鼓洞河3条支流
泄滩河	17.6	88	1.93			0.61	1120	位于西北部

四、矿产资源

至2010年,勘探、开采的矿产资源有煤、金、铁、锰、铜、铅、锌、重晶石、磷、石膏、硅石、硫铁矿、灰岩、白云岩、大理石、石英石、高岭土、方解石、长石和地热等20余种。

(1)煤。地质储量 $4.505\,8\times10^7$ t,累计开采 4.86×10^6 t。煤炭质量属于低质煤,含硫量在 $0.2\%\sim2.5\%$ 之间。

(2)黄金。累计探明储量 $3\,822.85$ kg,累计开采量为 $1\,962.85$ kg。

(3)硅石。硅石在县内分布较广,现已探明储量 5.1×10^5 t。

(4)饰面用灰岩。现已经探明储量 $4.097\,18\times10^7$ t。另有水泥用灰岩、石膏、铁矿、铜矿、砖瓦用页岩、高岭土、重晶石矿,储量都比较丰富(表2-2)。

秭归县内的矿种虽然较多,但形成工业矿床可以大规模开采的矿种较少。多年的地质普查与矿产勘查表明,目前区内仅有大型矿床1处(怀抱石重晶石矿床)和中型矿床3处(石鼓池赤铁矿床、攀家湾赤铁矿床和拐子沟金矿床),其余均为小型矿床。

表 2-2 宜昌市各地质时代地层中赋存的主要矿产

地层	赋存矿产
第四系	砂金、砂、砾石、黏土矿、黄土
第三系(古近系＋新近系)	石料、矿泉水
白垩系	石膏、玻璃砂岩、矿泉水
侏罗系	煤
三叠系	煤、灰岩
二叠系	煤、铜、硒、灰岩、高岭土、石煤、硫铁矿
石炭系	重晶石、灰岩、白云岩
泥盆系	石英岩、赤铁矿、菱铁矿
志留系	页岩
奥陶系	锰、灰岩、白云岩、重晶石
寒武系	钒、石煤、灰岩、白云岩
震旦系	磷、锰、汞、银、钒、含钾页岩、灰岩、白云岩、脉石英、铬、金、橄榄岩、蛇纹岩
古元古界—新太古界	金、石墨、刚玉、水晶、硫铁矿、石材、石榴子石

煤是秭归县内分布最广泛的矿种,主要的煤矿区有梅子坡煤矿区、殷家坡煤矿区、石槽溪煤矿区、野狼坪煤矿区、泄滩煤矿区、黄洋畔煤矿区、白云山煤矿区、郭家坝煤矿区、白沙煤矿区、盐关煤矿区、皮老荒煤矿区、新滩煤矿区、周坪煤矿区、杨林煤矿区。

金矿的分布仅局限于茅坪镇,目前已探明的金矿区主要有 3 个,即红岩尖-拐子沟-陈家坝金矿区,徐家冲-井水垭金矿区,兰陵溪金矿区。除拐子沟金矿属中型矿床外,其余均为矿点。

茅坪镇、屈原镇、郭家坝镇、周坪乡、磨坪乡、杨林桥镇都分布有大量灰岩,已探明工业储量的灰岩矿床为马槽背灰岩矿床和卡马石灰岩矿床。

赤铁矿产地 10 处,其中中型矿床 2 处,小型矿床 3 个,矿点 5 处,均赋存于上泥盆统黄家澄组和写经寺组中。

已知锰矿有羊角岭矿点 1 处,主要矿物为软锰矿,角砾状结构;铜矿有沈家包铜矿点和兰陵溪铜矿点 2 处;锌矿矿点 1 处,位于杉木溪。

铅锌矿有五指山铅锌矿矿点和沙镇溪关口铅锌矿矿点 2 处。

重晶石仅有怀抱石重晶石矿床 1 处。

磷块岩仅有野猫面磷块岩矿床 1 处,位于庙河北面,毗邻长江。

石膏矿已知矿点有杨家湾石膏矿点和戴家湾石膏矿点 2 处。

地热资源已知有庙垭温泉点 1 处。

硅石在全县各地均有分布,资源量极其丰富。

目前,中国石油天然气集团有限公司和中国石油化工集团有限公司重庆地区开采的页岩气,主要储藏于志留纪龙马溪组地质层系中,而在鄂西地区的震旦系、寒武系、志留系 3 个地质层系中均可获高产页岩气流。

五、土地资源

秭归县总面积 2274 km²,其中高山区为 728.1 km²,占 30%;半高山区 1 332.4 km²,占 54.9%;低山区为 66.5 km²,占 15.1%。整体呈"八山半水一分半田"的格局。

根据《秭归县土地利用总体规划(2006—2020 年)》和土地变更调查资料(2013 年),国土总面积 2274 km²。农用地面积 2087 km²,占 92%。其中,耕地 295 km²,占土地总面积的 12.96%;园地 241 km²,占土地总面积 10.61%;林地 1487 km²,占土地总面积 65.41%;牧草地 6 km²,占土地总面积 0.26%;其他农用地 64 km²,占土地总面积 2.82%。城镇村及工矿用地 77 km²,占土地总面积 3.37%;交通水利建设用地 77 km²,占土地总面积 3.77%;水域和自然保留地 104 km²,占土地总面积 4.55%。耕地复种指数为 231%。土地利用类型复杂多样,且分布不均匀。以农用地为主,且林地所占比重较大。

秭归县人均拥有耕地 800 m²。人均拥有土地少,耕地更少。在耕地中,旱地面积 175 km²,旱地的比重高达 82.62%。

根据秭归县 2004 年统计资料,秭归县耕地面积为 211.53 km²,占国土面积(2274 km²)的 9.31%,其中水田为 36.76 km²,占耕地总面积的 17%;旱地为 174.77 km²,占耕地总面积的 83%(表 2-3)。

表 2-3 秭归土地利用状况统计

类型	面积(km²)	百分比(%)
水田	36.76	17
旱地	174.77	83
总计	211.53	100

秭归县耕地总面积为 211.53 km²,其中一等地 30.75 km²,占耕地总面积的 15%;二等地 42.88 km²,占耕地总面积的 20%;三等地 52.98 km²,占耕地总面积的 25%;四等地 21.36 km²,占耕地总面积的 10%;五等地 31.17 km²,占耕地总面积的 15%;六等地 32.39 km²,占耕地总面积的 15%(表 2-4)。

表 2-4　秭归耕地地力等级统计

等级	一等地	二等地	三等地	四等地	五等地	六等地
面积（km²）	30.75	42.88	52.98	21.36	31.17	32.39
百分比（%）	15	20	25	10	15	15

秭归县土壤，按成土条件、成土过程及其属性，可以划分为7个土类，14个亚类，46个土属，194个土种（有的土种又可分为2~3个变种）。

黄壤：为地带性土壤，广泛分布在海拔800m以下低山丘陵及河谷地带，面积占全县土地总面积的9.72%。黄壤土宜种玉米、油菜、薯类、水稻等农作物，也是松、杉、竹等用材林和茶叶、油桐、生漆等经济林生长的适宜土壤。

黄棕壤：分布于县内海拔800~1800m地区，面积占全县总面积的19.13%。

棕壤：县内仅山地棕壤一个亚类，主要分布在云台荒等海拔1800m以上地区，面积占全县土地总面积的0.19%。

石灰土：是在灰岩母质上发育的一种土壤，面积占全县总面积的24.35%。

紫色土：主要分布于海拔100m以下的低山地区，面积占全县总面积的12.14%。

潮土：分布在长江两岸和各主要溪河之滨，全县只有灰潮土一个亚类，面积占全县总面积的0.16%。

水稻土：主要分布于海拔1000m以下的低山、半高山，面积占全县总面积的2.18%。

六、旅游资源

实习区旅游景区有屈原故里文化旅游区、九畹溪漂流风景区、三峡竹海生态景区、三峡国家地质公园——链子崖景区和三峡截流园景区等。

屈原故里文化旅游区：景区位于秭归县新县城，是国家重点文物保护区，毗邻三峡大坝且直线距离为600m，占地面积约333 335m²。以屈原祠、江渎庙为代表的24处峡江地面文物集中搬迁于此，2006年5月被国务院公布为第六批全国重点文物保护单位。

九畹溪漂流风景区：景区位于长江三峡西陵峡南岸，距三峡大坝20km，总面积60km²，是以探险为特色、兼具自然和人文景观的现代生态型旅游区，以漂流为主打的旅游产品，被誉为"中华第一漂"。

三峡竹海生态景区：景区位于湖北省秭归县茅坪镇内，地处长江南岸，距长江三峡大坝坝址和秭归县城12km，因大溪等4条溪流而得名。景区沿大溪水系呈树枝状分布，南北长9km，东西宽1km，中心区域面积9km²，控制区域20km²。景区以山、树、洞、竹、水、瀑见长，被誉为"三峡地区的天然氧吧"。

三峡链子崖景区：景区属于国家AAA级旅游景区，位于秭归县屈原镇的长江西陵峡南岸，屹立于兵书宝剑峡和牛肝马肺峡之间，因"链子锁崖"而得名，景区景点有归乡寺、放生池、瓦岗寨、招魂台、巫傩寨等景点。

三峡大坝景区：景区位于湖北省宜昌市内，于1997年正式对外开放，2007年被国家旅游局评为首批国家AAAAA级旅游景区，现拥有坛子岭园区、185园区及截流纪念园等园区，总占地面积15.28km²。旅游区以世界上最大的水利枢纽工程——三峡工程为依托，全方位展示工程文化和水利文化，为游客提供集游览、科教、休闲、娱乐于一体的多功能服务，将现代工程、自然风光和人文景观有机结合，成为国内外友人向往的旅游胜地。

七、生物资源

1. 野生动物

秭归县内野生动物兽纲有猕猴、黄腹鼬、猪獾、狗獾、花面狸、豹猫、鬣羚、斑羚、野猪、豪猪、小麂、林麝、草兔、红白鼯鼠、拟家鼠、普通田鼠、赤腹松鼠17种约5万只(头)；鸟纲有中白鹭、池鹭、赤麻鸭、鸳鸯、雀鹰、苍鹰、红隼、灰背隼、普通竹鸡、红腹角雉、红腹锦鸡、勺鸡、珠颈斑鸠、山斑鸠、小杜鹃、啄木鸟、燕子、八哥、喜鹊、乌鸦、麻雀等95种约357万只；爬行纲有鳖、草绿龙蜥、多疣壁虎、黄链蛇、黑眉锦蛇、翠青蛇、乌梢蛇、黑脊蛇、尖吻蛇、竹叶青10种约733万只(条)；两栖纲有中华大蟾蜍、虎纹蛙、中国林蛙、湖北金线蛙4种约1180万只，有国家一级保护动物1种即林麝，国家二级保护动物15种，省级保护动物42种，县级保护动物16种。

2. 野生植物

野生植物包括树木、花卉、药材、野菜和珍稀植物等。

(1)树木。秭归县内常见树种及珍稀树种1000余种，灌木约500种，藤木约100种。有稀有珍贵的红豆杉，有国家一级保护植物珙桐、水杉、银杏。主要树种有马尾松、油松、杉木、柑橘、板栗等。马尾松是县内的优势树种，分别占全县有林地面积和活立木总蓄积量的48.8%与64.2%。1985年，全县有珍稀古树、大树22种共173株。2003年，全县古树有28科，41属，49种，共402株，分布在12个乡镇。其中，500年以上的国家一级保护古树44株；300～499年的国家二级保护古树90株；100～299年的国家三级保护古树268株。

(2)花卉。秭归县内主要有栀子花、桂花、茉莉、兰花、杜鹃、美人蕉、白梅、紫荆、蜀葵、海棠、菊花、芙蓉、石榴花、鸡冠花、牵牛、仙人掌、迎春柳、刺球、玫瑰、月季、萱草、石竹、山丹、水仙、蔷薇等花卉品种。野生腊梅、杜鹃、桤木、扁兰等品种繁多，几乎遍及全县各地。蚊母(俗称中华小叶蚊母)为三峡地区特有。据不完全调查统计，到2005年，全县培育花卉盆景资源636个品种，6.652×10^5株(盆、钵、缸)以上(不含山上资源)。其中：花缸4.52×10^4个(株)；花坛1.69×10^4个(株)；花钵3.254×10^5个(株)。

(3)药材。秭归县内有常用植物药材129科，602种。其中，珍稀名贵药材有黄连、杜仲、天麻、厚朴、白山芪等；地道药材有前胡、桔梗、天冬、独活、党参、黄柏、木瓜、荆芥、丹皮等；大宗药材有荆芥、枳实、续断、鱼腥草、陈皮等；引种药材有生地、泽泻、杭菊花、白术、枣皮、连翘、栀子等；野生转栽培的有金银花、桔梗、天麻等；新发现品种有紫花地丁、仙鹤草、川乌 3 种。

（4）野菜。秭归县内野菜类主要有薇菜、野韭菜、山竹笋、蕨苔、马齿苋等；野生食用菌类主要有木耳、香菇、松菌、栎菌、羊肚菌、鸡蛋菌、刷竹菌、鹰翅膀等。主要特色产品有薇菜、香菇、木耳等。

（5）珍稀植物。疏花水柏枝是三峡库区特有的濒危植物，分布在长江边消涨带较平坦的沙滩上或石头缝中，江南多于江北。三峡工程蓄水后淹没，秭归县配合中国科学院武汉植物研究所将其移植到夷陵区、武汉植物研究所；伞花木既是三峡库区特有植物，也是珍稀濒危保护植物，分布在县内的茅坪镇四溪风景区。

第三章　黄陵岩基的岩体实习

第一节　实习工具应用与踏勘

路线：基地→夔龙山山庄公园→基地。

任务：(1)学习罗盘、地形图、地质图的使用方法。

(2)结合地质地貌特征,学习地质图与地形图的使用。

(3)了解实习区的地形地貌和城市布局状况。

点位：夔龙阁(夔龙山山庄公园山顶凉亭)。

GPS：E110°58′26″,N30°49′54″N,$H=330m$。

点义：(1)俯瞰秭归县城,观察实习地区的地形地貌和城市布局。

(2)练习罗盘的使用。

(3)地形图和地质图的使用。

知识链接

1. 罗盘的结构与使用方法

1)罗盘的结构

罗盘的结构如图 3-1 所示。

2)罗盘结构部件及其用途

(1)短瞄准器:瞄准目标。

(2)长瞄准器:瞄准目标。

(3)圆刻度盘(水平刻度盘):测量目标的方位角值。

(4)倾角正切百分值:对应坡角显示正切值的百分数。

(5)测斜指示针(坡度锤):结合长水准器测量坡角或倾角,另外,测斜指示针上标示的刻度 60-0-60,其作用类似于游标卡尺,把坡度测量精度精确到 10′。

(6)北针:始终指向正北方。

(7)磁针制动器:控制磁针转动。

(8)反光镜:使目标映入镜中,便于瞄准目标。

(9)磁偏角矫正指针:结合罗盘侧面磁偏角矫正螺丝矫正磁偏角。

第三章 黄陵岩基的岩体实习

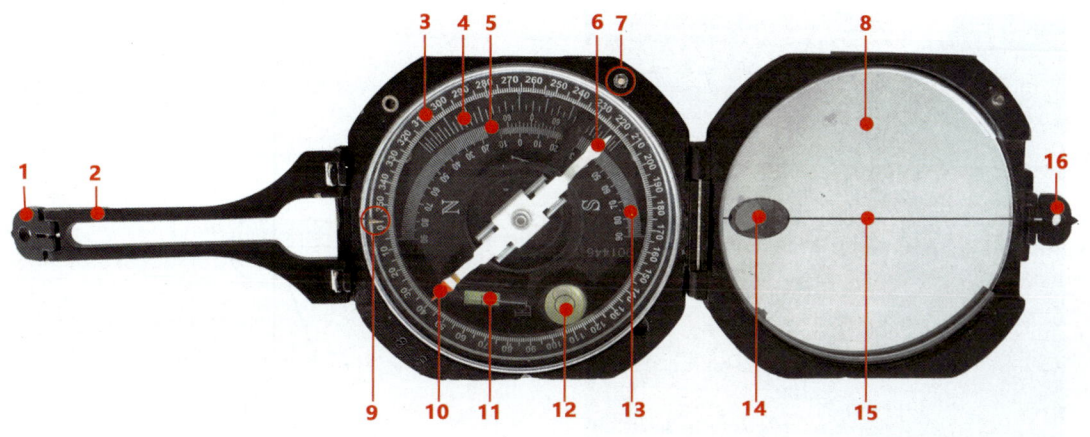

图 3-1 罗盘结构(侯林春,熊媛,2016)

1.短瞄准器;2.长瞄准器;3.圆刻度盘(水平刻度盘);4.倾角正切百分值;5.测斜指示针(坡度锤);6.北针;7.磁针制动器;8.反光镜;9.磁偏角矫正指针;10.南针;11.长水准器;12.圆水准器;13.半圆刻度盘(垂直刻度盘);14.瞄准窗;15.中线;16.小瞄准器

(10)南针:始终指向正南方。

(11)长水准器:结合坡度锤测量坡角或倾角。

(12)圆水准器:指示仪器的水平位置。

(13)半圆刻度盘(竖直刻度盘):测量目标倾角值。

(14)瞄准窗:透过此窗瞄准目标。

(15)中线:通过观察目标反映到中线上,保证目标、瞄准器和中线在一条直线上。

(16)小瞄准器:瞄准目标(图 3-1)。

3)校正磁偏角

查询所在地磁偏角,用随机附带的小起子拧罗盘侧面的磁偏角矫正螺丝,使圆刻度盘转动至磁偏角度数即可(若地形图上提供了子午线收敛角,则在校正时再加上这个角)。秭归的磁偏角约为西偏 3°,则顺时针方向拧磁偏角矫正螺丝,使磁偏角矫正指针指向 357°。

4)测量方位角

方位角即测定目的物与测者间的相对位置关系。测量时放松制动螺丝,使长瞄准器指向待测物,同时使圆水准器气泡居中,待磁针静止时北针所指度数即为待测物的方位角。

方位角:从标准方向的北端起,顺时针方向到目标方向线的水平角称为该方向的方位角。方位角的取值范围为 0°~360°。方位角包括真方位角、磁方位角和坐标方位角。

真方位角:某点指向北极的方向线叫真北方向线,也叫真子午线。从某点的真北方向线起,依顺时针方向到目标方向线间的水平夹角,叫该点的真方位角。测量方位角的正确姿势,如图 3-2 所示,测量方位角时读罗盘的北针。图 3-3 中所示测真方位角为 200°,方位角 200°的几何意义就是从正北方向(0°或 360°)开始,顺时针旋转 200°。

图 3-2　测量方位角（侯林春，2018）

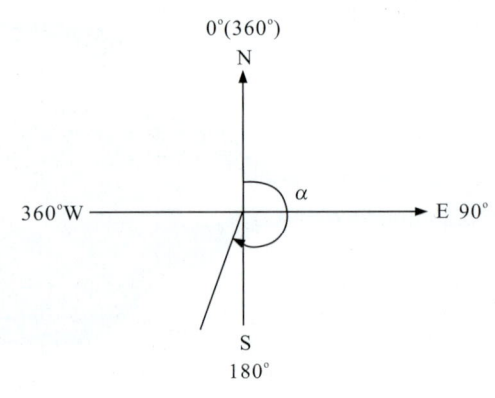

图 3-3　方位角 200°的物理意义（侯林春，熊媛，2016）

5）测量岩层的产状要素

（1）测走向（AB/BA）。

岩层走向即岩层层面与水平面交线的方向。将罗盘上盖打开到极限位置，使罗盘上与 0°-180°（S-N）方向平行的一边的底棱与层面紧贴，然后转动罗盘，使圆水准器气泡居中，待磁针静止，读出指针所指刻度即为岩层的走向（读北针、南针均可，一般读北针）。如：NE30°与 SW210°均可代表该岩层的走向。

一般不测走向，测出岩层倾向加减 90°，即可得到走向（图 3-4）。

（2）测倾向（CD′）。

岩层倾向即岩层层面面向的那个方向，用方位角表达，在水平面上且与岩层走向垂直。将罗盘的北针指向岩层的倾斜方向，即将罗盘 90°-270°（E-W）方向平行的一边底棱和走向线重合，或用上盖背贴紧岩层面，使圆水准器气泡居中，待磁针静止，读北针所指示的度数即为岩层的倾向。若测量底面时读北针受障碍，则用罗盘南端紧靠岩层底面，重复以上操作，读南针亦可。

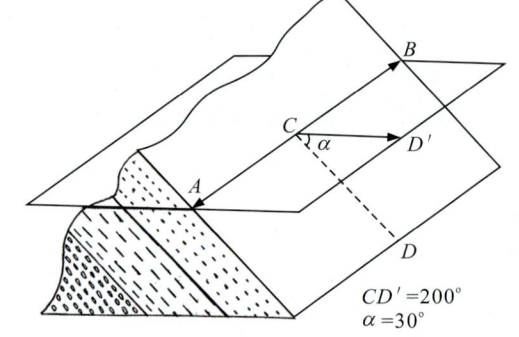

图 3-4　倾角（α）和倾向（CD′）（侯林春，熊媛，2016）

（3）测倾角（α）。

岩层倾角即岩层层面与假想水平面间的最大夹角（真倾角）。当测量完倾向后把罗盘翻转 90°，使罗盘 S-N 方向的一个侧边紧贴在层面上，与走向线垂直，转动罗盘底盘面（坡度锤）的手把，保持长水准器气泡居中，坡度锤上的游标所指的半圆刻度盘上的度数即为倾角度数。

(4)罗盘与地形图在野外的配合使用。

将罗盘 S-N 方向的一个侧边与地形图图框的南北方向平行,再轻轻放松磁针,同一方向转动地形图和罗盘直至罗盘北针指向北极,则此时地形图就与实际方位一致了。此时,可以根据地形地物法,判断自己所在地形图的大致位置,然后可以根据后方交会法精确定位自己在地形图上的位置(图3-5)。

2. 野簿构成与记录格式

1)野簿构成

野簿,全称"野外记录簿",是专门用来记录野外地质现象的观测结果、野外地质工作中规定用来承载原始资料的最重要载体。记录人员有责任客观、准确、清楚地将野外观察内容记录在专用的野簿上。野簿的记录质量关乎地质工作能否进一步进行,并且反映了记录人员的工作作风和科学态度。

图 3-5 罗盘与地形图在野外的配合使用

(侯林春,2018)

野簿有 50 页和 100 页两种基本规格。通常,野簿的内封皮为责任栏目,1、2 页为目录,3~50 页或 3~100 页为野簿记录页。责任栏目需记录人准确无误地填写清楚相关信息,以明确责任人,且为查找提供方便。目录可以随野外工作的开展随记随写,也可以完成所有工作后统一编写。野簿记录页用来记录野外观测的文字和图像信息。

中国地质大学(武汉)统一制定的野簿记录页由文字描述页和方格坐标纸页构成。文字描述页主要用于记录野外作业观测到的文字信息。包括 4 个功能区。

页眉区:位于文字描述页上方,专用于记录工作当日地点和日期信息。

左批注栏:位于文字描述页左侧的竖直通栏,常用于编录当日目录或注释。

文字记录栏:位于文字描述页中部,记录描述正文。

右批注栏:位于文字描述页的右侧,专用于补充、修订或更正描述正文。

方格坐标纸页的用途主要用于野外素描绘图,配以补充文字描述,使工作记录更加翔实。

野簿结尾有时还附有常见矿物的相对密度、三角函数表、常用计算公式和倾角换算表等内容。

2)使用规范

野簿记录应客观、准确、清楚,在野外观察中先仔细观察再做记录。一般使用 2H 型号铅笔书写。野外少记、回到室内凭印象补记、使用不规范的铅笔记录都是不符合规范的。野外地质记录在离开记录的地质点后,正文是不能涂改的。实习用野簿应妥善保管,不得缺页或遗失。

若工作项目涉及范围大,工作时间长,还应当制定完善的野外地质编录规划和野外地质编码分配方案。

3) 野簿文字记录格式

野簿的记录是随着野外地质观测路线的开展,记录下路线上每个观察点上的观测内容。野簿文字记录内容主要包括路线、任务、参加人员和每个观察点记录内容等信息。

每条路线的开始都要求单独另起一页记录,在该页页眉写上当天的日期、天气和工作地点。之后写清楚路线、任务、参加人员。再依次在每个观察点中记录点号、坐标、GPS、点位、露头、点义、描述、接触关系及依据等内容。

点号:所有的观察点都要连续编号,另起一行在行内居中处画一个长方形框,在框内记录点号,采用"No."后接阿拉伯数字的形式,如"No.23"。

坐标和GPS:另起一行记录利用GPS定出或在地形图上读出的观察点坐标和高程。

点位:另起一行简述确定该地质点的依据。每个观察点位置可以根据地质图或附近标志明显的地貌或人工参照物来确定,如山峰、垭口、沟口、小路分岔、路标、桥梁等都可以用来作参照物。且可以记录多个参照物来明确观察点。例如,"334省道39km处,黄陵庙4组东头5km处,陡山头渡口旁边"。每个观察点的位置和编号都需要在地质图上标示出来。

露头:另起一行从性质(天然/人工)和露头程度(差/一般/良好)两个方面加以评价。

点义:另起一行简述定点观察的地质意义。可以是地层界线点、岩性分界点、岩性控制点、构造观察点、水文地质点等。

描述:观察点的布置一般选择重要的地质界线,如地层单元内部或彼此之间的接触界线、侵入体与围岩的接触界线、侵入体内部的岩相分界、断层等,也可以是构造如褶皱转折端和节理统计处、化石、矿化点等。观察点上,要尽可能地详细观察和描述地质现象,内容包括地质现象的组成、岩石学特征、地质时代、形状和规模等多方面。此外,还要测量地质体的产状和尺度,画地质素描图或照相,采集岩石或化石标本。所采集的岩石和化石标本也要分别统一编号,将编号登记在每个观察点描述的后面,并且用记号笔或红蓝铅笔在标本上标示出来。

通常,描述记录中有几个不能少:①岩性描述不能少;②产状不能少;③标本不能少;④素描或照片不能少;⑤接触关系及依据不能少;⑥信手剖面不能少;⑦点间连续描述不能少。

观察点上所有的描述都记录在划线页中间即两条竖线之间,地层代号写在左侧,标本编号写在右侧。每个观察点描述完毕后,要空一行再接着描述下一个观察点。

此外,在一条路线结束后一般要作路线小结。路线小结是对该条路线的路线长度、素描、照片、标本、地质点数、地层、构造、岩石等的总结。还可以写上实习中存在的问题和建议。注意不要写无关的东西，不用华丽的词藻。

4）地质素描图绘制规范

地质素描图是一种非常实用、形象直观的记录方式，与文字描述相辅相成。野外常用的几种素描图主要有断面素描图、景观素描图、平面示意图和信手地质剖面图，还有露头素描图、标本素描图等。有时候，大堆的文字描述还不如一张简图那么明了、直观。素描图必须是完整的，除了图本身外，还要有图名、图例、方位、比例尺和可能的简单说明。

地质素描图所描绘的对象可以是露头上的断层、褶皱、地层接触关系，也可以是化石、沉积构造等。它要求通过细致观察和分析地质现象，抓住本质特征，用简洁的线条表示出所要揭示的地质现象。因此，地质素描图的制作往往超出了描绘本身的内涵，带有不同程度的地质分析和解释（图3-6）。

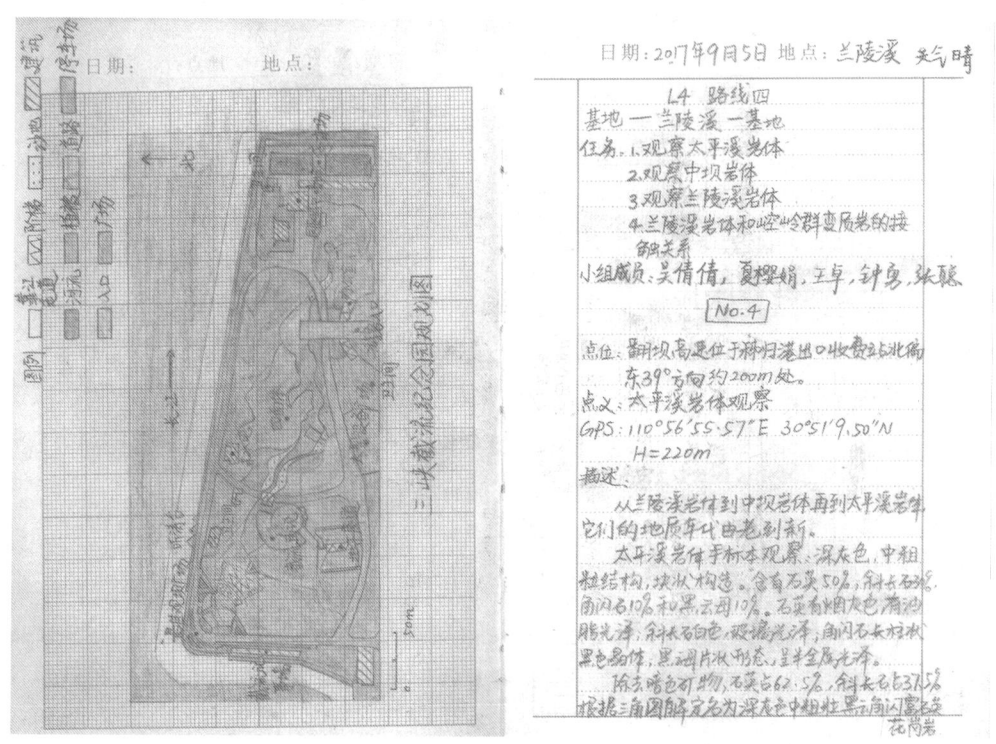

图3-6 野簿文字记录格式与绘图（吴倩倩 制，侯林春 核，2017）

Ⅰ. 绘制规范

地质素描图的绘制由众多要素构成，这些要素需遵循一定规范。图上内容应包括图名、剖面方向、比例尺（一般要求水平比例尺和垂直比例尺一致）、地形的轮廓、地层的层序、位置、代号、产状、岩体符号、岩体出露位置、岩性和代号、断层位置、性质、地物名称等。

以下几点需要特别注意。

（1）剖面方向。所有的剖面图都需要标明方向（方位），实测剖面更需要注明每一个明显转折点及其方位(例如135°)。一般图件方位角的精度以45°(例如NE、SW等)或90°(例如E、W、S、N)为准。一个剖面通常只需注明一个总体的大(致)走向,例如NW30°(或N30°W,表示北偏西30°,即330°)。

(2)地层界线。图上每一根线条,每一个符号都有确切的地质含义和表达规定,不可随意乱画。例如:横线表示上下层位的叠置关系;斜线表示侵蚀切割、构造错断;梭状线表示透镜体、地层尖灭;垂向锯齿状线表示水平相变(多个透镜体叠置)等。

(3)图例符号。地层剖面岩性需用标准图例注释。常用的图例符号规定有:"—"表示黏土;"."表示砂;"。"表示砾;"△"表示没有磨圆的角砾;单竖线表示晚更新世黄土;双竖线表示中更新世黄土(亦称红色土);三竖线表示早更新世黄土;粗条的单竖线表示第三纪红土。

(4)作图比例。非实测图件没有严格规定,以表达清楚为准,但是始终应该保持相对的比例关系。通常采用局部放大或垂向放大,以保证重点突出和清晰。

Ⅱ. 基本步骤

(1)选定素描对象的范围,确定景物在画框内的位置。

(2)安排主要对象和次要对象的大小比例及其相对位置关系,并在图框内勾画出大致范围。

(3)勾画景物(或地质体)的轮廓线。主要抓外形轮廓,如山脊、陡崖、河床、阶地、层面、断面等。

(4)在轮廓基础上绘制突出地质现象的点或线,标出地层层序的符号和代号。

(5)适当画些背景或衬托物,使素描图更清晰美观。

(6)估算比例尺,标出方位、图名、图例和地物名称。

3. 地形图的使用

1) 地形图的一般特征

地形图是将地形、地物依据设定的比例按一定的方法投影在平面上,反映地形起伏变化的图件。它是地表地形、地物空间位置的实际反映。地形图按比例尺可分为大比例尺地形图(大于1∶5万)、中比例尺地形图(1∶5万~1∶2.5万)、小比例尺地形图(小于1∶2.5万)三个类别。地形图既是重要的国家机密图件,必须依法使用,并承担相应的保管责任,也是野外地质工作者的向导,地形图还是野外收集原始资料和最终地质成果的重要载体。

地形图上地形的起伏变化通常用等高线来表示。等高线具有以下几个特点:①同线等高;②自行封闭;③在同一张地形图内,相邻两根等高线之间始终存在一个恒定的垂直高差值,即等高距。因此等高线不能相交,不能合并(除悬崖、峭壁外)。在地形图中不同地形的等高线所表示的疏密和弯曲样式不同。

山峰:等高线表现为一组近似于同心状的闭合曲线,且等高线的高程注记从里向外数据依次递减。

盆地（洼地）：等高线表现为一组近似于同心状的闭合曲线，等高线的高程注记从里向外数据依次递增。

山脊、山谷和山坡：山脊等高线表现为一组向递减方向凸出的曲线，每一条等高线改变方向处的连线就是山脊线。山谷与河谷的等高线表现为一组向递增方向凸出的曲线，曲线改变方向处的连线就是山谷线。山谷和山脊之间的侧面就是山坡，等高线表现为一组近于平行的曲线。

鞍部：两山头之间的低洼处，形似马鞍，称为"鞍部"，其等高线特征是一组双曲线。

绝壁：从实际地形来看，它是近于直立的垂直面，由于不同高程的等高线经垂直投影后合而为一，故只能用规定的绝壁符号表示。

陡坡和缓坡：陡坡等高线距较密，而缓坡等高线距较稀。

2）读地形图

地形图是野外作业必备的基础资料，用好地形图首先要读懂地形图上的内容。读图的目的是了解、熟悉工作区的山川地貌和道路村庄的分布情况，以便于制订适合该地区野外地质工作的计划和路线；既能保证野外地质工作的安全，又有利于保证野外地质工作的质量，取得最大的工作效果。读地形图的一般顺序是先图框外，后图框内。步骤如下。

读图名：图名位于图幅的正上方，通常是以图内最重要的地名来命名，如某地区1：1万地形图就被命名为《陶家溪》幅，地形图标号为 H - 49 - 43 -(41)。

了解比例尺：从比例尺可以了解图幅面积的大小、地形图的精度及等高距，比例尺一般用数字或线条表示。

地形图的图幅位置：地形图上坐标经线表示地理南北方向，纬线表示地理东西方向，从图幅上所标注的经纬度可以了解地形图的地理位置。在图幅的左上角标有接图表，表示其与相邻图幅的位置关系。

读磁偏角：在不同的地区有不同的磁偏角。在开始野外地质工作前，首先要校正罗盘的磁偏角，以便罗盘测出的方位与实际的地理方位一致。

读图例：图例一般标在图框的右侧，用不同的符号表示图内不同的地形、地物或特殊标志物。

了解绘图时间：一般标注在图框外的右下角。伴随制图技术的发展，时间越晚，图件制作的精度越高。

描述：在夔龙山山庄公园的山头上观察实习区地形地貌，结合地形图和地质图辨别地质现象、地形地物、城市布局与地形地貌水体的关系和城市功能分区等。

第二节　茅坪复式岩体

路线：基地→东岳庙方向岔路口→坝区围墙0187光缆处→三峡翻坝码头产业物流园→中坝村→兰陵溪→木材检查站→基地。

任务：(1)东岳庙岩体的岩性观察、描述及命名。

(2)堰湾岩体的岩性观察、描述及命名。

(3)太平溪岩体的岩性观察、描述及命名。

(4)中坝岩体的岩性观察、描述及命名。

(5)兰陵溪岩体的岩性观察、描述及命名。

(6)兰陵溪岩体与小渔村组变质岩的接触关系的观察及描述。

知识链接

1. 黄陵岩基与黄陵背斜

1) 黄陵岩基

黄陵花岗岩基位于扬子地台北缘，它连同汉南和鲤鱼寨岩基一起构成扬子地台北缘的低钾花岗岩带，形成于晋宁晚期扬子地台北侧的"秦岭洋"洋壳向南俯冲导致的大陆边缘造山运动过程中。

黄陵花岗岩基包含三斗坪、黄陵庙、大老岭、晓峰4个岩套和14个单元，侵位时限在832～750Ma之间。三斗坪和黄陵庙两个岩套主要由英云闪长岩、奥长花岗岩、花岗闪长岩组成，是在近南北向区域挤压下于约16km深部塑性域定位的同构造花岗岩，前者主要依靠岩浆在构造弱面逐次强力楔入创造定位空间，后者主要在处于活动状态的韧性拉张剪切带内定位。钙碱性系列的大老岭和晓峰岩套则是在本区地壳迅速隆起过程中分别在5km和1.5km深度的脆性域定位的构造晚期花岗岩。

根据岩石化学和同位素组成推断，三斗坪岩基的源岩主要是新太古代大陆拉斑玄武岩，母岩浆相当于英安质，岩基内的成分变化主要受角闪石分离结晶作用控制；黄陵庙岩基除受分离结晶作用影响外，成分变化主要与英安质母岩浆和某种长英质岩浆的混合有关；大老岭岩基的源岩亦为前寒武纪火山岩。

2) 黄陵背斜

黄陵背斜位居鄂黔台褶皱带与四川台向斜(故称四川、现称渝东)分界过渡部位，又处于新华夏第三隆起带与淮阳山字型西翼反射弧脊柱复合部位，总体呈南北走向卵形产出。黄陵背斜轴向为NE15°，南北长约73km，东西宽约36km，具有地台型双层结构和后地台型上叠构造层特征，并以明显的区域角度不整合与下伏崆岭群分界。核部由古元古代变质岩系及基性、超基性、中酸性侵入体组成，翼部主要由震旦纪—三叠纪碳酸盐岩和碎屑岩构成，厚6000余米，为一套未遭受变质作用的整合与平行不整合岩层，围绕核部向四周呈向外倾斜状产出。东翼岩层产状平缓,倾角一般在15°以下;西翼倾角较陡,倾角通常30°~40°,局部直立甚至倒转;南部、北部倾没端产状更为平缓,倾角大都小于12°。东翼、西翼均见到次级褶皱发育现象。雏形于印支期出现,定型于燕山期。黄陵背斜实际上为一个轴面向东倾斜,长短轴比为2∶1的复式短轴斜歪背斜或穹隆构造。由于在该背斜的周边尚同时发育有较多断裂构造,因此,习惯上又称黄陵背斜为黄陵"断穹"(图3-7)。

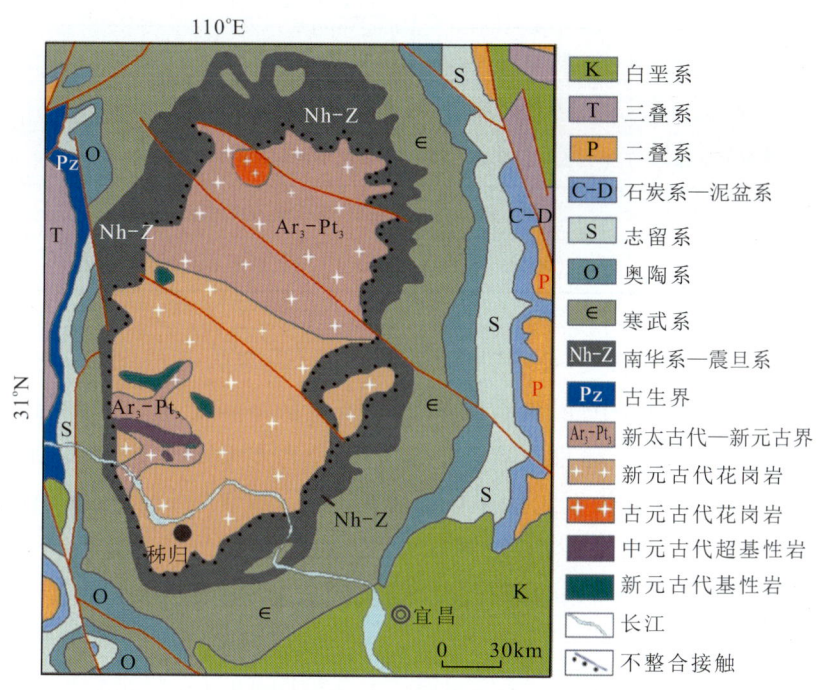

图3-7 黄陵背斜地区地质简图(谭瑞琳 绘,侯林春 核,2018)

本专业野外实习的实习区就在黄陵岩基周围。长江穿过黄陵岩基的南部,从上游到下游沿着长江依次为茅坪复式岩体和黄陵庙复式岩体。茅坪复式岩体依次包括兰陵溪岩体、中坝岩体、太平溪岩体、堰湾岩体和东岳庙岩体;黄陵庙复式岩体依次包括三斗坪岩体、青鱼背岩体和小滩头岩体(表3-1)。

2. 岩石命名

岩石的分类是依据成分、结构、构造等岩石最显著特征。由于侵入岩结晶较充分,肉眼可以识别矿物颗粒,因而其分类主要考虑矿物含量,这种分类称为定量矿物分类。

国际地质科学联合会推荐的花岗质岩石的定量矿物分类(图3-8),以石英(Q)、碱性长石(A)和斜长石(P)含量对岩石进行划分,关键是要对石英、斜长石和碱性长石进行正确鉴定并估计其含量,换算成百分含量后在QAP图上投点确定名称。岩石中的暗色矿物(如黑云母、白云母、角闪石、辉石)可作为前缀参加命名,如黑云角闪花岗闪长岩。此外,岩石命名还可以考虑该岩石的显著结构构造特征,如斑状花岗岩(具有似斑状结构)、花岗斑岩(具有斑状结构)、片麻状花岗闪长岩(具有片麻状构造)等。

表 3-1　长江沿岸黄陵岩基的岩体与岩性

复式岩体	岩体	岩性
黄陵庙复式岩体	小滩头岩体	肉红色斑状二云母钾长花岗岩
	青鱼背岩体	肉红色中粗粒白云母二长花岗岩
	三斗坪岩体	灰色中粒黑云角闪花岗闪长岩
茅坪复式岩体	东岳庙岩体	灰色中细粒黑云花岗闪长岩
	堰湾岩体	灰白色粗粒黑云母石英闪长岩
	太平溪岩体	深灰色中粗粒黑云角闪英云闪长岩
	中坝岩体	灰色中细粒黑云角闪花岗闪长岩
	兰陵溪岩体	灰黑色中细粒黑云角闪石英闪长岩

在花岗质岩石分类中,石英(Q)是最重要的矿物,决定岩石的大类,花岗岩类(酸性)岩石的 Q>20%,闪长岩类(中性)岩石的 Q<5%,其余则属于花岗岩类与闪长岩类的过渡类型,称为石英闪长岩类。碱性长石(A)与斜长石(P)的比例是进一步划分的依据。其中,在花岗质侵入岩中,碱性长石包括钾长石和钠长石(指含钙长石分子 An<5%的斜长石),钾长石又包括正长石和微斜长石(图 3-8)。由于在野外正确鉴定不同的长石比较困难,因而在野外可以用"花岗岩""闪长岩""石英闪长岩"等大类名称初步命名。

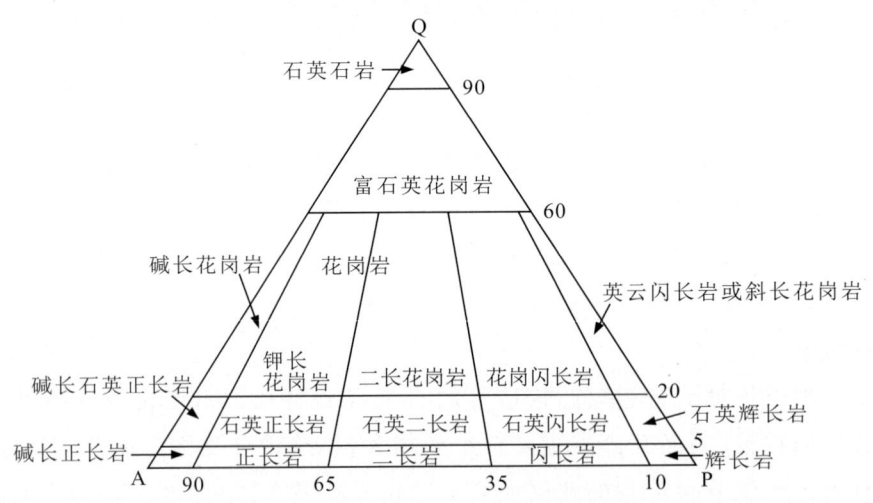

图 3-8　花岗岩类岩石 QAP 分类三角图
Q. 石英;P. 斜长石;A. 钾长石+钠长石(An<5%)

石英含量对侵入岩的命名至关重要。在野外识别石英含量时,当用肉眼一眼就看出岩石中有石英,这时岩石中石英含量一般大于 20%;当用肉眼在岩石中难以找到石英,需要借助放大镜才能找到石英,这时岩石中石英含量一般大于 5%;当用放大镜在岩石中也难以找到石英,这时岩石中石英含量一般小于 5%。

3. 野外岩浆岩岩石的识别和命名

在野外识别岩浆岩时,首先要判断其是侵入岩还是喷出岩,为此应全面考虑岩石的产出状态、结构和构造特征,应特别考虑岩石的宏观特点。如果岩石与围岩为侵入关系且岩体的边缘有围岩的捕虏体存在,可以判断该岩石为侵入岩;如果岩石为层状,有气孔构造及流动构造,则是喷出岩。在区分了喷出岩与侵入岩的基础上,进一步着手定名。这时应先观察岩石的颜色,颜色的深浅取决于暗色矿物在岩石中的百分含量,即色率。超基性岩色率大于 75,基性岩色率为 35~75,它们的颜色为黑色、灰黑色及灰绿色。酸性岩色率小于 20,颜色为淡灰色、灰白色、淡黄色、肉红色。中性岩色率为 20~35,色调介于前两者之间。在判断色率的基础上再进一步鉴定矿物。浅色矿物中长石为玻璃光泽,有良好的解理;石英断口为油脂光泽,透明度高,无解理,两者易于区别。斜长石和钾长石的区别是前者的解理面上有平行而紧密排列的细纹(即双晶纹),钾长石没有细密的双晶纹。如果两种长石同时存在,白色者常为斜长石,肉红色者为钾长石。深色矿物中橄榄石一般不与石英共生,如果有大量石英存在,即可以排除有橄榄石的可能。辉石和角闪石都是暗色柱状矿物,应根据其横切面形状及其解理的交角大小加以鉴别,这点在野外难以做到。这时,利用矿物共生的规律是有帮助的。如果岩石中以斜长石为主,并且石英很少,岩石色率高,则该柱状矿物多为辉石;否则,为角闪石。黑云母为六边形的横切面,常为片状,棕黑色,易于识别。知道了矿物组成以后,再进一步判别岩石的结构。如花岗岩和花岗斑岩的区别不在于矿物组成,而在于前者是显晶质、等粒结构;后者为斑状结构。闪长岩和闪长玢岩的区别与此类似(一般将斑晶由钾长石和石英组成者称为斑岩,将斑晶由斜长石组成者称为玢岩)。

喷出岩中基质的矿物成分难以识别,可根据斑晶的矿物成分并结合岩石的颜色定名。如斑晶为石英、钾长石、黑云母,岩石颜色浅,属酸性岩类(流纹岩)。如斑晶为斜长石、角闪石,岩石颜色暗,属中性岩类(安山岩),如岩石为黑色,则可能为玄武岩。火成岩主要类型及其主要特征见表 3-2。

4. 岩石抗风化能力

岩石抗风化能力的强弱与它所含矿物的成分和数量有密切关系。主要造岩矿物中抵抗风化能力由小到大的次序是:橄榄石、钙长石、辉石、角闪石、钠长石、黑云母、钾长石、白云母、黏土矿物、石英、铝和铁的氧化物。方解石也属于易风化矿物。可见,火成岩中结晶越早的矿物越不稳定,结晶越晚的矿物越稳定。矿物在风化过程中的稳定性与鲍温反应系列中矿物结晶出的顺序有明显的对应关系。因而就火成岩而论,由铁镁质矿物和基性斜长石组成的超基性岩和基性岩最容易被风化,酸性火成岩较难被风化,中性火成岩则介于前两者之间。

表 3-2 火成岩类型及其特征简表[①]

		超基性岩	基性岩	中性岩	酸性岩
SiO_2 含量(%)		<45	45～52	52～65	>65
主要矿物		橄榄石、辉石、角闪石	钙长石、辉石、角闪石	中长石、碱性长石	钾长石、钠长石、石英、黑云母
				角闪石、黑云母	
色率(%)		>78	35～78	20～35	<20
喷出岩	岩流、岩被、斑状或隐晶质结构，气孔、杏仁、流纹构造	科马提岩	玄武岩	安山岩、粗面岩	流纹岩
浅成岩	斑状、细粒或隐晶质结构	少见	辉绿岩	闪长玢岩、正长斑岩	花岗斑岩
深成岩	全晶质、粗粒或似斑状结构	橄榄岩、辉石岩	辉长岩	闪长岩、正长岩	花岗岩

① 火成岩中所有呈脉状产出的岩体，称为脉岩。如岩墙、岩床等。本表未反映这一产状特征。此外，由碱性长石等碱质较高的矿物所构成的一类岩石，常称为碱性岩，本表将它归入中性岩类，未单独列出。

5. 侵入作用

深部岩浆向上运移，侵入周围岩石而未到达地表，称为侵入作用。岩浆在侵入过程中变冷、结晶而形成的岩石叫作侵入岩。侵入岩是被周围岩石封闭起来的三度空间的实体，故又称侵入体。包围侵入体的原有岩石称围岩。

侵入体形成的深度不一。形成深度在地表以下 5～20km，称为深成侵入体，其规模较大；形成深度小于 5km，称为浅成侵入体，其规模较小。由于地壳隆起，上覆岩石被风化、剥蚀，侵入体便暴露于地表。岩浆是高温物质，围岩是低温物质，在侵入过程中岩浆与围岩之间必然要发生许多变化。

6. 火成岩的结构

按照矿物晶粒的大小，火成岩的结构可以分为粗粒（粒径>5mm）、中粒（粒径 1～5mm）、细粒（粒径 0.1～1mm）。这些结构用肉眼均可加以识别，统称为显晶质结构。晶粒细小用肉眼难以识别者，称为隐晶质结构。按矿物颗粒大小可分为等粒结构（矿物颗粒大小相等）及不等粒结构（矿物颗粒大小不等）。在不等粒结构中，如两类颗粒的大小悬殊，其中粗大者称为斑晶，其晶形常较完整；细小者称为基质，其晶形常不规则。如基质为显晶质，且基质的成分与斑晶的成分相同者，称为似斑状结构；如果基质为隐晶质或非晶质，称为斑状结构。

7. 混合岩化作用

混合岩化作用形成于地壳较深部位，由浅色硅铝质岩和暗色铁镁质岩两部分组成，矿物组成和结构、构造常不均匀。混合岩化作用较弱的混合岩，明显分出脉体和基体两部分。前者是由于注入、交代或重熔作用而形成的新生物质；后者基本代表原来变质岩的成分，条带状构造明显。随着混合岩化作用增强，浅成体与古成体的界线逐渐消失，形成类似硅铝质岩石的混合岩。

8. 析离体

析离体又称异离体。在岩浆结晶过程中,有一部分早期结晶矿物相对集中,呈团块状或条带状分布在岩体中,其边缘界线有时不清,逐渐消失。析离体因受岩浆流动影响常与流动方向平行,呈定向排列。

9. 包体

包体是包含于火成岩中的成分、形态、大小及成因各异的其他岩石、矿物集合体、单矿物晶体等。如花岗质岩石(即变形变质花岗岩)中的包体,从其来源与花岗质岩石之间的关系可划分为同源包体(残渣、残留体)、异源包体(捕虏体)等。

No.01 东岳庙岩体

任务 东岳庙岩体的岩性观察、描述及命名。

点位 东岳庙村方向与 334 省道 42m 处的岔路口。

GPS E111°02′34.30″,N30°49′05.65″;$H=105m$。

点义 茅坪复式岩体(超单元)中的东岳庙岩体(单元)岩性观察点。

描述 东岳庙岩体中暗色矿物明显减少,与堰湾岩体中大片黑云母相比,此处黑云母明显变少且结晶片度也变小,角闪石与辉石也变少,石英明显增多。斜长石含量虽多于石英,但与之前的堰湾岩体中的斜长石含量相比,也变少。并且在肉眼观察新鲜剖面时,发现了浅绿色矿物,应为长石的绿帘石化。此处岩体为整个观察岩体中最细粒的岩体,结晶粒度小,暗色矿物含量最少,且暗色矿物有定向排列即流面构造,似片麻状构造。岩体中矿物含量估计:石英含量大于 25%,斜长石含量大于 65%,黑云母含量小于 5%,角闪石含量小于 5%(图 3-9)。

图 3-9　东岳庙岩体(岩性:浅灰色细粒黑云花岗闪长岩)(侯林春,2018)

命名 浅灰色细粒黑云花岗闪长岩。

No.02 堰湾岩体

任务 堰湾岩体的岩性观察、描述及命名。
点位 坝区围墙外的 0187 光缆处。
GPS E111°01′20.94″,N30°48′47.88″;$H=101m$。
点义 茅坪复式岩体(超单元)中的堰湾岩体(单元)岩性观察点。
描述 与太平溪岩体相比较,堰湾岩体黑云母的含量明显增多,且此处岩体中黑云母片度大,片度 1～1.5cm,自形程度大且排列集中。暗色矿物中黑云母含量最多,角闪石与辉石含量较少。相较于中坝岩体与兰陵溪岩体,此处角闪石晶体结晶程度好,晶体形成较大且晶体之间差异大,有些晶体自形好,有些自形差。岩石成分含量估计:角闪石加黑云母大于 20%,斜长石大于 70%,石英约 5%,以及少量辉石(图 3-10)。
命名 灰色粗粒黑云母石英闪长岩。

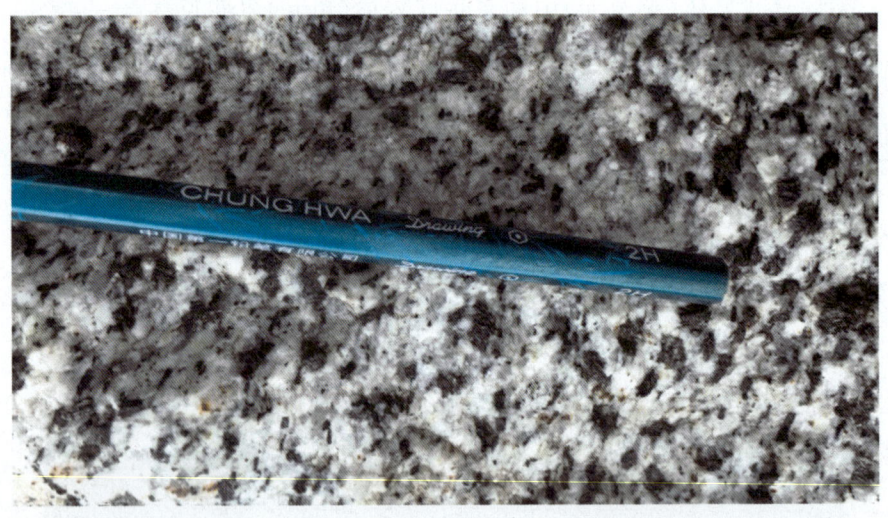

图 3-10 堰湾岩体(岩性:灰色粗粒黑云母石英闪长岩)(侯林春,2016)

No.03 太平溪岩体

任务 太平溪岩体的矿物组成、色率以及矿物组成百分比的估计及命名。
点位 翻坝码头翻坝物流园内。

GPS E110°57′29″,N34°57′08″;$H=220$m。

点义 太平溪岩体的岩性观察、描述及命名。

露头 天然、人工、弱风化。

描述 翻坝码头翻坝物流园内的岩石为开山采石后裸露的新鲜露头,大多数只有轻微的风化。整体上看,新鲜面的颜色为灰色,根据矿物颗粒的粒径大小分类,可以判断此处岩石的结构为中粗粒结构,矿物颗粒粒径大小在2~10mm之间。肉眼可观察到的矿物有半透明的石英、片状的黑云母、白色的斜长石以及黑色的角闪石。黑云母片状结构,黑褐色,粒度3~5mm,一组完全解理,玻璃光泽,薄片具有弹性。估计岩石成分含量:石英30%左右,斜长石50%左右,角闪石10%左右,黑云母10%左右,其中暗色矿物为角闪石与黑云母,所以色率$M=20$,岩石为块状构造,中粗粒结构(图3-11)。岩体内暗色析离体广泛分布(图3-12)。

命名 灰色中粗粒黑云角闪英云闪长岩。

图3-11 太平溪岩体(岩性:灰黑色中粗粒黑云角闪英云闪长岩)(侯林春,2016)

图3-12 太平溪岩体内的暗色析离体(侯林春,2016)

No.04 中坝岩体

任务 中坝岩体岩性的描述及命名。

点位 中坝村029电线杆的马路对面(中坝村一组46号,过中坝子桥)。

GPS E110°55′00.43″,N30°51′43.57″;$H=204$m。

点义 中坝岩体岩性观察。

露头 天然、人工、分化。

描述 岩体表面云母风化,颜色变成了褐色,仔细观察可见角闪石与辉石,长柱状的黑色矿物为角闪石,短柱状的黑色矿物为辉石。肉眼观察可得出含有黑云母、角闪石、辉石、长石,估计含量为石英大于25%,长石15%左右,暗色矿物黑云母、角闪石、辉石大于40%(图3-13)。包体可分为3种:①浆混体,即铁镁质包体,定向铁镁质岩浆溅入中酸性岩浆中形成;②析离体,原暗色矿物富集,与岩体无明显界线,有过渡带;③捕虏体,岩浆上移过程中,经过挤压或地震作用,围岩下落,偏基性围岩落入岩浆中被熔融后重结晶,结晶流动过程中被拉长。

命名 灰黑色黑云角闪花岗闪长岩。

图3-13 中坝岩体(岩性:灰黑色黑云角闪花岗闪长岩)(侯林春,2016)

No.05 兰陵溪岩体

任务 兰陵溪岩体的岩性描述及命名。

点位 334 省道 76km 处（兰陵溪村公交站旁）。

GPS E110°54′45.05″，N30°52′15.35″N；$H=198$m。

点义 茅坪复式岩体中兰陵溪岩体的岩性观察。

露头 人工、良好。

描述 根据矿物颗粒粒径大小分类，此处岩体为中细粒结构，矿物颗粒粒径大小在 0.2～5mm 之间，岩体为似片麻状构造。岩体中矿物成分大致有斜长石、角闪石、黑云母、石英以及少量辉石。含量估计为斜长石 45% 左右，角闪石 30% 左右，黑云母 10% 左右，石英 10% 左右，辉石 5% 左右（图 3-14）。在岩体中可见有铁镁质微细粒暗色捕虏体（图 3-15）。

命名 灰黑色中细粒黑云角闪石英闪长岩。

图 3-14　兰陵溪岩体（岩性：灰黑色中细粒黑云角闪石英闪长岩）（侯林春，2016）

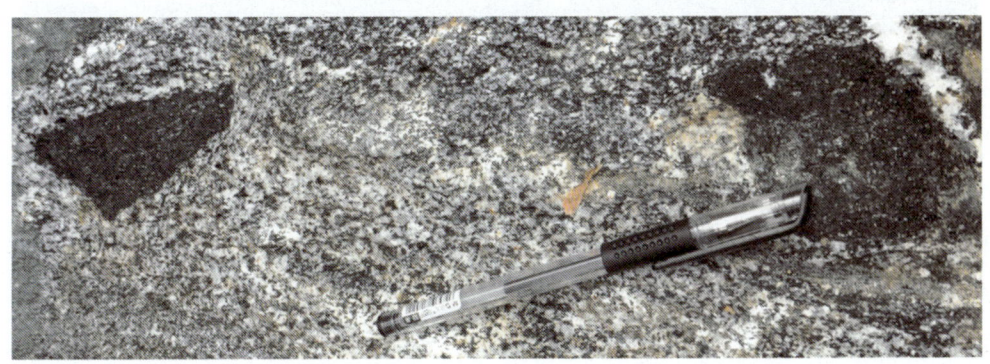

图 3-15　兰陵溪岩体中的暗色铁镁质捕虏体（侯林春，2016）

No.06 兰陵溪岩体与小渔村组变质岩体接触带

任务 （1）描述兰陵溪岩体与小渔村组变质岩体的混合接触带。
　　　（2）联系罗盘的使用，画接触关系素描图。
点位　兰陵村三组的 37 号（木材检查站）旁。
GPS　E110°54′41.29″,N30°52′78.70″N；$H=227m$。
点义　兰陵溪岩体与小渔村组变质岩体的接触带的观察描述。
露头　天然、人工、弱风化。
描述　兰陵溪岩体与小渔村组变质岩体的接触带是混合岩（图 3-16）。混合岩是混合岩化作用较弱的变质岩，明显分出脉体和基体两部分。浅色的脉体是由于注入、交代或重熔作用而形成的新生物质；暗色的基体基本代表原来变质岩的成分，条带状构造明显。
点西　崆岭群小渔村组灰黑色斜长角闪片麻岩、黑云斜长片岩、黑云石英片岩、绿泥石片岩。岩体为块状结构，中粒鳞片状变质结构。
点东　兰陵溪岩体，岩性为灰黑色中细粒黑云角闪闪长岩。

图 3-16　兰陵溪岩体与小渔村组变质岩体接触带的混合岩（木材检查站旁）（侯林春，2016）

小结

1. 面临的问题
岩脉的形成原因。
包体的形成原因。
如何在野外区分辉石与角闪石。

混合岩接触关系判断。

2. 所获得的知识

野外岩石命名：颜色＋粒度＋结构＋次要矿物＋主要矿物。

根据所含矿物含量投图，定大类。

3. 解决方法

查阅资料、小组讨论、询问老师和同学。

第三节　黄陵庙复式岩体

路线　基地→三斗坪→青鱼背→小滩头→基地。

任务　(1)黄陵庙复式岩体中三斗坪岩体、青鱼背岩体、小滩头岩体的观察描述。

(2)识别矿物，并定名。

1. 结晶分异作用

结晶分异作用指岩浆在冷却过程中不断结晶出矿物和矿物与残余熔体分离的过程。它是岩浆冷凝过程中由于不同矿物先后结晶和矿物相对密度的差异导致岩浆中不同组分相互分离的作用。

当岩浆缓慢冷却时，熔点高、相对密度大的矿物首先结晶。其中一部分晶体因相对密度大而沉入岩浆底部，或因其他原因从岩浆中分离出来，聚集成为熔点较高的岩石。另一部分未能沉入底部或从岩浆中分离出来的，则同剩余岩浆发生反应，岩浆的成分因而发生变化。当岩浆继续冷却到适当温度时，又有相应熔点的矿物结晶并分离出来，形成熔点较低的岩石，类似的作用多次发生，从而完成结晶分异过程。

2. 鲍温反应系列

美国岩石学家鲍温根据结晶分异原理，用富含橄榄石的玄武岩实验得出的矿物结晶规律，其反应过程也就是鲍温反应系列。

鲍温反应系列分为两种：连续反应系列和不连续反应系列。

(1)连续反应系列：是形成的矿物的化学成分连续变化，内部结构无根本变化，是石英、钾长石以及各种斜长石等长英质矿物(又名浅色矿物)所特有的反应过程。依照岩浆冷却过程，矿物晶出顺序为：基性斜长石→中性斜长石(中长石)→酸性斜长石→钾长石→白云母→石英。

(2)不连续反应系列：是形成的矿物化学成分有差异，同时内部结构有显著变化，是暗色矿物(铁镁质矿物)所特有的反应过程。依据岩浆冷却过程，矿物晶出顺序为：橄榄石→辉石→角闪石→黑云母→钾长石→白云母→石英。

3. 变质岩构造类型

板状构造：岩石外观呈现平板状，沿板面方向容易裂开。

千枚状构造：岩石外观呈薄片状，晶粒细小。

片状构造：岩石外观呈片状、板状、针状，矿物颗粒呈平行定向排列。

片麻状构造：岩石主要由较粗的粒状矿物（如长石、石英）组成，但又有一定数量的柱状矿物（如角闪石）在粒状矿物中定向排列和不均匀分布形成断续条带状构造。

块状构造：岩石中矿物颗粒无定向排列所表现的均一构造，部分大理岩、石英岩等具有此种构造。

4. 复式岩体

复式岩体指不同时代花岗岩类岩体在空间上的共生，组成复式岩体的各部分彼此之间不存在必然的成因联系。

5. 环带构造

矿物围绕一个核心呈带状结晶，构成环带构造。晶体颗粒表现出明显的环带，正交偏光镜下呈现环带状消光，在中性斜长石中尤为常见。斜长石的环带内外成分不同，内部环带的长石成分偏基性，外部偏酸性，它是在岩浆岩冷却速度中等条件下形成的，出现于中深成岩或部分浅成岩中，而深成岩中的长石少见环带状结构。

6. 流面构造

流面构造是指岩浆中的片状矿物、板状矿物大扁平面的定向排列而形成的构造。流面构造只能说明接触面的产状，不能说明岩浆运动方向。

7. 绿帘石化

绿帘石化，即原来的岩浆岩、变质岩、沉积岩受热液交代后形成的一种围岩蚀变。

8. 聚片双晶与卡氏双晶的鉴别

聚片双晶，由多个晶体的薄片依互相平行的晶面结合而成，即按同一种双晶律多次重复所构成的双晶。因此，在横切双晶结合面的平面上，可以观察到由一系列平行的双晶缝合线所组成的双晶纹。

卡氏双晶，又叫卡斯巴双晶，一个很容易鉴别的现象就是在阳光下，晶体明显分为一亮一暗两块。

9. 实习区可能遇到的主要矿物鉴别特征简述

石英 Quartz(Qz)：三方晶系。晶体常为六方柱、菱面体，有时呈三方双锥、三方偏方面体，柱面常见生长横纹。显晶质集合体多为晶簇、粒状和致密块状。隐晶质或玻璃质集合体常呈壳状、球状或结核状。呈晶腺状、同心圆状或成层分布者常被称为玛瑙。颜色以白色为主，因杂质不同可呈紫色、烟灰色、黑色、粉红色和黄色等。无解理，断口呈油脂光泽，硬度大于小刀（摩氏硬度7）。

斜长石 Plagioclase(Pl)：一组类质同象系列矿物的总称，由钠长石端元（$NaAl_2Si_3O_8$）和钙长石（$CaAl_2Si_2O_8$）组成一组连续系列矿物。单体多为板状和板柱状，常见聚片双晶。

以白色和灰白色为主,少数呈红色。晶体常呈环带状产出。玻璃光泽,解理发育,硬度大于小刀。

正长石 Orthoclase(Or):由一组钠长石端元($NaAlSi_3O_8$)和钾长石端元($KAlSi_3O_8$)组成的不连续系列矿物总称。晶体多呈短柱状或厚板状,发育卡氏双晶或接触双晶。集合体多为粒状或块状。以肉红色为主,可见淡黄色、灰白色。晶体可呈环带状产出。玻璃光泽,硬度大于小刀。

方解石 Calcite(Cc):三方晶系。晶体常呈菱面体、复三方偏三角面体、六方柱和平行双面。可见聚片双晶和接触双晶。集合体呈晶簇、粒状、致密块状、结核状和土状等。以白色为主,可见浅黄色、紫色、浅红色和褐色等。无色透明者称为冰洲石,是重要的光学设备材料。解理发育、完全。硬度小于小刀(摩氏硬度3)。滴稀盐酸起泡。

白云石 Dolomite(Dol):三方晶系。晶体常呈菱面体,聚片双晶发育。集合体多呈粒状和紧致块状。以白色为主,可见灰色、褐灰色等。玻璃光泽,解理发育,硬度小于小刀。遇稀盐酸起泡较慢。

高岭土 Kaolinite(Ka):因广泛分布于我国江西景德镇的高岭山而得名,是陶瓷的必备原料。三斜晶系。晶体极细小。集合体常呈土状或块状。以白色为主,可见淡红色、蓝色、绿色。土状光泽、蜡状光泽。硬度小于小刀(摩氏硬度1)。易变形,可搓成粉末。干燥时有吸水性(粘舌头),湿润时具有可塑性,但不膨胀。

蛭石 Vermculite(Ve):成分多变,多由黑云母风化而来。片状、鳞片状或土状。黑色、褐色或褐黄色。外形似黑云母,光泽弱。硬度小,有解理。薄片具弹性,灼热下显著膨胀成蚂蝗状(手风琴)、弯曲状。相对密度小,可浮于水面上。

铝土矿:铝的氢氧化物与含水氧化铁、二氧化硅等其他矿物组成的细分散混合物。呈鲕状、豆状、肾状和块状等集合体产出。灰白色、褐灰色、黑灰色等,可见红褐色斑点。淡灰色、灰色条痕。非金属光泽。硬度变化大(2.5~7),相对密度中等(2.5~3.5)。呵气后会有强烈土臭气味。手感粗糙,无可塑性。

橄榄石 Olivine(Ol):斜方晶系。晶体呈柱状或厚板状,性脆易碎。集合体多呈粒状。颜色以橄榄绿为主,可见白色、淡黄色和淡绿色。玻璃光泽,解理不很发育,常见贝壳状断口。硬度大于小刀,易被风化蚀变。

辉石:包括斜方辉石(顽火辉石、铁辉石系列)和单斜辉石(透辉石、钙铁辉石系列)两个亚类,属于单链状结构硅酸盐。常见的普通辉石(Augite,Au)为单斜晶系,短柱状,横截面为正方形或正八边形。集合体呈粒状、柱状、放射状和致密块状。以灰绿色为主,可见白色、浅绿色和墨绿色。白色条痕。玻璃光泽。两组解理发育,呈直角相交。硬度略大于小刀。

角闪石:包括斜方角闪石和单斜角闪石两个亚属。常见普通角闪石(单斜角闪石亚族,Hornblende,Ho)晶体呈长柱状,横断面呈假六边形。集合体多呈细柱状、针状或纤维状。深绿色至墨绿色。白色或无色条痕。玻璃光泽。两组解理发育,交角近60°或120°。

硬度与小刀相近。

云母：据颜色常见黑云母（Biotite,Bi）和白云母（Muscovite,Ms）两种类型。单斜晶系。晶体呈片状、板状或鳞片状集合体产出。易用小刀剥落，具弹性。玻璃光泽，解理很发育。解理面呈现强珍珠光泽，常有压纹线。硬度与指甲相当（摩氏硬度 2～3）。细小的鳞片状白云母也被称为绢云母。黑云母风化后变成蛭石（火烧剧烈膨胀），最终风化成高岭土和褐铁矿。

绿泥石 Chlorite(Chl)：绿泥石族矿物的总称。分为富镁的正绿泥石矿物组合和富铁的鳞绿泥石矿物组合两个亚类。单斜晶系。晶体呈假六方片状或板状晶体，很少自然产出。复合体常呈鳞片状。绿色，玻璃光泽，解理发育。硬度小于指甲。

黄铁矿 Pyrite(Py)：等轴晶系。常见完好单晶，多呈立方体、五角十二面体及八面体。晶面上可见生长纹。集合体多呈紧密块状、分散粒状和球状结核。浅铜黄色，表面黄褐色。条痕绿黑色或褐黑色。强金属光泽。不透明，无解理，性脆易碎。硬度大于小刀。

赤铁矿 Hematite(He)：单晶少见，个别片状晶形者称为镜铁矿。结合体常呈块状、鲕状、豆状及粉末状。赤红色、樱红色条痕。半金属光泽，土状光泽。硬度与小刀相近。无解理。相对密度大，无磁性。

褐铁矿：含水氢氧化铁胶凝体、硅氢氧化物和泥质等的混合物。常呈肾状、钟乳状、土块状和粉末状等。颜色多变，黄褐色、深褐色、褐黑色等，樱红色条痕。半金属光泽，土状光泽。硬度小于小刀，相对密度中等。

磁铁矿 Magnetite(Mt)：等轴晶系。单晶常呈八面体，少数菱形十二面体。集合体常见粒状、致密块状等。铁黑色，黑色条痕。半金属光泽。硬度大于小刀。无解理，性脆易碎。具强磁性，相对密度大。

No.01 东岳庙岩体与三斗坪岩体的岩体分界

任务 判别、描述东岳庙岩体与三斗坪岩体的岩性差异。

点位 西陵长江大桥南岸公路旁。

GPS E111°03′01.58″,N30°49′22.87″N；$H=107m$。

点义 东岳庙岩体与三斗坪岩体的岩体分界点。点东：三斗坪岩体；点西：东岳庙岩体。

露头 新鲜。

描述 此处为东岳庙岩体与三斗坪岩体的岩体分界点，同时也为茅坪复式岩体与黄陵庙复式岩体的分界点。茅坪复式岩体包括太平溪岩体、中坝岩体、兰陵溪岩体、堰湾岩体以及东岳庙岩体。黄陵庙复式岩体包括三斗坪岩体、青鱼背岩体以及小滩头岩体。

No.02 三斗坪岩体

任务 黄陵庙复式岩体中三斗坪岩体的岩性观察、描述与命名。

点位 三斗坪镇污水处理厂黛狮泵站对面(黄陵庙村二组59号的房后面)或334省道的32号电线杆前。

GPS E111°05′13.63″,N30°51′00.96″;$H=80$m。

点义 黄陵庙复式岩体(超单元)中的三斗坪岩体(单元)岩性观察点。

露头 新鲜。

描述 此处岩体中暗色矿物有角闪石和黑云母,黑云母较少量且不易发现,肉眼观察可见肉红色钾长石以及绿帘石化的长石。矿物含量估计:角闪石10%,黑云母5%,石英25%～30%,长石50%～60%,其中钾长石15%左右,斜长石45%(图3-17)。

命名 灰色中粒黑云角闪花岗闪长岩。

图3-17 三斗坪岩体(岩性:灰色中粒黑云角闪花岗闪长岩)(侯林春,2018)

No.03 青鱼背岩体

任务 青鱼背岩体的岩性观察、描述与命名。

点位 黄陵庙村 4 组 145 号旁或青鱼背 10kV 的 32 号高压电线杆旁。

GPS E111°05′21″，N30°51′50.07″；$H=90m$。

点义 黄陵庙复式岩体（超单元）中的青鱼背岩体（单元）岩性观察点。

露头 新鲜。

描述 岩性特征为新鲜岩石呈现红绿相间的杂色，风化后为土黄色，中粒结构，块状构造。主要矿物为肉红色的碱性长石（35%±）、青灰色的斜长石（35%±）、石英（25%）、黑云母（3%±）、角闪石（2%±），另含极少量的白云母（<1%±）（图3-18）。碱性长石可具有卡氏双晶。该岩石的白云母含量虽低，但因其特殊性故参加命名。

定名 肉红色中粒白云母二长花岗岩。

图 3-18 青鱼背岩体（岩性：肉红色中粒白云母二长花岗岩）（侯林春，2018）

No.04 小滩头岩体

任务 小滩头岩体的岩性观察、描述与命名。

点位 陡山沱汽渡往东约 1.7km 处或长江红色浮标 001 号岸边。

GPS E111°07′54″，N30°50′33″；$H=40m$。

点义　黄陵庙复式岩体(超单元)中的小滩头岩体(单元)岩性观察点；环带结构钾长石斑晶观察点。

露头　天然，良好，弱风化。

描述　岩石为似斑状结构，块状构造。基质为中粗粒，斑晶为巨大肉红色钾长石，基质除钾长石外还有石英和斜长石，另含少量的白云母和黑云母。矿物含量分别为钾长石52%，石英30%，斜长石15%，白云母+黑云母3%(图3-19、图3-20)。该岩石中两种云母含量较低，但因属淡色花岗岩故参加命名。

图3-19　小滩头岩体(断口面)(岩性：肉红色斑状二云母钾长花岗岩)(侯林春，2018)

图3-20　小滩头岩体(节理面)(岩性：肉红色斑状二云母钾长花岗岩)(侯林春，2018)

该处岩石常含有富云包体,是富云母的原岩被部分熔融剩下的残余,表明该岩石源于地壳深熔作用,有人认为它是陆内造山运动(后造山)背景下岩浆作用的代表性岩石。

点西 200m 处可见碱性长石斑晶环带结构,环带中白色成分为钠长石,红色成分为钾长石。相对于茅坪复式岩体,由西向东由中性岩体往酸性岩体过渡。

定名　肉红色斑状二云母钾长花岗岩。

 **小结**

1. 面临的问题

野外岩石命名的原则,如何判断主次关系以及命名时以什么矿物为准?

QAP 图的灵活运用。

2. 所获知识

准确判别各种矿物,如角闪石与辉石等。

第四章 沉积岩地层实习

第一节 南华纪与震旦纪地层

路线 基地→九曲垴→横墩岩→基地。

任务

(1) 观察描述新元古界南华系莲沱组(Nh_1l)和南沱组(Nh_2n)地层岩性特征。

(2) 观察描述新元古界震旦系陡山沱组(Z_1d)和灯影组(Z_2dy)地层岩性特征。

(3) 观察描述实习区新元古界莲沱组石英砂岩与岩体(新元古代太平溪岩体、小滩头岩体和中元古代崆岭群小渔村组变质岩体)的接触关系。

(4) 观察并绘制陡山沱组内的褶皱示意图。

知识链接

1. 实习区综合地层序列

实习区地层序列见表4-1。

表4-1 实习区地层序列简表

年代地层单位			岩石地层单位			代号	厚度(m)	岩性简述
界	系	统	阶	群	组	段		
新生界	第四系	全新统				Qh^{sl} Qh^{pal}	0~50	砾石,含砾、含砂黏土
		更新统				Qp_3^{pal}	>15	砾石层,黑色黏质砂土及黄褐色砂质黏性土
						Qp_2^{pal}	102	砾石层,紫红色含砾砂质黏性土,褐红色网纹状黏性土
						Qp_1^{pal}	21~27	砾石层,黄褐色、棕黄色粉砂夹黏土质粉砂岩
	古近系	始新统			牌楼口组		E_1p	323~962	底部灰黄色—浅紫红色厚层砂岩,整体以砂岩为主夹细砂岩、泥岩
					洋溪组		E_1y	100~520	灰白色、紫红色薄—中层状砂质灰岩之下的一套灰褐色、淡红色、灰白色中—厚层状灰岩,夹杂色泥岩
		古新统			龚家冲组		E_1g	60~470	底部棕红色厚层—块状角砾岩、砾岩或砂质砾岩;中、上部紫红色泥岩和粉砂岩夹褐黄色、棕红色、灰白色砂岩及灰绿色泥岩

续表 4−1

年代地层单位				岩石地层单位			代号	厚度（m）	岩性简述
界	系	统	阶	群	组	段			
中生界	白垩系	上统			跑马岗组		K_2p	170～890	棕黄色夹灰绿色、黄绿色的杂色砂岩，粉砂岩，粉砂质泥岩和泥岩
					红花套组		K_2h	773	鲜艳的棕红色厚层状砂岩夹泥质细砂岩及粉砂岩、泥岩
					罗镜滩组		K_2l	400～600	紫红色、灰色厚层至块状砾岩，上部夹砂砾岩及含砂砾岩
		下统			五龙组		K_1w	714～1867	紫红色、棕红色中—厚层状砂岩，含砾砂岩，夹砾岩、泥质砂岩
					石门组		K_1s	185～275	紫红色、紫灰色块状中粗粒砂岩夹砖红色细砂岩透镜体
	侏罗系	上统			蓬莱镇组		J_3p	2115	紫灰色长石石英砂岩与泥（页）岩不等厚互层，夹黄绿色页岩及生物碎屑灰岩，含介形虫、叶肢介、轮藻及双壳类化石
					遂宁组		J_3s	630	紫红色泥（页）岩，夹岩屑长石砂岩、粉砂岩，含介形虫、轮藻、叶肢介及双壳类化石
		中统			沙溪庙组		J_2s	1986	黄灰色、紫灰色长石石英砂岩与紫红色、紫灰色泥（页）岩不等厚韵律互层
					千佛崖组		J_2q	390	紫红色、绿黄色泥岩，粉砂岩，细粒石英砂岩夹介壳化石
		下统		香溪群	桐竹园组		J_1t	280	黄色、黄绿色、灰黄色砂质页岩，粉砂岩及长石石英砂岩，夹碳质页岩及薄煤层或煤线
	三叠系	上统			九里岗组		T_3j	142	黄灰色、深灰色粉砂岩，砂质页岩，泥岩，夹长石石英砂岩及碳质页岩，含煤层或煤线3～7层
		中统			巴东组		T_2b	75～91	紫红色粉砂岩、泥岩夹灰绿色页岩
		下统			嘉陵江组		T_1j	728	灰色中—厚层状白云岩、白云质灰岩夹灰岩、岩溶角砾岩
					大冶组		T_1d	1000	灰色、浅灰色薄层状灰岩，中上部夹厚层灰岩、白云质灰岩，下部夹含泥质灰岩或黄绿色页岩
上古生界	二叠系	上统	吴家坪阶		吴家坪组		P_3w	84～103	灰色中厚—厚层状、块状含燧石团块的泥晶灰岩、生物碎屑灰岩
		中统	茅口阶		孤峰组		P_2g	0～10	薄层状硅质岩、硅质页岩、粉砂质泥岩、页岩
					茅口组		P_2m	88.9	灰色、浅灰色厚层—块状含燧石结核、藻屑微（泥）晶灰岩、生屑砂屑亮晶灰岩
			祥播阶		栖霞组		P_2q	110.2	深灰色、灰黑色厚层状含燧石结核（或团块）生屑泥晶灰岩
			栖霞阶		梁山组		P_2l	3.8～4.2	下部灰白色中厚层细砂岩、粉砂岩、泥岩及煤层；上部黑色薄层泥岩夹灰岩

续表 4-1

年代地层单位				岩石地层单位			代号	厚度（m）	岩性简述
界	系	统	阶	群	组	段			
上古生界	石炭系	上统	达拉阶		黄龙组		C_2h	11.4	灰色、浅灰色—肉红色厚层灰岩，含灰质白云岩角砾、团块
			滑石板阶						
			罗苏阶		大埔组		C_2d	5.1	灰白—灰黑色厚层块状白云岩
	泥盆系	上统	法门阶		写经寺组		D_3x	11.66	下部泥灰岩、灰岩或白云岩夹页岩及鲕状赤铁矿层；上部砂页岩夹鲕绿泥石菱铁矿及煤线
			弗拉斯阶		黄家磴组		D_3h	12.8~15	黄绿色、灰绿色页岩，砂质页岩和砂岩，时夹鲕状赤铁矿层
		中统	古维特阶		云台观组		D_2y	85.9	灰白色中—厚层或块状石英岩状石英细粒砂岩夹灰绿色泥质砂岩
下古生界	志留系	中统			纱帽组		S_1sh	242~593	下部为黄绿色页岩、泥质粉砂岩、粉砂岩夹砂岩或紫红色细砂岩；上部为灰绿色夹紫红色中厚层状细粒石英砂岩夹中—薄层状粉砂岩、砂质页岩
		下统			罗惹坪组		S_1lr	73.7~172	下部黄绿色泥岩、页岩夹生物灰岩、泥灰岩；上部黄绿色泥岩、粉砂质泥岩
					新滩组		S_1x	670~820	灰绿色、黄绿色页岩，砂质页岩，粉砂岩夹细砂岩薄层
					龙马溪组		S_1l	198.58	黑色、灰绿色薄层粉砂质泥岩，石英粉砂岩，偶夹薄层状石英细砂岩，产大量笔石
	奥陶系	上统	赫南特阶		五峰组	观音桥段	O_3w^g	0.17~0.3	黑灰色、黄褐色或浅紫灰色含石英粉砂黏土岩、黏土岩，产壳相动物群化石
			凯迪阶			笔石页岩段	O_3w^h	5.44	黑灰色微薄—薄层状含有机质石英细粉砂质水云母黏土岩，夹黑灰色微薄至薄层状微晶硅质岩
					临湘组		O_3l		灰色、灰黑色或绿色瘤状泥质灰岩夹少许页岩
			桑比阶		宝塔组		O_3b	22.67	灰色、浅紫红色或灰紫红色中厚层收缩纹灰岩夹瘤状灰岩，以产头足类化石为其特点
					庙坡组		$O_{2-3}m$	3.1~6.6	黄绿色、灰黑色钙质泥岩，粉砂质泥岩，黄绿色页岩夹薄层生物屑灰岩，富含笔石
		中统	达瑞威尔阶		牯牛潭组		O_2g	20.06	青灰色、灰色及紫灰色薄层至中厚层状灰岩、砾屑灰岩与瘤状灰岩互层
			大坪阶		大湾组	三段	$O_{1-2}d^3$	21.55	黄绿色薄层状粉砂质泥岩夹生屑灰岩或呈不等厚互层状
						二段	$O_{1-2}d^2$	7.7	紫红色、灰绿色或浅灰色薄层生物屑泥晶灰岩，瘤状灰岩，夹钙质灰岩
						一段	$O_{1-2}d^1$	25.2	灰绿色、深灰色、浅灰色薄层灰岩间夹极薄层黄绿色页岩

续表 4-1

年代地层单位				岩石地层单位			代号	厚度（m）	岩性简述
界	系	统	阶	群	组	段			
下古生界	奥陶系	下统	弗洛阶		红花园组		O_1h	45.9	灰色、深灰色中—厚层状夹薄层状灰岩，下部偶夹页岩
					分乡组		O_1f	22~54	下部灰色中厚层灰岩夹灰绿色薄层状泥岩；上部薄层状生屑灰岩夹泥岩
			特马豆克阶		南津关组		O_1n	209.77	下部为白云岩；中部为含燧石灰岩、鲕状灰岩、生屑灰岩，含三叶虫；上部为生屑灰岩夹黄绿色页岩，富含三叶虫、腕足类等
	寒武系	上统			娄山关组		ϵ_2O_1l	673.37	灰—浅灰色薄层至块状微细晶白云岩、瓷质白云岩夹角砾状白云岩，局部含燧石
		中统	台江阶		覃家庙组		ϵ_2q	217.68	薄层状白云岩和薄层状泥质白云岩，夹有中—厚层状白云岩及少量页岩、石英砂岩
		下统	都匀阶		石龙洞组		ϵ_1sl	86.3	浅灰—深灰色至褐灰色中—厚层状白云岩，块状白云岩，上部含少量钙质及少量燧石团块
					天河板组		ϵ_1t	81~377	浅灰—灰色薄层状泥质条带灰岩，含丰富的古杯类和三叶虫化石
					石牌组		ϵ_1sh	294	灰绿—黄绿色黏土岩、砂质页岩、细砂岩、粉砂岩夹薄层状灰岩、生物碎屑灰岩
			南皋阶		水井沱组		ϵ_1s	168.5	灰黑色或黑色页岩、碳质页岩夹灰黑色薄层灰岩
			梅树村阶		岩家河组		ϵ_1y	20~50	灰色硅质泥岩、白云岩、黑色碳质灰岩夹碳质页岩
新元古界	震旦系	上统			灯影组	天柱山段	Z_2dy^t	0.7~5	薄—中层状泥质白云岩、细晶白云岩，含长石石英粉砂质磷块岩
						白马沱段	Z_2dy^b	17.5	灰白色厚—中层状白云岩，局部层段硅质条带、结核发育
						石板滩段	Z_2dy^s	36	灰黑色薄层含硅质泥晶灰岩，极薄层泥晶灰岩条带发育
						蛤蟆井段	Z_2dy^h	133.4	灰—浅灰色中层夹厚层白云岩
		下统			陡山沱组	四段	Z_1d^4	0~8.4	黑色薄层硅质泥岩、碳质泥岩夹透镜状灰岩
						三段	Z_1d^3	35.8	下部灰白色厚层夹中层状白云岩；上部为薄层状粉晶白云岩
						二段	Z_1d^2	235	深灰—黑色薄层泥质灰岩、白云岩与薄层碳质泥岩不等厚互层
						一段	Z_1d^1	3.3~6.5	灰色、深灰黑色薄层含硅质白云岩，发育帐篷构造
	南华系	上统			南沱组		Nh_2n	36~63	灰绿色夹紫红色块状杂砾岩，含砂砾泥岩，偶夹薄层粉砂质泥岩
		下统		崆岭岩群	莲沱组	上段	Nh_1l^2	39~63	紫红色及灰白色凝灰质砂岩和紫褐色及黄绿色砂岩、砂质页岩
						下段	Nh_1l^1	91~103	红色、棕紫色及黄绿色粗—中粒长石石英砂岩及长石砂岩

续表 4-1

年代地层单位				岩石地层单位			代号	厚度(m)	岩性简述
界	系	统	阶	群	组	段			
中元古界				崆岭岩群	庙湾岩组		$Pt_2m.$	864.12	具条带、条纹构造的斜长角闪片岩,夹石英岩、角闪斜长片麻岩及石榴角闪片岩
					小以村岩组		$Pt_2x.$	799.85	中、下部为含石墨黑云斜长片麻岩,大理岩、钙硅酸盐岩-石英岩组合;上部为斜长角闪岩夹黑云斜长片麻岩、石英片岩及富铝片麻岩与片岩;顶部偶见大理岩透镜体
					古村岩组		$Pt_2g.$	>812	黑云(角闪)斜长片麻岩(或变粒岩)夹斜长角闪岩

2. 沉积岩的结构、构造与分类

1) 沉积岩厚度分类

巨厚层为 100cm 以上;厚层为 50~100cm;中厚层为 10~50cm;薄厚层为 1~10cm;微厚层为 0.1~1cm。

2) 沉积岩结构

沉积岩结构类型包括碎屑结构、泥质结构、火山碎屑结构、砾屑结构、晶粒结构以及生物结构。按照碎屑粒径大小可分为:砾状结构,粒径大于 2mm;砂状结构,粒径为 0.02~2mm(粗砂为 0.5~2mm,中砂为 0.25~0.5mm,细砂为 0.05~0.25mm);粉砂状结构,粒径为 0.005~0.05mm;泥状结构,粒径小于 0.005mm。

碎屑颗粒粗细的均匀程度称为分选性:大小均匀者,称为分选良好;大小混杂者,称为分选差。碎屑颗粒棱角的磨损程度称为磨圆度,磨圆度可分出不同等级:棱角全部磨损者称为圆状;棱角大部分磨损者称为次圆状;棱角部分磨损者称为次棱角状;棱角完全未磨损者称为棱角状。

3) 沉积岩中的矿物

组成沉积岩的常见矿物有石英、白云母、黏土矿物、钾长石、钠长石、方解石、白云石、石膏、硬石膏、赤铁矿、褐铁矿、玉髓、蛋白石等。

4) 沉积构造

(1)层理,沉积岩的成层性。它是由岩石不同部分的颜色、矿物成分、碎屑(或沉积物颗粒)的特征及结构等所表现出的差异而引起的,是因不同时期沉积作用的性质变化而变化的。层理中各层纹相互平行者称为平行层理,层纹倾斜或相互交错者称为交错层理。

(2)递变层理,同一层内碎屑颗粒粒径从下向上逐渐变细。它的形成常常是因沉积作用发生在运动的水介质中,其动力由强逐渐减弱。同一层内碎屑颗粒从下往上逐渐变粗者,称为反递变层理。

(3)波痕层面,呈波状起伏,它是沉积介质动荡的标志,见于具有碎屑结构岩层的顶面。当介质定向运动时所形成的波痕为非对称状,顺流坡较陡,逆流坡较缓,是由流水或风引起的;当介质是来回运动的波浪时形成对称波痕,其两坡坡角相等。如波峰较鲜明、波谷较宽缓,或波谷中有云母集中时,可用于确定岩层的顶和底,即波峰所在一侧为顶,波谷所在一侧为底。

(4)泥裂是岩石表面垂直向下的多边形裂缝。裂缝向下呈楔形尖灭,它是滨海或滨湖地带泥质沉积物暴露水面后失水变干收缩而成。利用泥裂可以确定岩层的顶和底,即裂缝开口方向为顶,裂缝尖灭方向为底。

(5)缝合线是岩石剖面中呈锯齿状起伏的曲线,总的展布方向与层面平行。规模较大的缝合线代表沉积作用的短暂停顿或间断,规模较小的缝合线是沉积物固结过程中在上覆沉积物压力下,由富含 CO_2 的淤泥水沿层面循环时溶解两侧物质所致。缝合线主要见于灰岩及白云岩,有时也出现在砂岩中。

(6)结核是沉积岩中某种成分的物质聚集而成的团块。它常为圆球形、椭圆形、透镜状及不规则形态。灰岩中常见的燧石结核主要是 SiO_2 在沉积物沉积的同时以胶体凝聚方式形成的。含煤沉积物中常有黄铁矿结核,它是固结过程中沉积物中的 FeS_2 自行聚集形成的,一般为球形。黄土中的钙质结核或铁锰结核是地下水从沉积物中溶解 $CaCO_3$ 或 Fe、Mn 的氧化物后在适当地点再沉积而形成的。

(7)印模是沉积岩层底面上的突起。突起的形态为长条状、舌状、鱼鳞状或不规则的疙瘩状等。其大小不等,排列方向多相互平行的定向性印模主要是在沉积作用停顿时沉积物顶面受到流水冲刷,或受到流水携带物体刻画,形成了沟槽,然后被上覆沉积物充填铸模而成。不规则形状的印模是在固结过程中沉积物不均匀压入下伏沉积物内使物质发生重新聚集而成。印模只见于具有碎屑结构的岩层中。

5) 碎屑岩

砂岩:质地坚硬,断面呈砂粒状,可见砂颗粒,手感粗糙。石英砂岩小刀无法刻画。碎屑成分常分为石英、长石、白云母、岩屑及生物碎屑。岩石颜色多样,因碎屑成分与填隙物而异。如富含黏土者颜色较暗;含铁质者为紫红色;碎屑为石英,胶结物为 SiO_2 者呈灰白色;碎屑富含钾长石者显灰红色。

砾岩、角砾岩:具有粒状结构的岩石。碎屑为圆状或次圆状者为砾岩,碎屑为棱角状或半棱角状者为角砾岩。其进一步定名主要是根据碎屑成分,如碎屑主要为灰岩者,称为灰岩质砾岩(角砾岩);碎屑主要为安山岩者称为安山岩质砾岩(角砾岩)。

粉砂岩:具有粉砂状结构的岩石,贝壳状断口,性脆,风化后易呈小碎块状。碎屑成分常为石英及少量长石与白云母。颜色为灰黄、灰绿、灰黑、红褐等色。其进一步定名的原则与砂岩相同,但一般着重考虑其颜色与胶结质成分。

黏土岩:由黏土矿物组成并常具有泥状结构的岩石。硬度低,用指甲能刻画。高岭石是黏土岩中的常见矿物。黏土岩中固结微弱者称为黏土,固结较好但没有层理者称为泥岩,固结较好具有良好层理者称为页岩。

泥岩：其特征第一是不具有叶理，风化后呈小碎块状；第二是性质均较软，易风化。

页岩：一般具有页理构造，风化后呈小叶片状。

6) 化学沉积岩

硅质岩：色暗淡，多呈黑色、黄灰色，隐晶质结构或鲕状结构，贝壳状断口，常呈尖棱锐角状劈开，硬度大，可划动铁器，铁锤击打往往有火花。化学成分为 SiO_2，组成矿物为微粒石英或玉髓，少数情况下为蛋白石。质地坚硬，小刀不能刻画。性脆。含有机质的硅质岩颜色为灰黑色。富含氧化铁的硅质岩称为碧玉，常为暗红色，也有灰绿色。具有同心圆状构造者称为玛瑙，其各层颜色不同，十分美观。呈结核状产出者即为燧石结核。少数硅质岩质轻多孔，称为硅华。硅质岩中含黏土矿物丰富者称为硅质页岩，质地较软。

硅质页岩：灰黑色、深灰色，岩石致密坚硬，具有贝壳状断口，节理裂隙较发育，类似于燧石岩，但硅质页岩用小刀可以刻画，而燧石用小刀不能刻画。

灰岩：岩石多为灰色、灰黑色或灰白色，纯灰岩呈青灰色，断口呈浅灰色，呈贝壳状。硬度 3~4，相对密度 2.5~2.8。遇稀盐酸会剧烈起泡。不溶于水，易溶于饱和硫酸，能与各种强酸发生反应并形成相应的钙盐，同时放出 CO_2 气体。灰岩煅烧至 900℃ 以上（一般为 1000~1300℃）时分解转化为石灰（CaO），同时放出 CO_2 气体。碎屑间的填隙物为 $CaCO_3$，其中粒径大于 0.01mm 者，常为透明的方解石微粒，称为亮晶，是 $CaCO_3$ 的化学沉淀物，相当于胶结物；粒径小于 0.005mm 的方解石微粒，称为泥晶，是机械混入物，相当于基质。具有碎屑结构的灰岩可以根据碎屑构成者称为内碎屑灰岩，如竹叶状灰岩，其碎屑形似竹叶，直径由数厘米到数十厘米；生物碎屑构成者称为生物碎屑灰岩；由球粒、团块、鲕粒、豆粒构成者分别称为球粒灰岩、团块灰岩、鲕状灰岩、豆状灰岩。当碎屑粗大时，肉眼易于识别出碎屑结构；碎屑细小，肉眼较难观察时，可用水将岩石湿润或用稀盐酸腐蚀岩石表面，碎屑结构的特征便可显示出来。非碎屑结构灰岩也包括多种类型，如泥晶灰岩由粒径小于 0.005mm 的方解石微粒组成，岩石极为致密，方解石微粒由生物化学作用等方式形成，如钙华也可以看成是具有非碎屑结构的灰岩，它是纯化学成因的。礁灰岩则是具有生物骨架结构的灰岩，其中由珊瑚骨骼作为支撑骨架者则称为珊瑚礁灰岩。

泥灰岩：黏土混入物 25%~30%，为泥质岩与灰岩的过渡类型，由于常混入铁质，使岩石颜色较鲜明，有红、褐、淡紫等色，具有隐晶微晶结构、质地均一致密，贝壳状断口，常具微层理，风化后有时较松散，污手，加 5% 的稀盐酸起泡后留下泥质斑痕。

白云质灰岩：加稀盐酸很快起泡，但响声不大，灰—浅灰色，少数呈浅黄灰色，致密性脆，多具贝壳状断口，风化面较光滑，一般无刀砍状溶沟，岩溶较发育，表面有溶蚀溶孔，碾成粉末起泡较剧烈。

灰质白云岩：加稀盐酸微弱起泡，无响声，或用放大镜看可见起泡，浅灰—灰黄色，断口呈细瓷状，质地较硬，岩溶不发育，风化面有少量刀砍状溶沟。

白云岩：白云岩由白云石组成，遇冷的稀盐酸不起泡。岩石常为浅灰色、灰白色，少数为深灰色。断口呈粒状。硬度较灰岩略大，岩石风化面上有刀砍状溶蚀沟纹。白云岩具有不同成因，部分白云岩是在气候炎热干旱地区咸度增高的海水中由化学方式沉淀而成，部分白云岩是 $CaCO_3$ 沉积物在固结过程中被富含镁质海水作用后，方解石被白云石交代置换而成。由化学作用沉积的白云岩具有晶质结构，晶粒为细粒或微粒；由交代置换作用形成的白云岩常保留原有白云岩的结构。

No.01 南华系莲沱组与岩体接触关系观察

1. 莲沱组与小渔村组变质岩体的接触关系观察点

任务 小渔村组变质岩体与莲沱组石英砂岩的观察描述。

点位 九曲垴桥西 10m 处。

GPS E110°52′49″,N30°53′00″；$H=228m$。

点义 新元古界南华系莲沱组与中元古界崆岭群小渔村组变质岩体接触关系。

露头 人工，弱风化。

描述 此处的莲沱组（$Nh_1 l$）被坡积物覆盖。由于沉积相变的缘故，本地沉积的莲沱组石英砂岩厚度小，无法看到莲沱组石英砂岩的露头，只看到坡积物上的石英砂岩滚石。莲沱组（$Nh_1 l$）为紫红色的中—厚层状砂砾岩、含砾粗砂岩、长石石英砂岩、石英砂岩、细粒岩屑砂岩、长石质砂岩夹凝灰质岩屑砂岩，含砾岩屑凝灰岩。由下往上碎屑粒度由粗变细。

点东的中元古界崆岭群小渔村组灰黑色变质岩体，岩性为斜长角闪片麻岩、黑云斜长片岩、黑云石英片岩、绿泥石片岩。岩体为块状构造，中粒鳞片状变质结构。由于在新元古界莲沱组沉积之前已经抬升，并长期露出地表，已经形成了古风化层。

接触关系为沉积不整合接触。

2. 莲沱组与茅坪复式岩体的太平溪岩体接触关系的两个剖面观察点

任务 太平溪岩体风化壳与莲沱组底砾岩的观察描述。

点位 分别在高家溪石板桥南 100m 处河岸边和日月坪村东 130 号电线杆处。

GPS E110°01′09.93″,N30°46′19.72″；$H=213m$。

点义 莲沱组与太平溪岩体接触关系。

露头 人工，弱风化。

描述 莲沱组岩石中矿物以长石、石英为主，由于风化作用，致密块状构造变成了松散块状构造。沉积岩的观察从颜色、结构构造、矿物成分、层厚、特殊现象以及是否含化石等几个方面入手。此处沉积岩为红色，碎屑结构，泥砂状、块状构造，中厚—厚层夹薄层，与下伏岩浆岩接触关系为沉积不整合。地层年龄上差别较大，上覆沉积岩为莲沱组地层，约 733Ma［莲沱组底部最年轻锆石年龄为 733Ma，说明莲沱组沉积晚于 733Ma，采样点是莲沱镇莲沱大桥西侧，莲沱组底部不整合面之上的紫红色含灰白色砾石的中粒砂岩（数据源于张少兵,2006)]。

下伏太平溪岩体为灰黑色中粗粒黑云角闪英云闪长岩,约830Ma,莲沱组沉积之前已经抬升,并长期露出地表,已经形成了古风化层(图4-1左;图4-2右)。

接触关系为沉积不整合接触。

图4-1 莲沱组与太平溪岩体的沉积不整合剖面(左)与莲沱组底砾岩(右)(高家溪)(侯林春,2017)
注:高家溪石板桥处的沉积不整合剖面,莲沱组石英砂岩岩层的产状:205°∠14°

底砾岩观察(图4-1,右):此处沉积岩中含底砾岩,且磨圆度差,说明搬运距离较近。在厚层石英砂岩之间,可见灰绿色或紫红色薄层的粉砂质页岩,这说明在石英砂岩的沉积过程中,沉积环境发生了变化,也可能与搬运物源的河流改道有关。

3. 莲沱组与小滩头岩体接触关系观察点

任务 黄陵庙复式岩体的小滩头岩体风化壳与莲沱组底砾岩的观察描述。

点位 莲沱大桥附近的长江南岸。

GPS E111°08′24″,N30°50′39″;$H=102$m。

点义 莲沱组与小滩头岩体的接触关系。

露头 人工,弱风化。

描述 此处点东为莲沱组(Nh_1l),岩性为紫红色的中-厚层状砂砾岩、含砾粗砂岩、长石石英砂岩、石英砂岩、细粒岩屑砂岩、长石质砂岩夹凝灰质岩屑砂岩,含砾岩屑凝灰岩,由下往上碎屑粒度由粗变细。点西为小滩头岩体,岩性为肉红色斑状二云母钾长花岗岩,其岩性特征为似斑状结构,块状构造。基质为中粗粒,斑晶为巨大肉红色钾长石,基质除钾长石外还有石英和斜长石,另含少量的白云母和黑云母。各矿物含量分别为钾长石52%,石英30%,斜长石15%,白云母+黑云母3%。

接触关系为沉积不整合接触(图4-2,右)。

图 4-2　莲沱组与太平溪岩体(左,日月平村)和小滩头岩体(右,南沱村)的沉积不整合剖面(侯林春,2018)

注:日月坪村 130 号电线杆处的沉积不整合剖面,莲沱组石英砂岩岩层的产状:230°∠29°;南沱村附近的沉积不整合剖面,莲沱组石英砂岩岩层的产状:70°∠20°。

No.02 莲沱组与南沱组界线

任务　莲沱组与南沱组的观察描述。

点位　S334 省道冀家湾九曲垴中桥西桥头。

GPS　E110°52′52″,N30°53′01″;$H=195m$。

点义　莲沱组(Nh_1l)与南沱组(Nh_2n)界线观察点。

露头　天然,差。

描述　此处点东为莲沱组(Nh_1l),被坡积物覆盖,无法看清露头。莲沱组(Nh_1l)为紫红色的中—厚层状砂砾岩、含砾粗砂岩、长石石英砂岩、石英砂岩、细粒岩屑砂岩、长石质砂岩夹凝灰质岩屑砂岩,含砾岩屑凝灰岩,由下往上碎屑粒度由粗变细。

点西为南沱组(Nh_2n),为灰绿色冰碛砾岩。南沱组(Nh_2n)为灰绿色、紫红色冰碛泥砾岩(杂砾岩),上部夹薄层状砂岩透镜体,冰碛砾岩中的砾石分选性差,成分复杂,大小不均一,磨圆差,表面具有擦痕(图 4-3)。受地层沉积的相变影响,莲沱组和南沱组在冀家湾九曲脑处看不到有接触关系的露头。

接触关系为平行不整合接触。

1. 莲沱组与南沱组接触关系较好的露头至少有 5 个

1) 第一个露头位置

第一个露头位于宜昌市夷陵区三斗坪镇黄牛岩村的九龙湾(原名纸厂墩,观景台旅游公司为了旅游开发,改名为九龙湾),在陡纸线 24km+200m 处(陡纸线约 90°拐弯的三岔

图 4-3　南沱组的灰绿色冰碛砾岩（左，花鸡坡；右，冀家湾）（侯林春，2018）

路口处）。莲沱组与南沱组接触的正断层地层剖面，其坐标：E111°03′14″，N30°48′23″，H＝683m（图 4-4）。

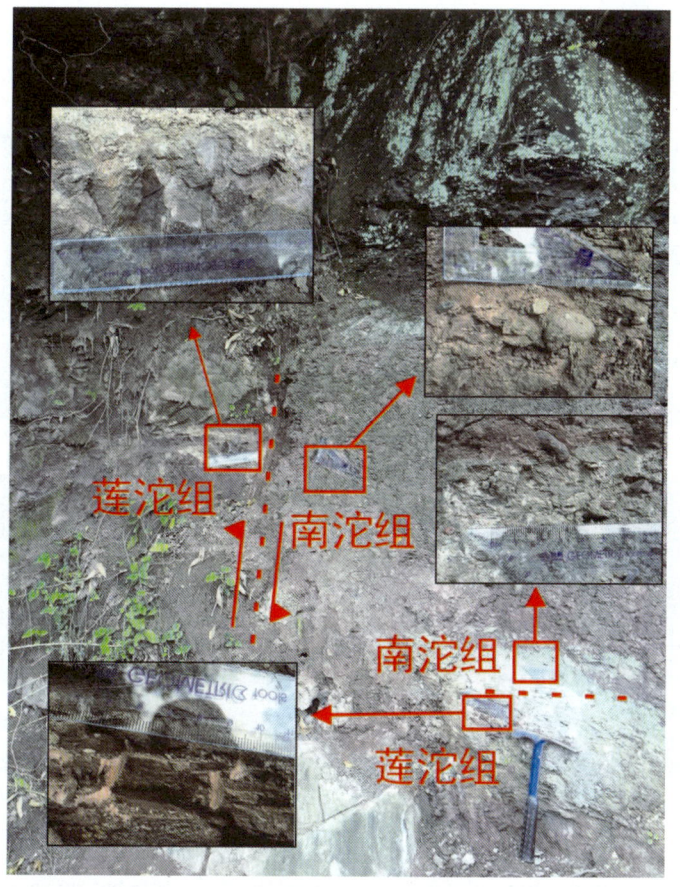

图 4-4　莲沱组与南沱组平行不整合的正断层接触剖面（九龙湾，陡纸线 24km+200m 处）（侯林春，2017）

2) 另外 4 个较好的露头位置

在陡纸线的沿线上可以看到 4 处较好的莲沱组与南沱组平行不整合接触关系露头(图 4-5、图 4-6)。观察行进路线：从夷陵区三斗坪镇雾河村的土三路(土城—三斗坪镇)，转到头顶石村方向的邹石线(邹家岙—石牌)，再从邹石线的头顶石村左转到大坝观景台(黄牛岩村三组 51 号)和黄牛岩村村委会方西的陡纸线[陡山沱渡口—纸厂墩(九龙湾)]。

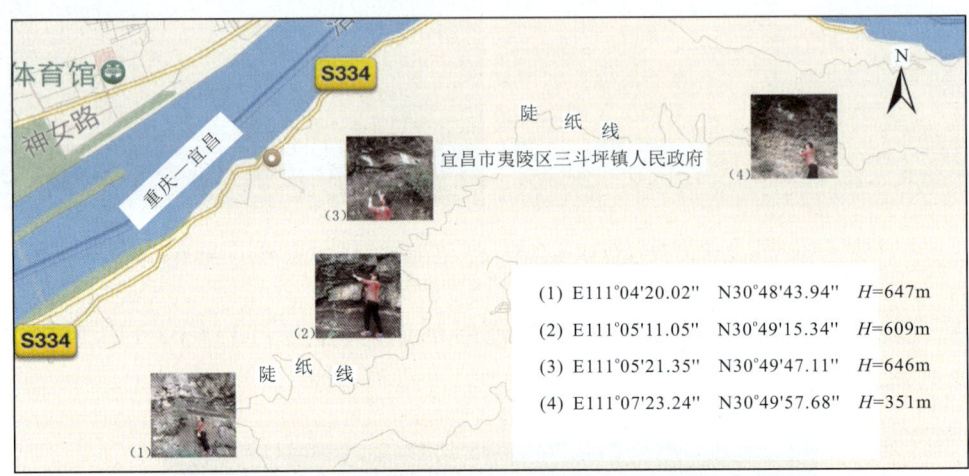

图 4-5 莲沱组与南沱组平行不整合接触关系的 4 个地层剖面在陡纸线上的分布及其坐标(侯林春,2018)

图 4-6 莲沱组与南沱组平行不整合接触地层剖面在陡纸线沿线上的位置(侯林春,2018)

注：莲沱组顶部砂岩的沉积时代小于 724Ma，说明莲沱组顶部沉积晚于 724Ma，样品采自黄牛岩村二组 3 号东剖面[图 4-6(2)]，层位为莲沱组顶部，岩性为长石石英砂岩(数据来源于武汉地质调查中心邱啸飞,2018)

No.03 南沱组与陡山沱组界线

任务 陡山沱组与南沱组的观察描述。

点位 S334 省道冀家湾九曲垴中桥西约 20m。

GPS E110°52′51″, N30°53′00″; H=198m。

点义 南沱组（Nh_2n）与陡山沱组（Z_1d）整合接触界线观察点。

露头 人工，良好，弱风化。

描述 点东的南沱组为灰绿色冰碛砾岩；点西的陡山沱组一段（Z_1d^1）为灰白色薄层状白云岩，称为盖帽白云岩（图 4-7）。

接触关系为平行不整合接触。

图 4-7 南沱组与陡山沱组平行不整合接触剖面（左，花鸡坡）与断裂接触风化壳剖面（右，九曲垴）

(侯林春，2018)

陡山沱组（Z_1d）以灰色、褐灰色、灰白色白云岩为主，下部为灰色、褐灰色白云岩，含泥质和硅质磷质结核；中部为灰黑色页片状含粉砂质白云岩；上部为灰色、灰白色中-厚层状白云岩夹硅质层或燧石团块组成。顶部以黑色碳质页岩与上覆灯影组分界；底部以一层含砾白云岩的底面与下伏南沱组（Nh_2n）分界。陡山沱组一段底界年龄约为 635Ma，中部陡山沱组二段与三段的界线年龄约为 614Ma，陡山沱组四段顶界年龄约为 551Ma。

陡山沱组一段（Z_1d^1）：厚 0.8～8.2m，俗称"盖帽白云岩"。岩性为中层状含硅质团块、硅质条带、硅质结核的白云岩、白云质灰岩、泥晶硅质灰岩等。

陡山沱组二段（Z_1d^2）：黑色叶片状泥岩，含有一些粉砂状白云岩。泥岩中含有围棋子状硅质结核，结核内部含黄铁矿。

陡山沱组三段（Z_1d^3）：灰白色中厚层状白云岩。

陡山沱组四段（Z_1d^4）：黑色碳质页岩，主要见于实习区西部。在实习区南部为碳质硅质岩，内含黄铁矿颗粒。碳质页岩中见有巨型结核。

陡山沱组地层整体从颜色上表现为"两白夹两黑"。

盖帽白云岩：

盖帽白云岩是指沉积在新元古代冰碛砾岩之上，主要由微晶白云石组成的相对均质的白云岩地层。由于它直接覆盖在新元古代冰碛砾岩之上，形似帽子而得名。由于"盖帽白云岩"的碳稳定同位素具有明显负偏现象，其成因被认为与烷的碳源有关。而夹层中的重晶石硫同位素具有明显的正异常，其数值与现代海底甲烷喷气孔附近自身的重晶石矿物的同位素组成可以相对比。因此，盖帽白云岩的形成可能与新元古代末期"雪球事件"之后环境的巨变所引起的天然气水合物释放有关。盖帽白云岩位于震旦系陡山沱组底部，盖帽白云岩底部与我国震旦系层位一致，可与国际上埃迪卡拉系进行对比（源于宜昌地质调查中心，2005）。

No.04 陡山沱组二段褶皱观察

任务 陡山沱组内部的褶皱观察描述，绘制素描图。

点位 由上一点沿公路西行约30m。

GPS E110°52′47″，N30°53′00″；$H=198$m。

点义 陡山沱组二段（Z_1d^2）界线观察点。

露头 人工，良好，新鲜。

描述 陡山沱组内部的褶皱是连续的向斜和背斜（图4-8），其岩性为灰色、深灰—灰黑色中薄层含泥质、碳质白云岩，灰岩与黑色、深褐色薄—极薄层含碳质泥岩（碳质页岩）组成基本层序，由下而上叠置。褶皱的黑色带状岩层是碳质白云岩（不污手），灰黄色的岩层为泥质灰岩、泥质白云岩，灰色岩层为灰质白云岩。

图4-8 陡山沱组二段的连续向斜和背斜（S334省道冀家湾）（侯林春，2017）

No.05 陡山沱组一段与二段界线

任务 陡山沱组一段与二段界线观察与描述。

点位 在上一点位置的东侧。

GPS E110°52′47″,N30°53′00″;$H=198$m。

点义 陡山沱组一段(Z_1d^1)与二段(Z_1d^2)界线观察点。

露头 天然,良好,弱风化。

描述 陡山沱二段(Z_1d^2)岩性特征:下部岩性为灰色、深灰—灰黑色中薄层含泥质、碳质白云岩与黑色、深褐色薄—极薄层含碳质泥岩(碳质页岩)组成基本层序,由下而上叠置。陡山沱组二段下部的黑灰色碳质泥岩、页岩与灰质白云岩互层(图4-9);中部白云岩单层变薄,黑色碳质泥岩层增厚,含围棋子状硅磷质结核和团块,结核内偶见藻类或小壳化石(图4-10);上部灰白色中层状白云岩明显增厚,而碳质泥岩变薄,并夹薄层状燧石条带(3~9cm)、团块(3~8cm),水平层理发育。

图4-9 陡山沱组二段碳质泥岩(页岩)与灰质白云岩互层(左,花鸡坡;右,冀家湾)(侯林春,2018)

图4-10 陡山沱组二段灰岩中的硅质结核(左,花鸡坡)和碳质页岩中的钙质结核(右,冀家湾)(侯林春,2018)

No.06 陡山沱组三段（Z_1d^3）褶皱

任务 陡山沱组三段褶皱观察描述，绘制素描图。

点位 S334 省道 83~84km。

GPS E110°52′43″，N30°53′00″；$H=198m$。

点义 陡山沱组三段（Z_1d^3）褶皱观察点。

露头 天然，良好，弱风化。

描述 陡山沱组三段（Z_1d^3）岩性特征：下部岩性为灰白色厚层砾屑、砂屑白云岩夹中层状细晶白云岩，间夹薄层状、透镜状硅质条带及少量含泥质白云岩。局部层段见极薄—中层状塌积岩或潮坪相砾屑白云岩。上部岩性为灰白色薄层状含灰质白云岩、白云质灰岩，间夹灰白—灰黄色极薄—薄层状含云质泥岩、粉砂质泥岩。发育水平层理、沙纹层理、粒序层理等。

此处所见的倒"S"形褶皱是由于层间滑动产生的横弯褶皱作用而形成，作用范围仅限于陡山沱组三段内（图 4-11）。由陡山沱组三段层内褶皱点沿公路继续往西前行约 100m，可见陡山沱组三段与四段的分界。

图 4-11 陡山沱组三段发育的倒"S"形褶皱（S334 省道冀家湾加水处）

（侯林春，侯晶晶，2018）

No.07 陡山沱组三段与四段界线

任务 陡山沱组三段与四段观察描述

点位 S334 省道 84km 加水处

GPS E110°52′36″,N30°52′54″;$H=198m$。

点义 陡山沱组三段(Z_1d^3)与四段(Z_1d^4)界线观察点

露头 人工,良好,弱风化

描述 点东为陡山沱组三段,为灰白色中厚层状白云岩。点西为陡山沱组四段(Z_1d^4),为黑色碳质页岩、硅质页岩、粉砂质页岩,夹硅质岩、白云岩透镜体,透镜体大小不等(30~100cm 者居多),顺层分布,由下而上黑色碳质页岩中夹白云岩、硅质泥岩透镜体。水平层理发育。陡山沱组四段中发育有石煤(黑色碳质页岩),当地人挖出石煤,用来煅烧石灰(图 4-12)。

图 4-12 陡山沱组三段与四段的地层分界(S334 省道冀家湾加水处)(侯林春,2016)

No.08 陡山沱组与灯影组界线

任务 陡山沱组与灯影组接触关系的观察描述。

点位 S334 省道 84km 处。

GPS E110°52′51″,N30°53′00″;$H=198m$。

点义　陡山沱组（Z_1dy）与灯影组（Z_2dy）整合接触关系观察点。

露头　天然，良好，弱风化。

描述　点东为陡山沱组四段（Z_1d^4），岩性为黑色碳质页岩与硅质岩，含有灰岩透镜体，俗称为锅底灰岩或飞碟石（图4-13）；点西为灯影组蛤蟆井段（Z_2dn^h），灰白色厚—巨厚层状白云岩，其底部常有黑色硅质条带（图4-14）。

灯影组（Z_2dy）岩性3分：下部为灰白色厚层状内碎屑白云岩，赋存磷矿床；中部为黑色薄层状含沥青质灰岩（俗称臭灰岩）与硅质灰岩组成，含燧石条带及结核，产宏观藻类；上部为灰白色中—厚层状白云岩，含燧石层及燧石团块；顶部为硅磷质白云岩，产小壳化石。以黑色薄层状白云岩出现为与其上覆、下伏地层的分界。总体呈现为"白黑白"（两白夹一黑）和"厚薄厚"的特征。

接触关系为整合接触，灯影组底部发育硅质条带（图4-14）。

图4-13　陡山沱组与灯影组接触剖面　　　　图4-14　陡山沱组与灯影组接触剖面
（邹石线7km处）　　　　　　　　　　　（S334省道84km处）（侯林春，2018）

"锅底灰岩"形成原因科普：

新元古代末期震旦系陡山沱组四段碳酸盐岩结核（图4-16），实际上是古天然气水合物遗迹。彭松柏教授等（2016）研究发现，震旦系陡山沱组四段黑色泥页岩中，低温封存的固态天然气水合物发生分解释放，并与成岩发生交代作用（交代作用是物质成分注入和逸出的作用，是在温度、压力、溶液化学成分发生改变后发生的一种置换现象。交代作用的全过程是在固态并有溶液参与下发生的，原有矿物的分解和新生矿物的形成是同时进行的），形成了冷泉碳酸盐岩结核（锅底石、飞碟石）。

碳酸盐岩结核普遍见有围岩层理围绕其生长的现象，因而属于典型的同生结核。而在黑色页岩中要支撑大量致密块状结核垂向上的平行分布，这就要求围岩孔隙度和渗透率要与结核所受重力相协调，即围岩沉积速率和压实速率都要相对较大。因此，在结核成岩作用过程中，为保持与围岩的平衡，结核在形成初期尚未达到现今的致密块状，整体密度也较小，它是与围岩成岩-交代、沉积压实过程中逐步固结成岩的。为了有效抵抗沉积

第四章　沉积岩地层实习

图 4-15　陡山沱组四段碳质页岩被挖后灯影组岩体悬空而形成的危岩体（雾河村）（侯林春，2017）

图 4-16　陡山沱组四段发育的锅底灰岩（邹石线 7km+500m 处）（侯林春，2018）

物对结核的静压力，其外形主要呈现出扁球体状、扁椭球体状形态。

陡山沱组四段黑色泥页岩中碳酸盐岩结核的形成实际上经历了多阶段的生长演化过程，其形成演化阶段可大致概括为结核初始形成期，成岩-交代演化期和成岩后改造期 3 个主要演化阶段（图 4-17）。

灯影组地层内的遗迹化石科普：

灯影组的石板滩段内有埃迪卡拉纪的两侧对称动物爬行遗迹化石（图 4-18，左）和水母化石（图 4-18，右）。

2018 年 6 月 6 日，美国《科学》（Science）杂志子刊《科学进展》（Science Advances）报道了在湖北宜昌三峡地区发现的、保存于 551～541Ma 前的埃迪卡拉纪灯影组石板滩段

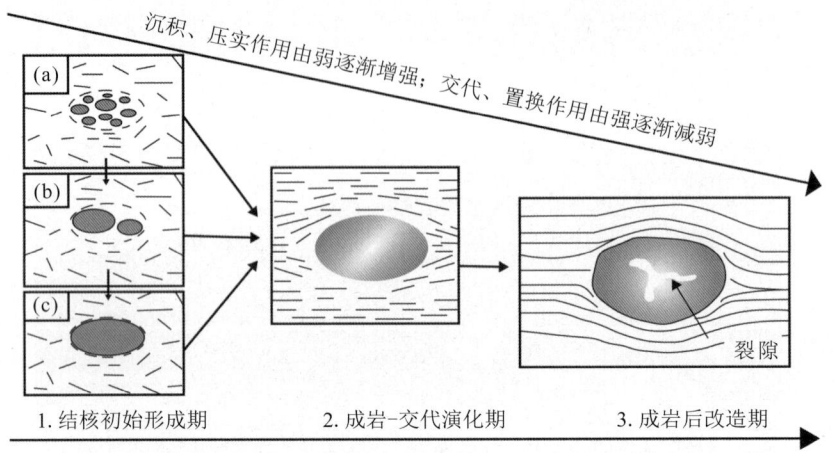

图 4-17 碳酸盐岩结核成因演化模式(彭松柏等,2016)

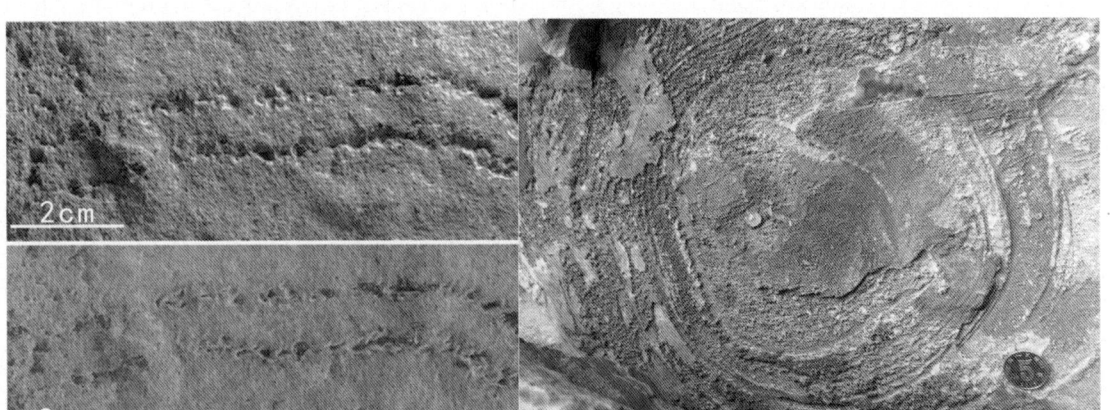

图 4-18 埃迪卡拉纪两侧对称动物的爬行遗迹化石(左,陈哲,2018)和水母化石(右,佘振兵,2018)
注:埃迪卡拉纪(世界通用)相当于震旦纪(中国用),也就是陡山沱组和灯影组地层沉积期

的灰岩地层中的足迹化石(图 4-18,左)。这是迄今为止,地球上最古老的足迹化石,也是具有附肢的后生动物形成的足迹。"脚印"的主人,是身长约 2cm、宽 1cm,两侧对称的且有附肢的节肢动物、环节动物,或者它们的祖先。

原来大家普遍认为,具有附肢的两侧对称后生动物直到 541~510Ma 的"寒武纪生命大爆发"时才突然出现。直至近期,中国科学院南京地质古生物研究所在湖北宜昌三峡地区埃迪卡拉纪灯影组(551~541Ma)地层中发现的一系列足迹化石,为破解具有附肢的两侧对称动物的起源提供了重要线索。

第二节 寒武纪地层

路线：基地→横墩岩隧道→九畹溪大桥→基地。

任务：

(1) 观察寒武纪岩家河组(Z_2—$\epsilon_1 y$)、水井沱组($\epsilon_1 s$)、石牌组($\epsilon_1 sp$)、天河板组($\epsilon_1 t$)、石龙洞组($\epsilon_1 sl$)、覃家庙组($\epsilon_2 q$)、娄山关组(ϵ_2—$O_1 l$)地层岩性组合特征、分组标志及接触关系。

(2) 掌握野外信手地质剖面图的编绘方法，绘制寒武纪地层信手剖面图。

(3) 观察描述地层中褶皱构造，并绘制素描图。

知识链接

1. 整合关系

平行不整合：因地壳运动，原来的沉积区上升为陆上剥蚀区，于是沉积作用转化为侵蚀作用，这时不但没有新的沉积物继续沉积，原有的沉积物反而被剥蚀，直到该区再次下降为沉积区，接受新的沉积。如此，两套沉积物（成岩后为地层）之间隔着一个起伏不平的大陆侵蚀面，两者的产状平行一致，这种关系称为平行不整合（图4-19，左）。

角度不整合：假若沉积盆地中A层沉积以后，沉积区不但上升成为大陆剥蚀面，而且还发生了褶皱运动，使A层遭受褶皱变形，待此地再次下降接受了新的沉积B层。此时A层与B层之间不但隔着大陆剥蚀面，而且两者之间的岩层产状还呈现截交关系，这种接触关系称为角度不整合（图4-19，右）。

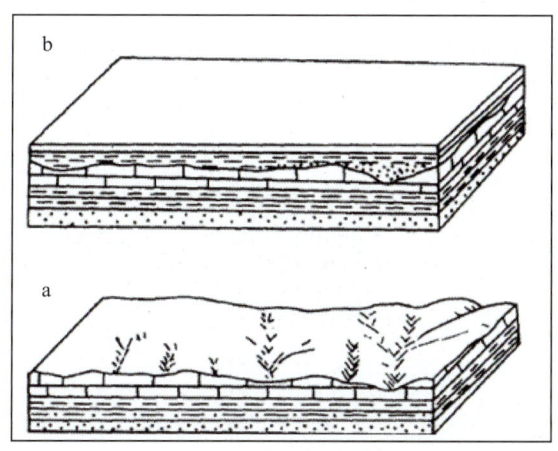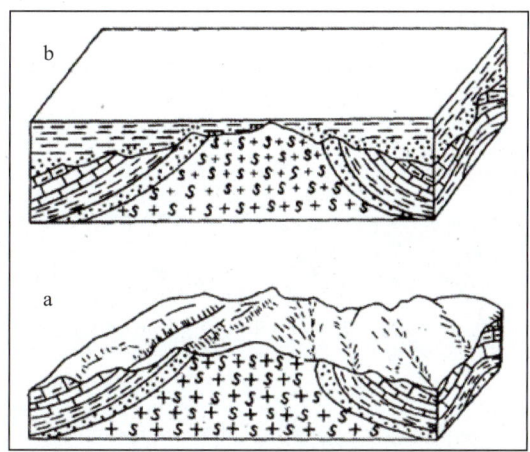

图4-19 平行不整合（左）与角度不整合（右）

2. 断层的分类

(1) 正断层，断层面几乎是垂直的。上盘（位于平面上方的岩石块）推动下盘（位于平

面下方的岩石块),使之向下移动。反过来,下盘推动上盘使之向上移动。

(2)逆断层,断层面也几乎垂直,但上盘向上移动,而下盘向下移动。这种类型的断层是由于板块挤压形成的。

(3)冲断层,与逆断层的移动方式相同,但断层带几乎是水平的。在这类同样是由挤压形成的断层中,上盘的岩石被向上推移至下盘的顶部。这是在聚合板块边界中产生的断层类型。

(4)平移断层,岩石块沿相反的水平方向移动。地壳块相互滑动时形成这些断层。

3. 褶皱

褶皱是指岩石受力发生的弯曲变形,它是由岩石中各种原来近于平直的面变成了曲面而表现出来的,形成褶皱的变形面绝大多数是沉积岩的层面,而变质岩的劈理、片理或片麻理以及岩浆岩的原生流面、岩层和岩体中的节理面、断层面或不整合面受力后也可变形而形成褶皱面。因此,褶皱是地壳中一种最常见的、最基本的地质构造。褶皱形象地反映地壳中岩石发生了连续塑性变形。

褶皱要素指褶皱的各个组成部分(图 4-20),褶皱要素主要有以下几部分。

(1)核:又称核部,指褶皱中心部位的岩层。

(2)翼:又称翼部,指褶皱核部两侧的岩层。在横剖面上,构成两翼的同一褶皱面的拐点的切线的夹角称为"翼间角"。

(3)转折端:指从褶皱一翼向另一翼过渡的弯曲部分。

(4)褶轴:又称轴线或轴。对圆柱状褶皱而言是指褶皱面上一条直线平行其自身移动能描绘出褶皱面(S)的弯曲形态,这条直线叫褶轴。

(5)枢纽:指同一褶皱面的最大弯曲点的连线。枢纽可以是直线,也可以是曲线或折线;可以是水平线,也可以是倾斜线。

(6)轴面:指由许多相邻褶皱面上的枢纽连成的面。如果褶皱各层的厚度在两翼基本

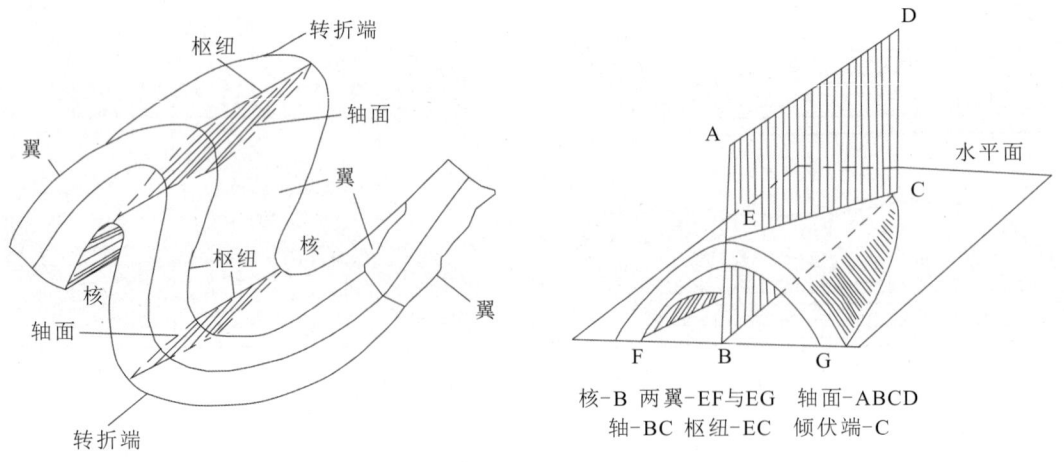

图 4-20 褶皱形态要素示意图

No.05 石牌组与天河板组界线

任务 石牌组（∈₁sp）与天河板组（∈₁t）接触关系的观察描述。

点位 茶园坡隧道西出口中石油加油站西约200m（032号电线杆处）。

GPS E110°50′35″，N30°53′03″；$H=182$m。

点义 石牌组（∈₁sp）与天河板组（∈₁t）界线观察点。

露头 人工，良好。

描述 点东为石牌组（∈₁sp）条带状灰岩；点西为天河板组（∈₁t）灰色薄层鲕粒灰岩及薄层状白云质灰岩。

天河板组（∈₁t），底部为灰色薄层鲕粒灰岩及薄层状白云质灰岩，有溶洞；下部为深灰色薄—中层状泥质条带灰岩，偶夹砂砾屑泥晶灰岩；中部为深灰色薄—中层状泥质条带状灰岩，其中，局部层段为核形石灰岩、鲕粒灰岩，产古杯及三叶虫化石，发育水平层理、小型槽状斜层理；上部岩性为深灰色薄—中层状泥质条带灰岩，局部泥质条带中粉砂质含量较高。向上白云质成分增加，钙质成分减少。

从此点继续沿S334省道西行，沿路可见鲕（豆）粒灰岩、核形石灰岩、内碎屑灰岩、古杯礁灰岩（古杯与珊瑚区别：前者为古杯动物门，后者为腔肠动物门）（图4-25）。

天河板组的核形石灰岩

天河板组的鲕（豆）粒灰岩

天河板组的古杯礁灰岩

天河板组内碎屑灰岩

图4-25 寒武纪天河板组的核形石灰岩、鲕（豆）粒灰岩、古杯礁灰岩和内碎屑灰岩（棕岩头隧道东出口约100m）（侯林春，2018）

No.06 天河板组与石龙洞组界线

任务 天河板组($\in_1 t$)与石龙洞组($\in_1 sl$)接触关系的观察描述。

点位 棕岩头隧道东出口约50m棕岩头中桥。

GPS E110°50′36″, N30°53′04″; H=189m。

点义 天河板组($\in_1 t$)与石龙洞组($\in_1 sl$)界线观察点。

露头 完好,弱风化。

描述 点东为天河板组($\in_1 t$)深灰色薄—中层状泥质条带灰岩。天河板组上部地层多泥质条带灰岩,有隔水作用,所以石龙洞组底部多顺层发育溶洞(图4-26)。点西为石龙洞组($\in_1 sl$),厚36.23~86.3m。

图4-26 石龙洞组下部顺层发育的溶洞(S334省道棕岩头中桥长江对岸崖壁)
(侯林春,侯晶晶,2018)

石龙洞组下部为灰白色中厚层状夹薄层状中细晶白云岩、厚层状夹中层状白云岩,偶见遗迹化石;中部岩性为厚层—块状细晶白云岩夹中层状白云岩,发育"雪花"状构造、古喀斯特构造;上部岩性为灰白色厚层状—块状白云岩夹中层状白云岩、风暴角砾岩、砾屑白云岩沉积序列。石龙洞组与下伏天河板组呈整合接触。

No.07 石龙洞组与覃家庙组界线

任务 石龙洞组（∈₁sl）与覃家庙组（∈₂q）接触关系的观察描述。观察绘制平卧褶皱素描图。

点位 棕岩头隧道西出口，九畹溪大桥南端。

GPS E110°50′24″，N30°53′02″；$H=187\text{m}$。

点义 石龙洞组（∈₁sl）与覃家庙组（∈₂q）界线观察点。

露头 天然，良好。

描述 点东为石龙洞组（∈₁sl）灰白色厚层—块状白云岩夹中层状白云岩、风暴角砾岩、砾屑白云岩；点西以覃家庙组（∈₂q）薄层状白云岩和薄层状泥质白云岩为主，夹有中—厚层状白云岩及少量页岩、石英砂岩。岩层中常有波痕、干裂构造，并有石盐和石膏假晶的地层。

两者为整合接触（图 4-27，左）。覃家庙组内可见一平卧褶皱，有派生张节理，节理面与层面垂直（图 4-27，右）。

图 4-27 石龙洞组与覃家庙组地层分界剖面（左，棕岩头隧道西出口）与覃家庙组的平卧褶皱（右，九畹溪大桥西岸的崖壁）（侯林春，2017）

No.08 娄山关组与覃家庙组地层分界

任务 覃家庙组（∈₂q）与娄山关组（∈₂O₁l）接触关系的观察描述。

点位 抬上坪隧道西出口 300m 处。

GPS E110°50′04.57″，N30°53′32.81″；$H=220\text{m}$。

点义 娄山关组（$\epsilon_2 ol$）与覃家庙组（$\epsilon_2 q$）界线观察点（图4-28，左）。

描述 覃家庙组（$\epsilon_2 q$）以薄层状白云岩和薄层状泥质白云岩为主，夹有中—厚层状白云岩及少量页岩、石英砂岩。岩层中常有波痕、干裂构造，并有石盐和石膏假晶的地层。

娄山关组（$\epsilon_2 ol$）岩性主要为深灰色中层砾屑生物屑灰岩、鲕粒灰岩、泥晶灰岩夹白云岩、泥岩，含有叠层石（图4-28，右）。娄山关组的裂隙中偶见黑色疑似沥青的物质，可以作为曾经储油的证据。

图4-28 覃家庙组与娄山关组地层分界（左）与娄山关组的叠层石（右）（抬上坪隧道西出口红瓦小房旁）（侯林春，2017）

叠层石科学价值科普：

叠层石是以蓝藻为主的微生物，通过生长和代谢活动粘结沉积矿物颗粒而形成的生物沉积构造。而化石是生物的遗体、遗物或生活遗迹，由于种种原因被埋藏在地层中，经过若干万年的复杂变化而形成的。所以叠层石不是化石。

白天阳光充足，藻类的光合作用强，并且向光生长，所以藻丝体向上生长或生活；夜晚光线弱，藻类的光合作用弱，藻丝体匍匐生长。藻类生长过程中会产生一些黏性分泌物把矿物颗粒粘结住，这样就形成叠层石中的明、暗纹层（图4-29，左）。

由于藻类生长的趋光性，叠层石的生长方向明显受光照方向影响。一年中，太阳光直射地表区域在南北回归线之间移动。而在地球上某一点，就会形成S型叠层石（图4-29，右），一个完整的"S"形代表叠层石一年的生长。

由于叠层石生长在滨海，其生长和繁殖受地月引力、潮汐和月相等因素的影响。潮汐引起的水动力变化影响沉积物供给，使海水携带的矿物碎屑量和颗粒大小发生变化，从而使矿物被藻类黏性分泌物粘结的量发生变化，同时海水中泥沙相对含量对藻类生长也产生很大影响。地、月相对位置变化也会影响地球上生物的生长和繁殖，导致叠层石纹层厚度的变化，所以测量得到的纹层厚度周期性变化可以反映当时的月周期。

龚一鸣教授等（2004）对北京周口店地区中元古代铁岭组叠层石进行的研究发现，叠层石明暗纹层对厚度呈周期性变化，这些周期性变化被解释为月节律和季节节律，结合S

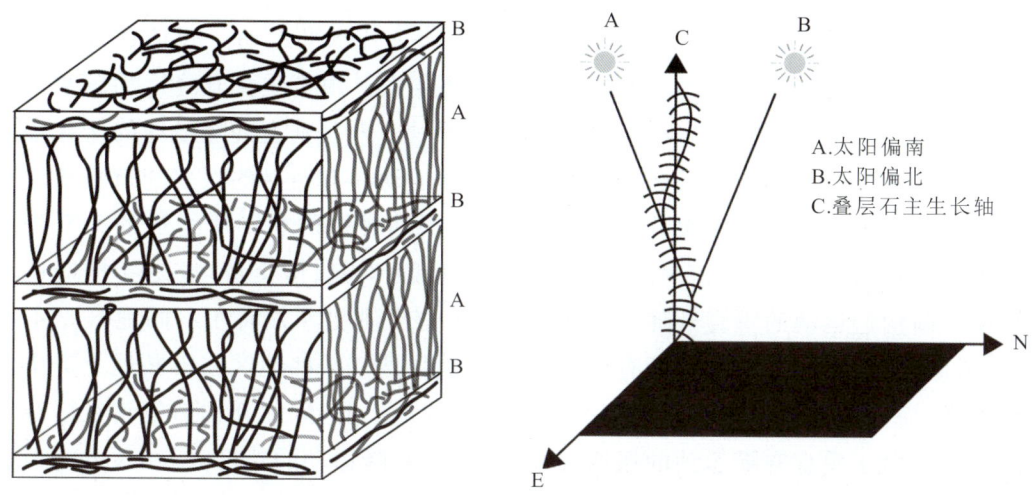

图 4-29 叠层石纹层形成过程示意图(A.白天直立生长;B.晚上匍匐生长)(左)和 S 型叠层石生长模式示意图(右)(龚一鸣等,2004)

型叠层石的形态特征初步得到古天文信息:10 亿年前的中元古代晚期,一年至少有 516±20 天,12.9±0.5 个月,一个月有 40 天,一天最多 16.99±0.66 小时,古黄赤交角为 29.2°~30.6°。

第三节 奥陶纪与志留纪地层和新构造运动

路线 基地→九畹溪大桥→九畹溪→西陵峡村村委会(路口子)→基地。

任务 (1)新构造运动(仙女山断裂)的识别、了解。
(2)奥陶纪地层与志留纪地层的观察与了解。
(3)试试找奥陶纪宝塔组的标志性化石。

点位 鲤鱼潭隧道西出口,西陵峡村村委会(路口子)后山坡。

GPS E110°49′32.79″,N30°54′19.22″;$H=279$m。

点义 仙女山断裂观察点、奥陶纪与志留纪地层的观察点。

露头 人工,良好,弱风化。

知识链接

新构造运动是发生在新近地质时期的构造运动。由于新构造运动主要表现为火山、地震、断裂、褶皱、温泉与地热异常,与人类生活关系密切,在国家经济建设中具有重大意义。在理论研究上,由于新构造运动是现在人类可以直接观察、测量的构造运动,通过对它的直接研究,可以更好地理解过去地质历史的构造运动。新构造运动具有以下特点。

1. 新构造运动的方向和速度

从运动方向来看,新构造运动既有垂直升降运动又有水平运动。而且有时水平运动的幅度和速度甚至比垂直升降运动的速度和幅度还要大。由于垂直升降运动较水平运动易于识别,在地形上和沉积物中表现得比较明显,所以历来对垂直升降运动的研究程度都超过对水平运动的研究。新构造运动中的垂直升降运动具有明显的振荡和节奏性。一个大的地壳上升或下降运动是由次一级的振幅较小、周期较短的震动所组成的。升降运动的速度也是变化的,有时很快,有时很缓慢。这种速度上的快慢交替,也是新构造运动的基本性质。新构造运动的垂直升降运动的方向、性质及强度等方面在不同地区是不一样的,有的地区表现为相对的宁静,而有些地区则特别强烈。一些地区在不断地上升中发生断续的下降;而有些地区又在不断地下降中发生断续地上升,因此新构造运动在区域地貌上反映显著。由于垂直升降运动的振荡性质,在计算升降运动的速度时,往往分为似速度和真速度两种。真速度就是在很短的时间内,用仪器测量的运动速度的平均值,比较接近当地当时地壳运动的实际速度。似速度是在一个较长的地质时期内,根据保存下来的新构造运动的遗迹所代表的综合幅度计算出来的速度。

2. 新构造运动的类别

从运动的类别来说,新构造运动既有断裂变动也有褶皱变形。但是,断裂变动非常普遍,不仅在褶皱地带,而且在新老地台上也非常发育。断裂变动与地块升降的结合表现为普遍的断块运动,这是新构造运动的特点之一。褶皱变形包括大范围的拱曲变形及规模很小的沉积层褶皱变形,后者局限在一定的地带。

3. 新构造运动的继承性和新生性

从新、老构造运动的关系来看,新构造运动具有明显的继承性和新生性。地壳无时不在运动,但地壳运动具有阶段性。新构造运动是在老构造运动的背景下活动的。因此,新构造运动一方面继承了老构造运动的特点,使之具有继承性;同时又对老构造运动进行改造,或形成新的构造,具有新的特点,称为新生性。

描述

1. 仙女山断裂介绍

仙女山断裂系清江流域、鄂西地区著名的区域性大断裂,以途经三峡地区的仙女山,并具有活断层性质而引人瞩目。已有近 20 年历史的周坪地震台站,就专为观测这一断裂的近期活动而设立。

该断裂位居黄陵背斜的西南缘发育,全长 93km,总体走向 335°～350°,距三峡大坝的直线最近距离为 20km。习惯上将该断裂分为南、北、中三段。实习区所见者为这一断裂的北段部位。它北起风吹垭,南经仙女山、周坪等地,为狭义仙女山断裂的展布场所。

断面倾向北西、倾角 70°左右,错断了寒武系—三叠系和白垩系。破碎带宽 10～100m,带内发育构造片岩、糜棱岩、角砾岩、碎裂岩和断层泥等构造岩与构造透镜体,在断裂面上,经常可见大量近水平产状的擦痕,在邻断裂场所往往发育有牵引褶皱、次级断裂等派生构造。断裂的多期活动性明显,早期为顺时针扭动,中期以压性为主,晚期则主要表现出张扭特点。

在新构造运动时期该断裂的活动特点显著,其构造地貌特征明显可辨,主要表现为谷地形态的倒置现象和侵蚀阶地的不对称发育特点。例如,在仙女山断裂途经的周坪河谷,就出现了上游河谷具宽阔的"U"字形、下游河谷具狭窄"V"字形的谷地形态倒置现象;在花桥场仙女山断裂经过处的河谷阶地,其东西两侧同一对应阶地的高程,就发生了2～3m、7～8m、8～10m及15m的不等量级高差。

有关单位对仙女山断裂的新近活动采取热释光、光释光及电子自旋共振方法进行了测年研究,研究发现其最老值为200万年,最新值为15万年左右。在地貌上,沿主干断裂发育的断层崖巍峨挺拔,断裂两侧夷平面变位结果显示,中新世末期以来断裂垂直错距约200m。河流阶地 T_1-T_4 的变形表明中更新世以来断裂垂直错动15m。

建站历史已有近20年的周坪地震观测台站,观测到仙女山断裂西盘岩块的年均水平位移为0.056mm,垂直位移为0.062mm。

综上可见,发育在实习区西缘的仙女山断裂最后一次强烈活动时代为早、中更新世,最新活动年龄为距今15万年左右。该断裂不仅为区域规模的大断裂,而且是现今仍在活动的活断裂(图4-30)。

图4-30 仙女山断裂的构造擦痕(方解石充填)(左,西陵峡村委会;右,界垭)(侯林春,2017)

2014年3月30日湖北省宜昌市秭归县(北纬30.9°,东经110.8°)发生M4.5级地震,震源机制为逆冲走滑型。此次地震位于仙女山断裂北端,与3月27日发生的M4.2级地震相距近1km。

2. 奥陶纪与志留纪地层的观察与描述

1) 奥陶纪地层

娄山关组是跨寒武纪和奥陶纪的地层单位,奥陶纪地层共分出以下8个组级地层单位,由老到新分别描述如下(参见表4-1)。

(1)南津关组(O_1n)。南津关组分为四段:O_1n^1,深灰色中层砾屑生物屑灰岩、鲕粒灰岩、泥晶灰岩夹白云岩、泥岩；O_1n^2，浅灰—灰白色厚层微晶—细晶白云岩夹中层状亮晶含砾砂屑、粒屑粉细晶白云岩；O_1n^3，浅灰—深灰色厚层状夹中层状亮晶含砾砂屑、鲕状灰岩、硅质条带发育；O_1n^4，灰色厚—中厚状鲕状灰岩，含砾屑、生物屑、砂屑灰岩，间夹薄层泥晶灰岩。

(2) 分乡组（O_1f）：下部灰色中厚层状灰岩夹灰绿色薄层状泥岩；上部薄层状生屑灰岩夹泥岩。

(3) 红花园组（O_1h）：灰色、深灰色中层至厚层状夹薄层状灰岩，下部偶夹页岩。

(4) 大湾组（$O_{1-2}d$）：上部为黄绿色薄层状粉砂质泥岩夹生屑灰岩或呈不等厚互层状。中部为紫红色、灰绿色或浅灰色薄层状生物屑泥晶灰岩、瘤状灰岩夹钙质灰岩。下部为灰绿色、深灰色、浅灰色薄层灰岩，间夹极薄层黄绿色页岩。

(5) 牯牛潭组（O_2g）：青灰色、灰色及紫灰色薄层至中厚层状灰岩、砾屑灰岩与瘤状灰岩互层。

(6) 庙坡组（$O_{2-3}m$）：黄绿色、灰黑色钙质泥岩、粉砂质泥岩、黄绿色页岩夹薄层生物屑灰岩，富含笔石。

(7) 宝塔组（O_3b）：灰色、浅紫红色或灰紫红色中厚层收缩纹灰岩夹瘤状灰岩，以产头足类化石——震旦角石为特点(图 4-31)。

(8) 五峰组（O_3w）：黑灰色、黄褐色或浅紫灰色含石英粉砂质黏土岩，黏土岩，产壳相动物群。黑灰色微薄层至薄层状含有机质石英细粉砂质水云母黏土岩，夹黑灰色微薄层至薄层状微晶硅质岩。

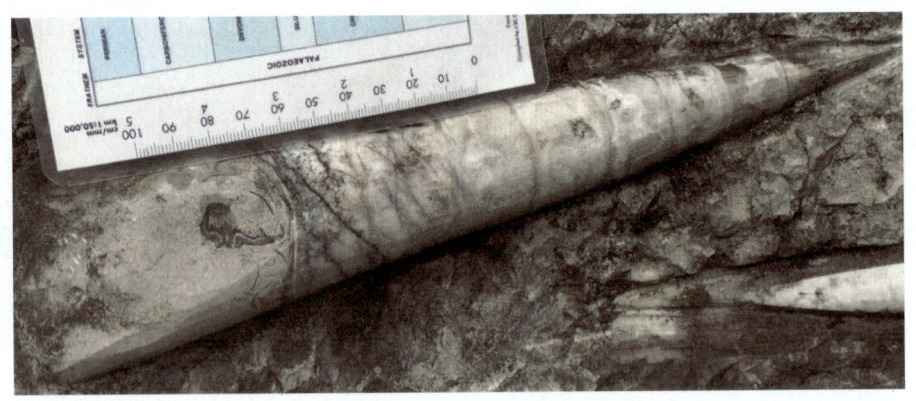

图 4-31 奥陶纪宝塔组的化石(角石)(侯林春，2016)

震旦角石科普[①]：

震旦角石又称"中华角石"，它的外型如同宝塔一样，所以还被称为宝塔石、直角石、竹笋石、太极石、塔影石。该石为古生物化石，外形呈圆锥形，一头尖，一头宽，表面发育有

[①] 资料来源：https://baike.baidu.com/震旦角石/1658023? fr=aladdin。

节、竖纹等,将它倒置有如一座宝塔,其石面有二三十节环状圈纹突起,亦犹似竹笋,如果剖面是横向,则似一幅太极图(图4-31)。震旦角石是海生无脊椎软体动物化石,属于头足纲塔飞角石目、喇叭角石科,震旦角石属,生活在距今约5.1亿至4.5亿年前的奥陶纪,是当时海洋中凶猛的食肉性动物,主要产自我国的湖北、湖南等地区的奥陶纪地层中。

震旦角石具有坚硬的外壳,壳体或直或盘卷,壳体表面有波状横纹,壳内有很多横板,壳长可达2m,多数在几十厘米至1m之间。当纵向剖开时,可以看见其指向壳尖端细长锥状的体管;而在横切面中心,可以看见其圆形的体管。体管与壳体直径相比较小,大多位于接近中央的地方,有的接近边缘。震旦角石有一个坚硬的圆锥形外壳,一般不宜从岩石中全部剥离出来,应依其形态精工细凿,使它呈半浮雕状,显得质朴有趣。保存完整、构造清晰的震旦角石,以及波状横纹和体管较为清晰者、体型较大较长且未缺失尖端者,通常具有较高的科研、收藏和观赏价值。同时震旦角石也是我国《古生物化石管理办法》保护、管理的化石之一,可见其珍贵性(图4-32)。三峡宜昌是著名的震旦角石发现和保存最好的地方。角石长期以来也被有效地应用于地层划分对比。

图4-32 角石复原图

2)志留纪地层

志留纪地层从老到新分别叙述如下(参见表4-1)。

(1)龙马溪组(O_3S_1l):沉积厚度约198m,岩性为黑色、灰绿色薄层粉砂质泥岩、石英粉砂岩,夹薄层状石英细砂岩、黄绿色粉砂质泥岩、泥质粉砂岩,夹钙质泥岩透镜体。

(2)新滩组(S_1x):沉积厚度670～820m,岩性为灰绿色、黄绿色页岩,砂质页岩,粉砂岩夹薄层细砂岩。

(3)罗惹坪组(S_1lr):沉积厚度73.7～172m,岩性下部为黄绿色薄层粉砂质泥岩夹瘤状或薄层状灰岩,上部以深灰色薄—中层状泥灰岩、生屑灰岩为主,泥岩为陆相沉积物,灰岩为海相沉积物。

(4)纱帽组(S_1sh):沉积厚度242～593m,岩性为灰色薄层状粉砂岩、中厚层状岩屑石英砂岩夹泥岩,顶部岩性为中厚层状细粒石英砂岩夹粉砂岩。

第四节　河流阶地与砾石统计

路线　基地→三峡竹海景区入口→基地。

任务　(1) 了解实习区的准平原与夷平面。

　　　　(2) 了解河流阶地的形成与类型。

　　　　(3) 了解河流沉积物的特征。

　　　　(4) 测量并统计河滩砾石长轴面的倾向,绘制玫瑰图。

点位　三峡竹海景区老入口往里走 2km 处。

GPS　E110°54′26.37″,N30°42′51.29″;$H=330m$。

点义　观察山区河流阶地、砾石成分,统计砾石并判断河流流向。

露头　人工,风化良好。

1. 准平原与夷平面

20 世纪早期戴维斯(W. M. Davis)将地貌发展的这种连续而有阶段的过程划分为幼年期、壮年期、老年期。在幼年期,河流深切,河谷呈狭窄的"V"字形,具有高山深谷地貌。在壮年期,河谷加宽,谷坡后退,河谷坡度变缓,分水岭的高度逐渐降低,并且变成浑圆状态。在老年期,地面变得平缓,仅有微弱的波状起伏,残存一些由抗风化剥蚀强的岩石构成的孤山,大部分地区被较薄的松散沉积物所覆盖,这种地面称为准平原(peneplain)。准平原可以因随后的地壳上升而抬高,再受流水侵蚀切割而成为山地。在山地的顶部可以残留着准平原的遗迹,即相当平坦的顶面。其范围可大可小,面上可以见到砂、砾等松散沉积物,而且一系列相邻的平坦山顶大致位于同一高度。它们代表了地质时期中准平原的表面,称为夷平面(planation surface)。

长江三峡地区有海拔大致在 1500m、1000m 以及 800m 三个高度的夷平面,它们很可能代表不同时代的产物。夷平面(含阶地)形成时代的确定,主要根据夷平面上松散堆积物中的化石,以及对夷平面上的沉积物进行同位素年龄测定。

2. 河流阶地和类型

已形成河漫滩的河流因去均夷化作用而重新下蚀时,原来的谷底呈阶梯状残留在新的谷坡上,成为在河谷两坡的阶梯状地形,称为河流阶地(river terrace)。阶地由一个平坦的表面和一个向河床方向急倾斜的陡坎组成,前者称为阶地面,后者称为阶地斜坡。阶地面的形成记载着河流旁蚀和沉积作用盛行阶段的历史,阶地斜坡的形成则记载着去均夷化作用盛行阶段的历史。由于均夷化作用与去均夷化作用交替反复进行,可形成多级阶地。阶地由低到高代表其形成的时间由新到老,分别以一级、二级、三级……表示。根据阶地组成物质的情况将阶地分为三种阶地(图4-33)。

(1)堆积阶地:阶地面和阶地斜坡全是由河流沉积物质组成,无基岩暴露。

(2)侵蚀阶地:阶地斜坡上基岩裸露,阶地面上仅有零星河流沉积物分布,呈现有河流侵蚀的痕迹。

(3)基座阶地:阶地下方有基岩暴露,上部由河流沉积物组成。表明河流已切过早先的冲积物而达到基岩之中。

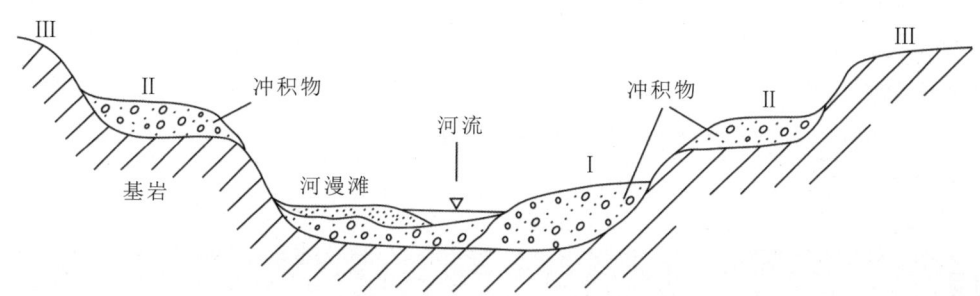

图4-33 河流阶地类型示意图(曹浩杰 绘,侯林春 核,2018)
Ⅰ.一级阶地(堆积阶地);Ⅱ.二级阶地(基座阶地);Ⅲ.三级阶地(侵蚀阶地)

3. 河流的去均夷化作用

河流通过长期的侵蚀和沉积改变着它的纵剖面,向均夷化方向发展。这实际上是河流衰老的过程,它的主要标志是河流下切能力逐渐衰弱。当影响河流下切的因素一旦变化,河流获得新的能量,于是就会下蚀复苏,这种现象就称为去均夷化作用或河流"返老还童"。它标志着河流由以旁蚀和沉积为主转为以下蚀为主。

引起河流去均夷化作用的因素主要有两个:一是陆地上升或海平面下降,使河床抬高或侵蚀基准面降低,河流下蚀复苏;二是气候变化,如干燥转为潮湿,结果径流量增加,河流得以重新进行下蚀。在去均夷化作用下,河流将塑造出深切河曲和阶地。

4. 河流沉积物的特征

(1)分选性好:由于流水搬运能力的变化比较有规律性,如近河流主流线的沉积物粗,远河流主流线的沉积物细等。

(2)磨圆度较好:磨圆度指岩石或矿物颗粒在河流搬运过程中经冲刷、滚动、撞击,棱角被磨圆的程度,磨圆度可反映碎屑生成的环境和搬运距离,根据磨圆程度,可分为圆状、次圆状、次棱角状、棱角状。

(3)成层性较清楚:这是由于河流沉积物具有规律性的成层变化,如枯水期和洪水期沉积物的粗细和数量不一样,夏季沉积物颜色较淡和冬季沉积物的颜色较深,不同时期沉积物的成分也有差别等。

(4) 常具有韵律性（或旋回性）：特征类似的两种或两种以上的河流沉积物在剖面上有规律性的交替重复出现，称为韵律性或旋回性，每一次重复就形成一个韵律。如河床反复进行侧向摆动，就形成若干个韵律。

(5) 具有流水成因的沉积构造：河流沉积物中常见特征有波痕、沙丘以及交错层理等原生构造。

描述 茅坪河位于秭归县东南部，主要支流包括芭蕉溪、大溪、清坪溪和泗溪，全长23.9km，流域面积113km²，总落差277m。

实习安排在茅坪河的支流泗溪的砾滩（图4-34，左）。此处受人类扰动小，实习中可以分组辨析砾石岩性，并用米尺和罗盘测量和统计砾滩上砾石的a轴、b轴、c轴的长度和砾石长轴面的倾向，制作砾石倾向的玫瑰图。根据玫瑰图的砾石的主倾向，可以判断河流阶地上古河流的流向。

图4-34 泗溪河道凹岸的砾滩（左）和阶地（右）（砾石测量点）（黄咸雨，2018）

距茅坪河4m高处有一阶地，垂直剖面可见二元结构，其下部为砾石层，有定向排列，上部为黏土质细粒成分，并已向土壤发展（图4-34，右）。

1. 砾石成分统计与分析

河流砾滩上共测量砾石447个，大多数砾石的岩性为砂岩、白云岩和灰岩，占到75%。其他的砾石岩性为火成岩、硅质岩、板岩、页岩和燧石等（图4-35）。

砾石岩性	个数
砂岩	177
灰岩	96
白云岩	62
火成岩	28
硅质岩	21
板岩	17
石英砂岩	13
页岩	11
燧石	7
其他	15

图4-35 砾石成分统计图（黄咸雨，陶明辉，2018）

2. 制作砾石倾向玫瑰图与判断河流流向

根据测量的447个砾石长轴面的倾向数据和统计分析结果，制作砾滩砾石的倾向玫瑰图（图4-36）。根据玫瑰图可知，砾滩砾石长轴面的统计倾向为南西（SW）。根据河流流向为砾滩砾石长轴面统计倾向的反方向，因此可以推断出测量点河流的流向为南西（SW）→北东（NE）。

3. 砾石砾径（长轴）统计与结果分析

茅坪河为山地河流，沉积物颗粒粗大，以卵石砾石为主，砾石砾径多为3~6cm，其次砾石砾径为0~3cm和6~9cm，粒径超过10cm的砾石较少（图4-37），砾石沉积是河流水动力减小的反映。除砾石外，偶见河床中有粒径超过1m的磨圆差的岩石，这反映了上游山体崩塌灾害常有发生。

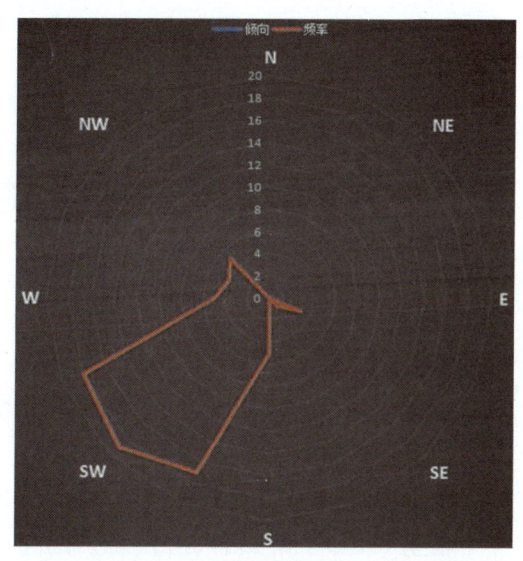

图4-36　砾石倾向玫瑰图（黄咸雨，陶明辉，2018）

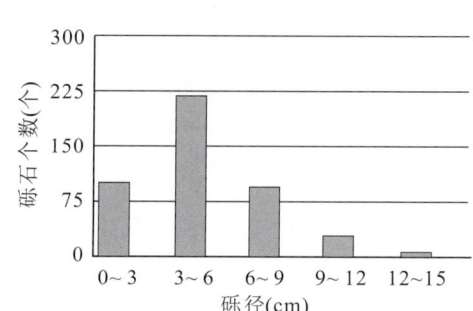

砾径(cm)	个数(个)
0~3	99
3~6	219
6~9	93
9~12	28
12~15	7

图4-37　砾石砾径统计结果（黄咸雨，陶明辉，2018）

第五章 矿产资源开发与环境实习

第一节 白云岩和灰岩矿的开采与环境

路线 基地→高家溪→雾河村→基地。

任务 (1)了解灰岩、白云岩矿用途。

(2)了解矿区土地复垦和生态恢复。

(3)了解矿产资源分类与矿产资源储量分类分级。

1. 矿产资源

矿产资源指经过地质成矿作用,使埋藏于地下或出露于地表,并具有开发利用价值的矿物或有用元素的含量达到具有工业利用价值的集合体。矿产资源是重要的自然资源,是社会生产发展的重要物质基础,现代社会人们的生产和生活都离不开矿产资源。矿产资源属于非可再生资源,储量是有限的。目前世界上已知的矿产有 1600 多种,其中 80 多种应用较广泛。

2. 矿产资源分类

根据矿产资源用途不同,我国矿产资源统计中划分为 10 类。

(1)能源矿产:煤、石油、油页岩、天然气、铀等。

(2)黑色金属矿产:铁、锰、铬等。

(3)有色金属矿产:铜、锌、铝、铅、镍、钨、铋、钼等。

(4)稀有金属矿产:铌、钽等。

(5)贵金属矿产:金、银、铂等。

(6)冶金辅助用料:溶剂用灰岩、白云岩、硅石等。

(7)化工原料:硫铁矿、自然硫、磷、钾盐等;

(8)特种类:压电水晶、冰洲石、金刚石、光学萤石等;

(9)建材及其他类:饰面用花岗岩、建筑用花岗岩、建筑石料用灰岩、砖瓦用页岩、水泥配料用黏土等。

(10)水气矿产类:地下水、地下热水、二氧化碳气体等。

3. 矿产资源储量分类、分级

矿产储量是地质勘探工作的主要成果,储量分类、分级和计算的准确程度直接影响到矿床工业评价、矿山企业设计和基建投资。因此,必须切实掌握储量分类、分级和计算的一般原则。合理地确定各种参数,正确运用各级储量级别划分的条件,以保证储量计算的可靠性。

根据我国对矿床的技术经济条件和远景发展的需要,将固体矿储量分为能利用储量(表内)和暂不能利用储量(表外)两类。

在全区勘探研究的基础上,按照对固体矿不同部位的控制研究程度,将固体矿储量分为 A、B、C、D 四级。A 级由生产部门探求。B、C、D 各级储量的工业用途和条件如下。

(1) B 级是矿山建设设计依据的储量,又是地质勘探阶段探求的高级储量,并可起到验证 C 级储量的作用,一般分布在矿体的浅部,即矿山首期开采地段,其条件是:

① 详细控制矿体的形状、产状和空间位置;

② 在固定范围内对破坏和影响矿体较大的断层、褶皱、破碎带的性质已查清,产状已基本控制,对夹石和破坏主要矿体的主要火成岩的岩性、产状和分布情况已基本确定;

③ 矿石类型的种类及其比例和变化规律已详细确定。

(2) C 级是矿山设计依据储量,其条件是:

① 控制矿体的形状、产状和空间位置;

② 对破坏和影响主要矿体的较大断层、褶皱、破碎带的性质已基本查清,产状已基本控制,对夹石和破坏主要矿体的主要火成岩的岩性、产状和分布规律已大致了解;

③ 基本确定矿石类型的种类及其比列和变化规律。

(3) D 级用途有:可作为进一步布置地质勘探工作和矿山建设远景规划的依据;对一般矿场,部分的 D 级储量也可以为矿山建设设计所用;对复杂的较难求到的 C 级储量的矿床,D 级储量可供矿山边探边采,其条件是:

① 大致控制矿体的形态、产状和分布范围;

② 大致了解破坏和影响矿体的地质构造特征;

③ 大致确定矿石的类型。

D 级储量可用于比 C 级储量更低的勘探工程密度控制,成为 C 级储量外推部分。

4. 土地复垦

土地复垦是指对被破坏或退化的土地的再生利用及其生态系统恢复的综合性技术过程。由于采矿业是破坏土地最严重的行业,因此狭义的土地复垦是指对工矿业用地的再生利用和系统恢复。生产建设活动损毁的土地,按照"谁损毁,谁复垦"的原则,由生产建设单位或者个人(以下称土地复垦义务人)负责复垦。但是,由于历史原因无法确定土地复垦义务人的生产建设活动损毁的土地,由县级以上人民政府负责组织复垦。自然灾害损毁的土地,由县级以上人民政府负责组织复垦。

矿区土地复垦的方法如下。

（1）将矿坑用采矿废弃物填埋，在表面覆盖上50cm左右的熟土，并平整土地，施用有机肥与无机肥，种植绿肥植物，待其成熟后翻入土壤，增加土壤肥力。之后便可以在复垦土地上发展种植业、林业、养殖业等。

（2）当矿坑较大不易填埋时，可以直接在岩壁打孔塞土，在孔中种植相应植物，通过生物风化的方法，逐渐在岩壁上形成土壤。

（3）当矿坑较深时，可以用机械手段将其进一步挖深，发展为鱼塘，而挖出的废渣则充填到矿坑较浅的位置，并覆盖表土，可以继续发展种植业、养殖业等，形成一个立体的生态农业模式，实现生态与经济效益的双赢。

5. 生态恢复[①]

生态恢复指通过人工方法，按照自然规律，恢复天然的生态系统。生态恢复的含义远远超出以稳定水土流失地域为目的的种树，也不仅仅是种植多样的当地植物，生态恢复是试图重新创造、引导或加速自然演化过程。人类没有能力去恢复出真正的天然系统，但是我们可以帮助自然，把一个地区需要的基本植物和动物放到一起，提供基本的条件，然后让它自然演化，最后实现恢复。因此生态恢复的目标不是要种植尽可能多的物种，而是创造良好的条件，促进一个群落发展成为由当地物种组成的完整生态系统，或者说是为当地的各种动物提供相应的栖息环境。

6. 矿区废弃地的生态恢复与重建

矿区废弃地重建的目标有两个，一是建立一个与当地自然界相和谐的人工生态系统，二是原来自然生态系统的恢复与再造。具体的措施涉及工程措施、植被恢复、生态系统的功能设计等方面。

植被恢复和生态系统的功能设计必须考虑当地的自然条件。如处于暖温带阔叶林带南部的湖北地区利用塌陷地养鱼、种藕。露天矿的开垦往往直接剥离土壤层，在开采后再回填，植被的演替规律对于回填区植被恢复和作物配置具有重要的意义。

No.01 灰岩矿开采

任务 （1）识别灰岩开采点的地层。
（2）灰岩的工业用途与矿区生态恢复。

点位 雾河村艾明石灰厂。

GPS E111°02′28.86″，N30°46′48.81″；$H=661m$。

露头 新鲜，人工。

点义 灰岩的开采与环境恢复、土地复垦。

[①] 资料来源：https://baike.baidu.com/item/生态恢复/11047901? fr=aladdin。

描述 此处矿山的灰岩(非金属矿产)为灯影组石板滩段深灰黑色薄层泥质灰岩(图5-1)。

灯影组石板滩段(Z_2dy^S)岩性为深灰色、灰黑色薄层含硅质泥晶灰岩,偶夹燧石条带、极薄层泥晶白云岩,呈条带发育。灰岩一般呈致密块状产出,颜色常为灰白、浅灰、灰、深灰、浅黄及浅红色等。纯灰岩呈青灰色,断口呈浅灰色。硬度3~4,相对密度2.5~2.8,遇稀盐酸会剧烈起泡,不溶于水,易溶于饱和硫酸,能与各种强酸发生反应并形成相应的钙盐,同时放出CO_2气体。灰岩煅烧至900℃以上(一般为1000~1300℃)时分解转化为石灰(CaO),同时放出CO_2气体。

图5-1 灯影组石板滩段灰岩采矿区(雾河村)(侯林春,2018)

灰岩用途很广,是国民经济各个部门和人民生活中必不可少的原料。主要用途有:建筑工业中用来生产水泥和烧制石灰;冶金工业中用作熔剂;化学工业中用来制碱、漂白粉及肥料等;食品工业中用作澄清剂;农业生产中用于改良土壤;塑料工业中用作填料;涂料工业中广泛用于作各种建筑涂料;造纸工业中用作碱性填料;橡胶工业中用作橡胶的基本填料;环保工业中用作吸附剂。

No.02 白云岩矿开采

任务 白云岩矿点地层层位和白云岩矿用途与土地复垦。
点位 雾河村(土三路36km+200m处,铜丰矿业有限公司采矿场)。
GPS E111°02′59.98″,N30°46′28.79″;$H=686m$。
点义 白云岩矿开采和环境恢复、土地复垦。
露头 人工,新鲜。
描述 此处白云岩矿点所属地层为灯影组白马沱段的灰白色厚—中厚层状白云岩

（图 5-2）。此处白云岩为细晶白云岩，在新鲜面上可见许多小的闪光点，属于亮晶白云岩。白云岩矿的主要用途是作为建筑材料，用于铺路。

图 5-2 灯影组白马沱段白云岩采矿区（雾河村）（侯林春，2018）

白云岩广泛用于建材、陶瓷、焊接、橡胶、造纸、塑料等工业中。另外在农业、环保、节能、药用及保健等领域也得到了应用。

1. 在冶金工业上的应用

白云岩在冶金工业中主要用作熔剂、耐火材料、提炼金属镁和镁化物。

2. 在建材工业上的应用

白云岩经适当煅烧后，可加工制成白灰（CaO），它洁白，具强黏着力、凝固力及良好的耐火、隔热性能，适于作内外墙涂料。将白云岩煅烧后，可用于制作氯化镁水泥和硫化镁水泥，因其具良好的抗压强度、抗挠曲强度，且能防火、防虫蛀的优良性能，在添加其他填料后可起到很好的防水作用，故可作地板材料，而且价格低廉。白云岩粉可用于裂隙处理和作路面铺料及水泥砂浆烧结渣。

3. 在化学工业上的应用

白云岩主要用于生产硫酸镁、轻质碳酸镁等化工原料。30%的稀硫酸和白云岩按一定比例混合、反应、分离浓缩，在温升条件下使硫酸钙沉析，所获硫酸镁溶液冷却结晶，即得硫酸镁（$MgSO_4 \times 7H_2O$）。从海水中提取 $Mg(OH)_2$，当用煅烧白云岩作沉淀剂时，也同时回收了白云岩中的 MgO，使产量增加。白云岩以煅烧、硝化、碳化、过滤分离，得重镁水，再加热分解过滤，得轻质碳酸镁[$xMgCO_3 \times yMg(OH)_2 \times zH_2O$]。轻质碳酸镁分解得轻质氧化镁，用它可烧制高纯镁砂。

4. 在农业上的应用

白云岩主要用作酸性土壤的中和剂，使用它能补偿由于农作物吸收而带来的土壤中钙和镁的损失，施用白云岩可使农作物增产 15%～40%。方解石质白云岩经处理后的农用石灰，可作为农药来防治害虫。

5. 用作填料

白云岩可用于橡胶、造纸的填料。优质的白云岩粉可作昂贵的二氧化钛填料的代用品,用作一些制品的填料,可改善制品的色度、耐风化能力,提高机械稳定性,减少收缩性和内部张力,降低吸水、吸油能力及裂缝的扩张,这类制品主要包括黏合剂、密封塑料、油漆、洗涤剂和化妆品等。

第二节 金矿资源开采与环境

路线　基地→金山矿业→月亮包尾矿库→基地。

任务　(1)掌握矿山环境问题的调查与分析方法。

　　　(2)了解矿山环境恢复治理和土地复垦与开发。

　　　(3)尾矿库及其建设。

知识链接

1. 尾矿及尾矿设施

尾矿是矿山采出来的矿石经选矿厂选出有用的物质后,剩下的像沙一样的"废渣",也就是矿石经分选出精矿后剩余的固体废料,一般是由选矿厂排放的尾矿矿浆经自然脱水后形成的固体废料。

一方面,由于技术及经济原因,有些尾矿中还含有暂时不能回收利用的有用成分,如果随意排放,就会造成资源流失。另一方面,尾矿如果随意排放,将会大面积覆没农田,淤塞河道,形成安全隐患,破坏生态环境。尾矿及尾矿水中往往含有大量的金属及其他化学成分,随意排放会造成严重的环境污染,破坏农业生产、污染地方饮用水等。因此,尾矿必须妥善处理,应采取可靠的方式堆存起来且不许流失,尾矿中的水也应当达到排放标准后才能外排。

2. 尾矿库的建设要求

(1)库区必须建在山洼处,防止污水渗到其他地方。

(2)库区必须用围墙包围。

(3)在尾矿上覆盖一层砂土保护层。

(4)在建库时,用土工布和防渗材料将库底和库四周进行覆盖,防止有毒物质渗出。

(5)对尾矿物进行沉淀和进行简单的物理化学处理,循环使用,减少污染。采用一定的化学工艺,将尾矿物进行无害化处理,或是变废为宝,尽量使尾矿物无害、有用。

3. 尾矿库选址基本原则

正确选择尾矿库库址极为重要,设计时一般须选择多个库址,进行技术、经济比价后确定。寻找库址应综合考虑下列原则。

(1)不宜位于工矿企业、大型居民区、水源地、水产基地的上游。

(2) 不应位于全国或省重点保护名胜古迹的上游。

(3) 应避免地质构造复杂、不良地质现象严重的地区，以减少处理费用。

(4) 不宜位于有开采价值的矿床上部，避免压矿给矿床的开采造成困难。

(5) 库区汇水面积要小，纵深要长，纵坡要缓，以减少排洪系统的规模。

(6) 库区口部要小，"肚子"要大，可使初期坝基建的工程量小，库容大。

(7) 一个尾矿库的库容力求能容纳全部生产年限的尾矿量。如确有困难，其服务年限以不少于 5 年为宜。

(8) 库址离选矿厂要近，最好位于选矿厂的下游方向，这样可使尾矿输送距离缩短，扬尘小，且可减少对选矿厂的不利影响。

(9) 尽量不占或少占农田，不迁或少迁村庄。

4. 尾矿库的土地复垦的要求

首先，用防渗材料做好尾矿的隔离，防止尾矿下方及周边的土壤受到污染；其次，对尾矿进行相应的化学处理，减小尾矿的污染能力；同时，在尾矿上方覆盖沙土或者土壤，培育相应植被，通过生物作用降低尾矿的污染；最后，引入根瘤菌和固氮菌，或加入微生物活化剂，提高尾矿库土壤土地肥力，加速植被对污染物的降解能力。

No.01 月亮包金矿

任务　(1) 金矿废渣的地质环境问题调查。

(2) 了解矿山的基本地质背景、开采层位、基本岩性、开采的矿种、产量等。

点位　金山矿业对面小溪旁。

GPS　E110°54′25.09″，N30°42′50.09″；$H=310m$。

点义　金山金矿围岩废渣抛弃的观察点。

描述　该金矿处于侵入岩体中的石英岩脉中，侵入岩脉分三期，第一期为白色；第二期为烟灰色；第三期伴有方解石和碳酸盐岩。洞里有水向外排出，流量较小，说明洞内围岩裂隙不发育，或裂隙不连通，或会水面积小。

金矿所在岩体为太平溪岩体，岩性为灰色中粗粒黑云角闪英云闪长石。金属元素主要含在岩体中的石英脉中，同时还有银矿、铜矿等伴生矿种。石英脉含金矿石主要由石英组成，其含量为 50%～95%。金属矿物含量为 0～15%，黄铁矿是最主要的硫化矿物，其次还有磁黄铁矿以及少量方铅矿、黄铜矿、闪锌矿。黄铁矿（FeS_2）因其浅黄铜色和明亮的金属光泽，常被误认为是黄金，故又称为"愚人金"（图 5-3）。

选矿采用全泥氰化法。具体流程是首先把含金的矿石碾成 200 目，接着用锌粉沉淀，得到金矿。金矿处理大致有两个步骤，先是用氰化物洗矿，再用汞浆洗矿，零散的金粒聚集而形成块状金块（图 5-4）。这些废液则是环境的最大污染源头，若是处理不当，会对周围环境和河流所经之地造成不可恢复。

该矿已连续开采了近 20 年,矿区面积 3.99km², 金矿年生产规模 1.5×10^4 t,黄金年产量 80kg,白银 20kg(黄金的市场价格为 16~18 万元/kg)。据该矿技术人员介绍,选矿使用的含氰废液已被循环使用,减少了对环境的污染。由于此矿围岩整体性较好,没有发生塌方等事故,但有时会因操作不当,在爆破时发生矿难。粉碎岩石造成重金属释放,随着地表径流释放到环境中去,对环境造成污染。废渣占用耕地,对耕地的生态恢复造成了一定的影响,另外,废渣堆积也可能会成为泥石流的物源(图 5-5)。

图 5-3 石英脉中的黄铁矿[二硫化亚铁(FeS_2)]
(侯林春,2018)

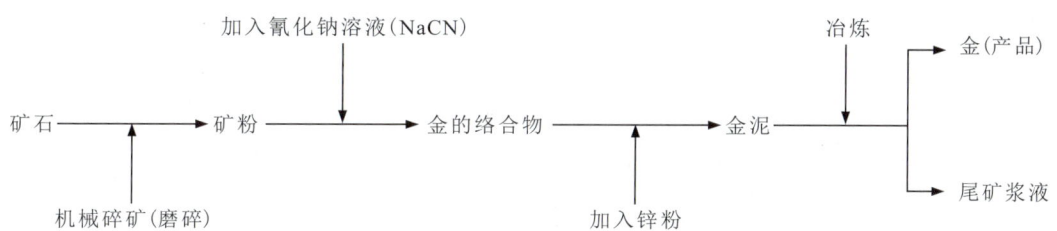

图 5-4 月亮包金矿选矿工艺

图 5-5 金山矿业的金矿围岩矿渣堆积(侯林春,2018)

No.02 尾矿库建设

任务 （1）调查尾矿库的地质环境问题。
（2）调查尾矿库的建设、运营情况。
（3）调查矿区生态恢复和土地复垦的现状。
（4）尾矿库选址的适宜性问题。
（5）观察尾矿库的建设对周围环境的影响。

点位 受月亮包金矿尾矿库污染的废弃地。

GPS E111°56′41.00″,N30°47′45.02″;H=399m。

点义 尾矿库的建设与管理观察点。

描述

1. 金山尾矿库简介

尾矿库始建于1987年,属金属尾渣库。日存放金矿尾渣50t,日产生废水125m³。月亮包金矿新尾矿库位于原尾矿库下方,占地9480m²,库容$1.8×10^5$m³,采用块石和水泥砂浆砌筑,坝长约85m,坝顶标高414m,坝底标高392m,坝顶宽4m。坝体内侧铺设土工布和高密度聚乙烯(HDPE)防渗膜,服务年限15年(图5-6、图5-7)。尾矿库下方约0.1km²的田地已被政府收购,不能在其上种庄稼,而且每隔50m都会有一条排水沟,都是用水泥砌成,防止污水渗入土中对耕地造成污染。由于尾矿库一般气味难闻,所以应建在下风向,以免影响当地的空气质量。

图5-6 金矿尾矿库内堆放的尾矿(月亮包村)(侯林春,2017)

图 5-7　金矿尾矿库坝体（月亮包村）（侯林春，2018）

2. 尾矿库存在的环境地质问题

从尾矿库坝下面的排水沟里流出的水明显受到尾矿物的污染，坝的渗透性没有控制好；尾矿堆积物在库里，未经任何处理，有环境隐患；废弃矿硐未经处理，有发生塌陷的危险。秭归金山公司开采金矿产生的矿渣很多，并直接将其堆放在附近一处平地上，破坏植被，改变了原来的地形地貌。

矿区尾矿库渗漏造成了土壤污染。该尾矿库污染土地约 $1.334\times10^5\,m^2$，政府以 1.5 元/m^2 的价格从农户手中收回污染的土地，不再种植农作物。最初，政府在污染土地上种植绿化苗木，每隔 50m 有一条 1.5m 深、1m 宽的排水沟，便于排放从尾矿库排放下来的含有氰化物的水。后来，政府将土地承包给相关公司，发展观光农业和旅游娱乐业。

第六章 旅游资源开发实习

第一节 地质遗迹资源开发

路线 基地→链子崖景区→基地。

任务 (1)链子崖景区地质灾害主题公园规划布局与服务设施的观察。

(2)链子崖景区地质灾害主题公园的主题模块和道教、佛教和儒教三教融合的归乡寺。

(3)观察新滩滑坡遗址,了解滑坡要素。

(4)绘制地质公园景区规划图,并标注主要景点。

(5)了解地质旅游资源的分类。

点位 链子崖风景区神坛处。

GPS E110°47′48.09″,N30°56′00.38″;$H=355$m。

点义 链子崖风景区地质灾害主题公园观察点。

知识链接

1. 三峡国家地质公园

1)地质公园

地质公园具有特殊的科学意义,稀有的自然属性,优雅的美学观赏价值,以一定的规模和分布范围的地质遗迹景观为主体,融合自然景观与人文景观,并具有生态、历史和文化价值;同时也是地质遗迹景观和生态环境的重点保护区,地质研究与科普的基地。地质公园的建设以地质遗迹保护,支持当地经济、文化教育和环境的可持续发展为宗旨,为人们提供具有较高科学品位的观光游览、度假休闲、保健疗养、科学教育、文化娱乐。

2)地质公园规划五原则

(1)保护第一,开发第二,坚持保护地质遗迹与地方经济发展紧密结合。

(2)以地质遗迹景观为主体,不设置人造景观和大型的旅游服务设施,注意保护景观的"原汁原味"。

(3)稀有性和精华性。

(4)观光旅游、文化旅游与科普教育相结合,面向大众,服务于大众,提高旅游质量。

(5) 注意协调好地质公园环境效益、社会效益和经济效益之间的关系。

3) 长江三峡国家地质公园(湖北)概况

长江三峡国家地质公园(湖北)西自恩施州巴东县,东抵宜昌市南津关,规划建设总面积 2500km²。行政区划涉及巴东县、秭归县、兴山县和宜昌市夷陵区、点军区、伍家区,是国土资源部批准建设的第三批国家地质公园,建设期为 2005 年至 2015 年。长江三峡国家地质公园(湖北)可归纳为"一馆,二带,9 园,11 区,46 点"。"一馆"即"三峡地质博物馆"。"二带"指分别以"长江三峡"和"宜昌—巴东高速公路"为交通枢纽线的地质遗迹走廊带。"9 园"为 9 个地质遗迹集中分布区[秭归元古代园、西陵峡震旦纪园、晓峰寒武纪园、黄花奥陶纪园、新滩地质灾害防治纪念园(志留纪园)、兴山晚古生代园、巴东三叠纪园、归州侏罗纪园和宜昌白垩纪园]。"11 区"指 11 个地质遗迹保护区。"46 点"指 46 个地质遗迹保护点。

2. 地质遗迹景观分类

地质遗迹景观分类见表 6-1。

表 6-1 地质遗迹景观分类表

大类	类	亚类
一、地质(体、层)剖面	1. 地层剖面	(1) 全球界线层型剖面(金钉子)
		(2) 全国性标准剖面
		(3) 区域性标准剖面
		(4) 地方性标准剖面
	2. 岩浆岩(体)剖面	(5) 典型基性、超基性岩体(剖面)
		(6) 典型中性岩体(剖面)
		(7) 典型酸性岩体(剖面)
		(8) 典型碱性岩体(剖面)
	3. 变质岩相剖面	(9) 典型接触变质带剖面
		(10) 典型热动力变质带剖面
		(11) 典型混合岩化变质带剖面
		(12) 典型高压、超高压变质带剖面
	4. 沉积岩相剖面	(13) 典型沉积岩相剖面
二、地质构造	5. 构造形迹	(14) 全球(巨型)构造
		(15) 区域(大型)构造
		(16) 中小型构造

续表 6-1

大类	类	亚类
三、古生物	6.古人类	(17)古人类化石
		(18)古人类活动遗迹
	7.古动物	(19)古无脊椎动物
		(20)古脊椎动物
	8.古植物	(21)古植物
	9.古生物遗迹	(22)古生物活动遗迹
四、矿物与矿床	10.典型矿物产地	(23)典型矿物产地
	11.典型矿床	(24)典型金属矿床
		(25)典型非金属矿床
		(26)典型能源矿床
五、地貌景观	12.岩石地貌景观	(27)花岗岩地貌景观
		(28)碎屑岩地貌景观
		(29)可溶岩地貌(喀斯特地貌)景观
		(30)黄土地貌景观
		(31)砂积地貌景观
	13.火山地貌景观	(32)火山机构地貌景观
		(33)火山熔岩地貌景观
		(34)火山碎屑堆积地貌景观
	14.冰川地貌景观	(35)冰川刨蚀地貌景观
		(36)冰川堆积地貌景观
		(37)冰缘地貌景观
	15.流水地貌景观	(38)流水侵蚀地貌景观
		(39)流水堆积地貌景观
	16.海蚀、海积地貌景观	(40)海蚀地貌景观
		(41)海积地貌景观
	17.构造地貌景观	(42)构造地貌景观

续表 6-1

大类	类	亚类
六、水体景观	18.泉水景观	(43)温(热)泉景观
		(44)冷泉景观
	19.湖沼景观	(45)湖泊景观
		(46)沼泽湿地景观
	20.河流景观	(47)风景河段
	21.瀑布景观	(48)瀑布景观
七、环境地质遗迹景观	22.地震遗迹景观	(49)古地震遗迹景观
		(50)近代地震遗迹景观
	23.陨石冲击遗迹景观	(51)陨石冲击遗迹景观
	24.地质灾害遗迹景观	(52)山体崩塌遗迹景观
		(53)滑坡遗迹景观
		(54)泥石流遗迹景观
		(55)地裂与地面沉降遗迹景观
	25.采矿遗迹景观	(56)采矿遗迹景观

3. 国家地质公园评价指标体系

《国家公园评审标准(试行)》中,包括了三个综合评价层:自然属性、可保属性、保护管理基础,24项评价因子。该标准突出了国家地质公园中地质遗迹的自然属性及保护工作的重要性(表6-2)。

表 6-2 国家地质公园评价指标

目标层	准则层	要素层	指标层
A 国家地质公园综合评价	B_1 资源价值	C_1 自然价值	D_1 美感度
			D_2 珍稀度
			D_3 保存度
			D_4 知名度
			D_5 规模度
		C_2 人文价值	D_6 历史文化
			D_7 宗教民俗

续表 6-2

目标层	准则层	要素层	指标层
A 国家地质公园综合评价	B_1 资源价值	C_3 科学价值	D_8 科研价值
			D_9 科普价值
	B_2 旅游条件	C_4 基础设施	D_{10} 安全卫生性
			D_{11} 分布合理性
			D_{12} 与景观协调性
		C_5 旅游环境	D_{13} 环境容量
			D_{14} 环境季节性
			D_{15} 生态环境
		C_6 区位条件	D_{16} 区域经济
			D_{17} 景点区域组合
			D_{18} 与中心城市距离
			D_{19} 可进入性
		C_7 管理服务	D_{20} 管理质量
			D_{21} 服务质量
	B_3 资源保护	C_8 保护面积适宜性	D_{22} 保护面积适宜性
		C_9 保护措施有效性	D_{23} 保护措施有效性
		C_{10} 地质条件稳定性	D_{24} 地质条件稳定性

描述 长江三峡国家地质公园（湖北）链子崖景区位于秭归县屈原镇长江西陵峡中，屹立于兵书宝剑峡和牛肝马肺峡之间。景区包含两大模块：文化模块，如图腾文化、楚文化以及屈原文化；地质灾害模块，如新滩滑坡遗址、链子崖危岩体（图6-1，图6-2）。

1. 文化模块

1）古山川祭坛

古以神道、祭坛、图腾石柱为依托，山川祭坛通过火神化链、神道敬祖等表现形式，再现了古代三峡的楚俗民风。雄伟的图腾柱都是由花岗岩雕刻而成，周围是苍龙、玄武、白虎、朱雀天然四象和二十八星宿，中间是一个中国最大的天灯（图6-3）。

2）归乡寺

归乡寺因纪念屈原归乡而得名，已有2000多年历史，它是一座道教、佛教和儒教三教合一的寺院（图6-4）。现在经过重新恢复，有财神殿、顺星殿、观音殿，供人们祈福许愿。并且通过观看纪念屈原的大型"招魂"表演，感受屈原忧国忧民和为理想而献身的精神。

图 6-1　三峡链子崖风景区门区（侯林春，2018）

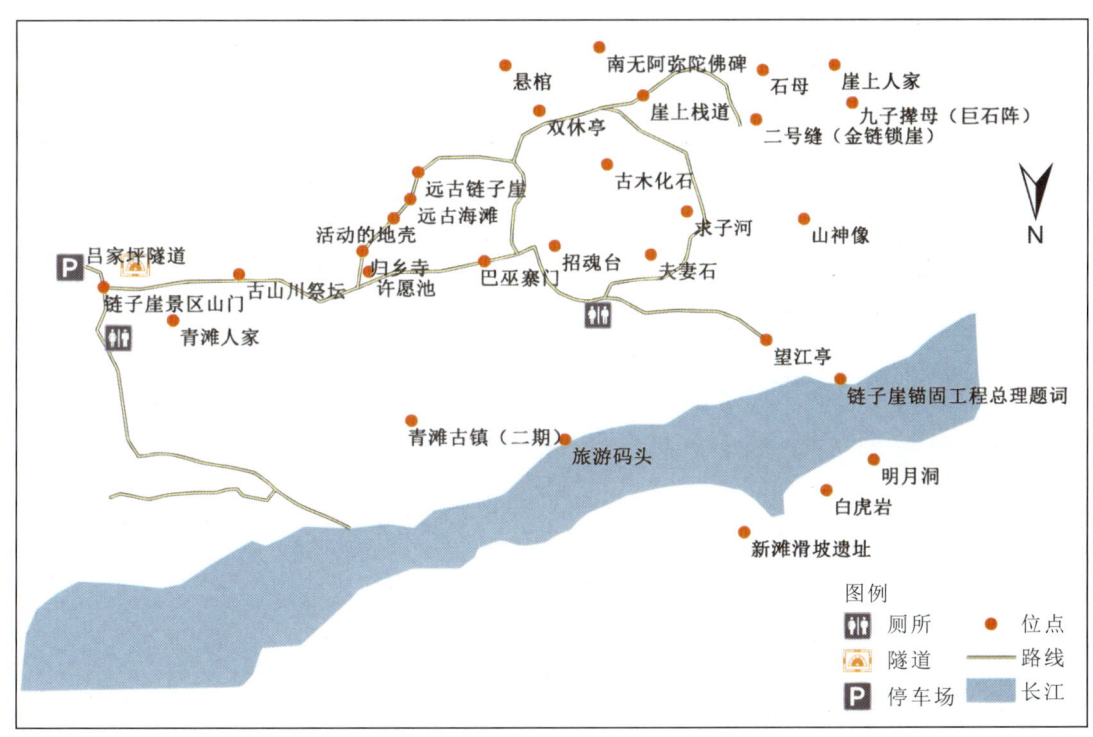

图 6-2　三峡链子崖景区导游图（陈玉 绘，侯林春 核，2017）

3) 青滩人家

青滩，亦称"新滩"。中华人民共和国成立以前，青滩是长江三峡中最繁华的一个集镇。岩崩和滑坡造成了长江巨滩，青滩便成为了长江重要的转运港。青滩人通过放滩、绞滩、领江、拉纤、商贸等生计，发展起来河铺子、饭馆、酒馆、茶馆、旅馆、手工业榨坊、磨坊、染坊、铁铺银坊等。通过恢复青滩吊脚楼、古民居、古作坊等,伴着峡江民歌,展现出古代峡江居民欢快质朴的生活和青滩古镇悠久的人文历史。

图 6-3　古山川祭坛(侯林春,2018)

图 6-4　归乡寺(侯林春,2018)

4) 巴巫寨

神秘的巴巫寨,曲径通幽,路路相通,洞洞相连,怪石丛生,别有洞天,这里面主要景点有"飞龙现天""山神坛""求子洞"、古木化石群——"煤的形成"、天然摩崖石刻——"山神像"、巴人敬奉的原生图腾——"白虎岩"、自燃自熄的"蛤蟆石天灯"等。

5) 崖上人家

链子崖山高坡陡,峡深谷幽,遗存着鲜为人知的古村落——链子崖村,30 多户几乎同一家族的后裔,原始而古朴,真切而自然。百丈悬崖上的铁链是上下山唯一之路,维系着链子崖崖上人的全部生活。曾经象征封闭、贫困的古道"链子天梯"书写着链子崖村一段久远的历史。

2. 地质灾害模块

1) 链子崖危岩体

(1) 危岩体。斜坡岩体中被陡倾的张裂隙面分割,而且具有临空面,有崩塌的岩石块体。

(2) 危岩体形成条件。岩性:厚层坚硬灰岩、白云岩;裂隙:尤其是平行临空面的陡倾张裂隙;地形条件:地形强烈切割,高陡斜坡,一般坡度大于 45°,即地形切割强烈,高差愈大,潜力越大,动量和动能越大;气候条件:干旱半干旱区,由于物理风化强烈,季节变化导致孔隙水冻胀等;其他因素:如短时裂隙静水压力、地震、爆破等。

(3) 链子崖危岩体。链子崖危岩体位于长江南岸兵书宝剑峡出口陡崖处,与新滩滑坡隔江相望。陡崖由坚硬的二叠系栖霞组灰岩夹多层薄层碳质条带钙质泥岩组成,底部有 1.6~4.2m 厚的煤系地层。由于自身荷载、风化、溶蚀作用以及崖下煤层大面积采空,造成陡崖临空地带的灰岩岩体不均匀变形,追踪近南北和近东西向的两组构造裂隙,形成一系列与临空面近平行的张裂缝(图6-5)。

(4)防治工程。锚固工程:针对缝区进行预应力锚索;抗滑栓:对崖底平碹煤层部位加设抗滑栓,以增大岩体沿煤层面的抗滑力;防水工程:裂缝盖板,排水沟系统;猴子崖拦石墙工程。

2)滑坡

滑坡是指斜坡上的岩土体在重力作用下沿一定的软弱面"整体"或局部保持结构完整向下运移的过程和现象

图6-5 链子崖危岩体

及其形成的地貌形态。通常具有双重含义,可指在重力地质作用下斜坡岩土体的运移过程,也指重力作用下斜坡岩土体运移后的结果。广义的滑坡是斜坡岩土体失稳后向下运动的统称。

(1)滑坡要素包括:滑坡体、滑坡床、滑坡面、滑坡周界、滑坡后壁、滑坡台阶、滑坡洼地、滑坡舌、滑坡中轴(主滑方向)等(图6-6)。

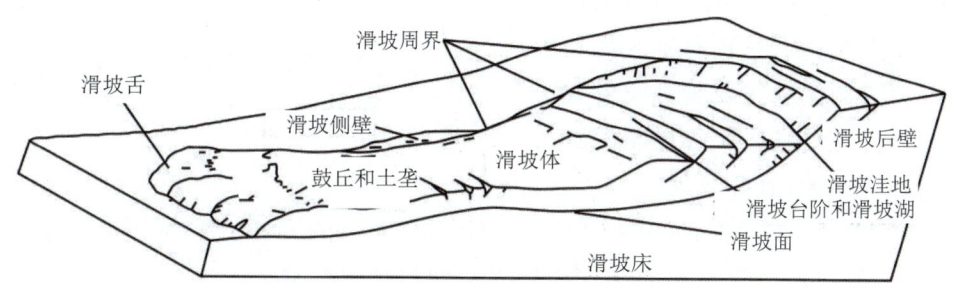

图6-6 滑坡的组成要素

(2)滑坡的形成因素包括:地形地貌;如果是土质滑坡,看滑坡的物质组成,岩体滑坡看岩性、产状、裂隙发育情况;地下水对其影响;人为因素。

(3)监测工程包括:地表监测手段:地表巡查,地表位移变形监测。深部监测手段:钻孔倾斜(倾斜)仪,应力计,测地下水(孔隙水压力,水头)。

(4)滑坡治理措施包括:绕:回避;削:削地卸荷、削坡压脚;挡:抗滑桩、挡土墙;排:截水沟、排水沟,即排地下水和地表水;护:护坡;改:改变滑体物质性质。

3)新滩滑坡

新滩属软硬岩层相间分布区,走向垂直

于长江河道,向西倾斜,形成陡崖缓坡,加上岩层节理发育在流水的作用下,形成一道道溶蚀岩缝、冲沟,一旦岩层重力失去平衡更容易发生岩崩、滑坡等山体变形。新滩滑坡遗址见图6-7。

湖北省秭归县新滩镇长江北岸岸坡于1985年6月12日发生巨型堆积层滑坡。滑坡体土石总体积约$3×10^7 m^3$,将千年古镇——新滩镇全部摧毁,并堵塞了1/3的长江江面。由于湖北省西陵峡岩崩调查工作处等单位对该滑坡进行了10余年调查研究和动态监测,较准确地做出了临滑警报,当地政府及时组织群众撤离险区,滑坡区内新滩镇无一人伤亡,避免了一场大的灾难。

图6-7 新滩滑坡遗址

第二节 峡谷地貌景观开发

路线 基地→三峡竹海景区→基地。

任务 (1)泗溪峡谷形成与演化过程。

(2)绘制三峡竹海景区规划图。

(3)泗溪峡谷地貌开发方式。

(4)了解景区服务设施配置。

点位 三峡竹海五叠泉处。

GPS E110°54′26.37″,N30°42′51.29″;$H=333m$。

点义 三峡竹海旅游景区的开发与峡谷地貌演化观察点。

知识链接

1. 峡谷形成的原因

峡谷是深度大于宽度,谷坡陡峻的谷地。一般发育在构造运动抬升和谷坡由坚硬岩石组成的地段。当地面隆起速度与下切作用协调时,易形成峡谷。

峡谷最基本的成因有两个,即地壳抬升与流水下切,这是地球内外力地质作用对立统一的结果。峡谷主要是在新构造运动中形成的,即是在第三纪末期以来发生地壳的抬升地区形成的。地壳边抬升,流水边切割,经历数百万年的地质时期才形成今天的峡谷景观。

岩性与构造条件也会影响峡谷的形成。岩性需坚硬而性脆,在这种岩性中容易发生

较大断裂,同时岩性坚硬又使两岸谷坡易于保存;而构造条件要求有断裂通过,使流水易于切割形成谷地。

2. 峡谷的分类

根据峡谷所处的河段及其形态和地质营力的差异,可将峡谷分为以下两类。

第一类是位于河流中上游主河道上的峡谷。这类峡谷除具备峡谷的一般特点外,还具有规模较大、江面宽、流量大、可通航、流水以垂直侵蚀作用为主等特征。

第二类是河流支流接近河源地段的峡谷。这类峡谷最大的特点是具有山区溪流性谷地的特征。谷地更狭窄,两岸更陡峭,横剖面"V"字形更明显;纵剖面上坡降更大,多跌水、深潭与小瀑布。流水垂直侵蚀作用与溯源侵蚀均很强烈。峡谷中多堆积由两岸及上游由于崩塌作用而形成的巨大块石。此类峡谷水量较小,水浅而一般不可通航。

3. 国内外峡谷型生态旅游景区开发

(1)国外峡谷型生态旅游景区开发的重要前提均包括对景区自然景观和自然生态的保护,而我国的峡谷型生态旅游景区开发模式尚有待完善,开发生态旅游的指导思想也处于启蒙阶段。

(2)为特种旅游而开发的国外著名峡谷,特别重视自然生态的严格保护,并且均作为生态科教的野外基地,而国内此类开发尚处于起步阶段,且以发展旅游经济为目的,对游客的生态教育和人文关怀意识还有待提高(表6-3)。

表6-3 国内外峡谷旅游景区开发比较

	峡谷名称	区位	开发模式	产品类型	开发特点
国外	科罗拉多大峡谷	美国亚利桑那州西北部	美国国家公园的开发模式	生态观光、探险科考、徒步拓展、野营、生态度假	严格保护自然环境,注重科学和生态教育,旅游方式和产品的多样化
	立山黑部峡谷	日本富山县	休闲度假旅游综合开发模式	开辟专门的度假区,形成了不同档次的度假产品	自然景观和人文景观结合,提供多样的观景方式,注意自然景观的保护
	乌杜邦峡谷	美国旧金山	社区开发模式	环境教育产品	环境教育模式,志愿者服务,非盈利性质的公益性组织
国内	虎跳峡	云南省中甸县	观光旅游、徒步探险和极限运动综合开发模式	观光、徒步和探险	突出峡谷旅游的特色,地方居民积极参与,但开发层次低、投入少
	怒江大峡谷	滇西北"三江交流"国家级风景区的核心地带	集生态、文化、科考三位一体的开发模式	生态旅游产品、民族风情和科考旅游产品	人文和自然资源的结合,民俗文化、科考旅游的产品化经验
	金丝大峡谷	陕西省商南县	构筑以森林公园为主体的旅游业骨架开发模式	文化观光、科普教育、休闲度假、森林旅游	以森林公园为契机,把生态旅游作为强县富民的新产业

4. 峡谷旅游资源综合评价指标体系

依据《旅游资源分类、调查与评价》国家标准，构建旅游资源评价的层次结构模型。选取对评价结果影响较大的"资源要素价值""资源影响力""环境条件"3个一级指标，并将评价指标体系分为3个层次（表6-4）。

表6-4 高山峡谷旅游资源综合评价指标体系

目标层	综合因素层	评价指标层
A 峡谷区旅游资源质量评价	B_1 资源要素价值	C_1 观赏游憩使用价值
		C_2 历史文化科学艺术价值
		C_3 珍稀奇特程度
		C_4 规模、丰度与概率
		C_5 完整性
	B_2 资源影响力	C_6 知名度和影响力
		C_7 适游期或使用范围
	B_3 环境条件	C_8 环境保护
		C_9 环境安全

描述

1. 三峡竹海生态风景区

三峡竹海生态风景区又名泗溪生态旅游区，位于湖北省秭归县茅坪镇内，地处长江南岸，旁依三峡大坝。路幽径远，风清气爽，内有翠竹万亩，名竹三百，沿溪沿路，漫山遍野，有风拂过，竹浪如海，因此有名（图6-8）。

三峡竹海生态风景区自然景观融山、竹、树、洞、瀑为一体。山景奇特，有玉兔峰、枫竹岭、"金鸡报晓"等自然景观。泗溪水景优美，竹海浴场泛竹排，藤桥上面看怪，碧水长阶赏水花，土地岩边找迷泉。泗溪竹类有300余种，面积达$6.67km^2$，有国家保护树种铜钱树，人称"摇钱树"。溶洞比较发育，有龙王洞、白岩洞、鱼泉洞等近10个洞穴。

景区内三吊水瀑布落差高达389m，是少见的高瀑之一，分三级飞流直下，雾气冲天，彩虹横跨。并有典型溶洞发育，区内水资源丰富，形成树枝状水系，瀑布飞洞，激流奔腾，植被茂密，温暖湿润，四季分明。这里有猕猴、野山羊等几十种野生动物繁衍栖息，为景区平添了无限的生机，是不可多得的生态旅游区（图6-9）。

在景区停车场处可以看到弧形的陡崖，这是由早期落水洞与天坑演化而来，是在石龙洞组地层上发育而来的雁形排列的张节理。

三峡竹海生态风景区"八大"特色景观：

圣水天上来——水似天上奔腾而下，却难以探明其源头；

图 6-8　三峡竹海景区的门区（向书平，2019）

养生在竹海——畅游其中，犹如置身世外，空气清新，令人神清气爽；

天挂五叠水——五级瀑布似天边直挂谷底，高达 491m，是亚洲最高的瀑布之一；

人间百竹苑——气质独特，孕育了 300 多种竹子，是竹文化、竹科普极佳之地，也是品味笛箫诗画意境之地；

泛舟圣水湖——竹排荡漾，龙舟起舞，欢歌笑语，激情飞扬；

健身柳林寨——智慧和勇气在这里拓展；

溯溪圣水洞——溯溪而上，探寻圣水湖的神秘，求索欢乐源头；

膳食滴翠楼——把酒圣水湖光，对歌滴翠山色，品尝竹海山珍。

2. 三峡竹海生态风景区景观开发构想

三峡竹海生态风景区的开发构想，是在对景区原生资源全方位把握的基础上，从山水地形着手，对景区景点进行经营布局。以生态景观为主线，有主有次，有张有弛。规划将全区划分为一个旅游集散中心、两个旅游服务接待点、四大风景游览区（图 6-9）。

1）生态旅游区的门户——日月坪集散中心

集散中心设于风景区东北入口日月坪处，主要功能是人流集散、交通换乘等，并规划一定规模的接待床位、餐饮和商业购物等旅游服务设施。景区入口大门设计为生态植物门造型，引水形成叠泉，从视觉形象上渲染感应气氛，成为景区生态景观序列的前奏。

2）千年古洞的探奇——顺阳溶洞探奇区

此区毗邻风景区入口，区内溪水潺潺，山势高峻，以溶洞开发为重点。规划于洞口拦

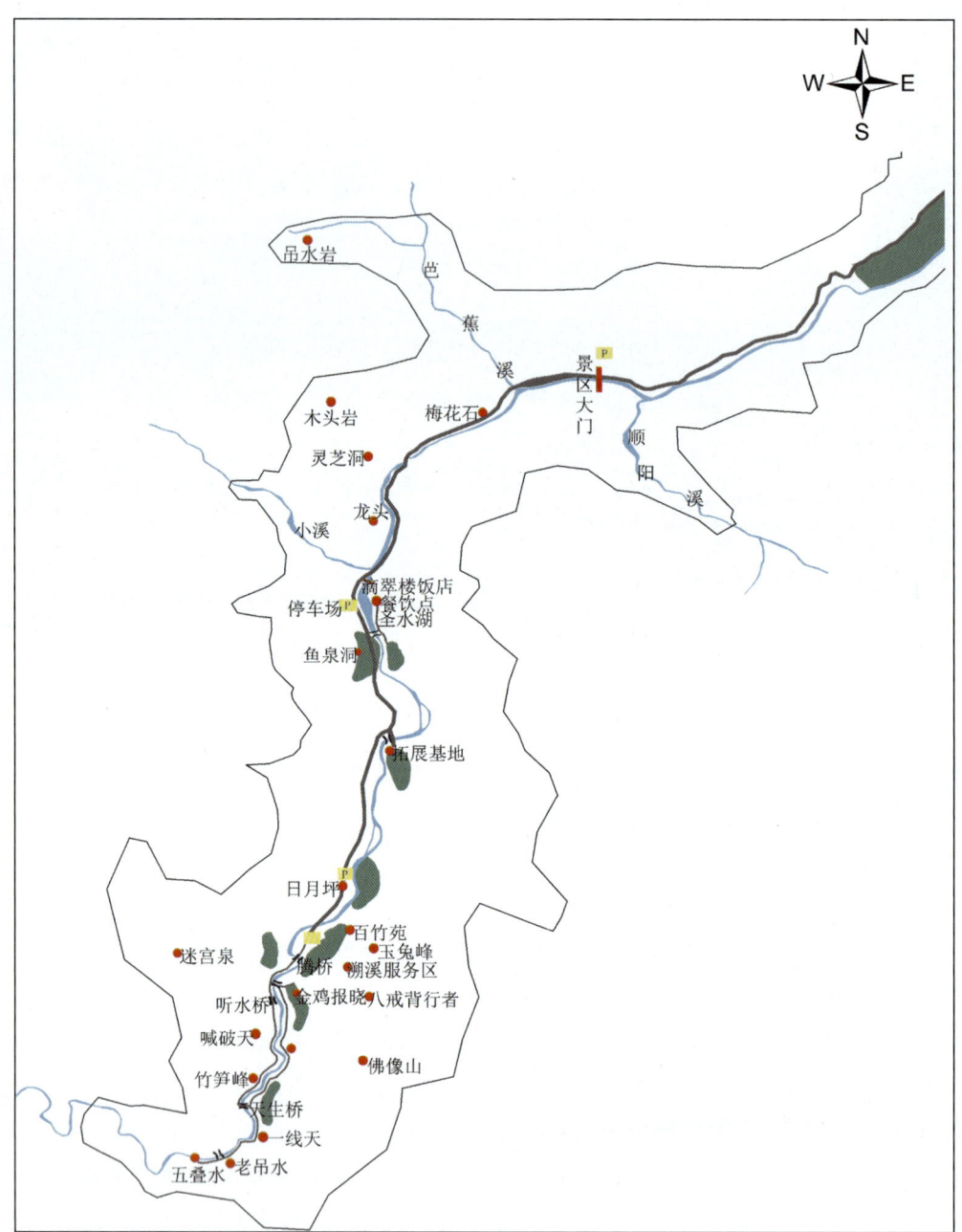

图 6-9　三峡竹海景区景点分布示意图(李金鑫 绘,侯林春 核,2016)

坝蓄水成潭,通过仿古栈道沿悬壁或经由颇有民族情韵的竹吊桥通达洞口,形成融"碧潭、吊桥、古洞"为一体的立体景观。

3) 秀丽山景的揽胜——芭蕉观光游览区

此区植被丰富,环境幽雅,苍山翠岭,流泉飞瀑,岩溶地貌发育。区内适当选点建揽胜亭,一览谷间群峰——"芭蕉峡—骆驼峰—狮子戏绣球",区内两株参天古柏经保护性开发成观赏性景点。此外,区北设一望瀑台,站于台上,见北面一"摩崖白练",凌空直下,令人叹为观止。

4) 中华名竹的共享——小溪名竹主题公园

位于景区中部的小溪景区竹林茂密如海,溪水从林中穿过,景致幽雅且极富文化底蕴。本区开发以竹文化旅游为核心,提高生态旅游区的文化品位。规划在现有竹林基础上,引种名竹,形成中华名竹基地及名竹主题公园。

5) 瀑布奇观的吸引——五叠水休闲生态区

本区深藏幽谷,自然景致绮丽动人,溯溪而上,步移景换,可谓"青山隐隐水迢迢",是三峡竹海生态旅游区景观序列高潮所在。为使游客更好领略飞瀑气势,规划在陡坡上开辟盘山小径通达瀑顶(图 6-10)。同时,将本区入口处的大溪纸厂改造成造纸作坊,达到科普教育目的的同时增强游客的参与性。作为休闲生态区,区内还规划有野营场、烧烤园、天然浴场、猕猴谷等旅游项目。

图 6-10 三峡竹海主景区(左,五叠水;右,滑竹筏)(王罡,2019)

6) 旅游区的接待服务次中心——两处旅游服务点

两处服务点分别设在小溪溪口及大溪纸厂处,各建适当规模的餐厅、副食等餐饮服务设施,并在造纸作坊处规划数栋竹篱客舍。考虑到旅游旺季的需求,在客舍不能满足游客量的增长时,拟通过部分农民住房来解决,旺季时整理部分农户空闲房,吸纳高峰时期满溢出来的游客。

第三节 文化旅游资源开发

路线　基地→屈原故里景区→基地。
任务　(1)了解民俗文化、屈原文化和文化资源开发的方式。
　　　　(2)景区服务设施配置。
　　　　(3)景区景点布局与地形地貌的关系。
　　　　(4)绘制屈原故里景区规划图。
　　　　(5)了解屈原祠的风水特征。
点位　屈原故里景区。
GPS　E110°58′51.86″,N30°49′35.11″;$H=190m$。
点义　文化资源的旅游开发方式观察点。

知识链接

1. 屈原文化

屈原是伟大的爱国诗人,也是诗体——楚辞的代表人物,开创了中国诗歌从集体歌吟到个人创造的新时代,形成了"骚体文化"和"楚文化"。屈原文化是以屈原的人生经历和诗歌创作为基底,在漫长的社会发展过程中逐渐发展起来的,它包括完美的精神人格魅力、坚持真理的献身精神和"忠、正、清、高"的道德标准。屈原文化有别于西方"罪感"文化,它是一种"耻感"文化。物质层面上,屈原文化包括喝黄酒、吃粽子、划龙舟和熏艾草等文化因子。屈原文化是中国传统文化的重要组成部分,蕴含着鲜明的荣辱观,弘扬屈原文化应从知荣明辱做起。

2. 全域旅游

全域旅游是指在一定区域内,以旅游业为优势产业,通过对区域内经济社会资源尤其是旅游资源、相关产业、生态环境、公共服务、体制机制、政策法规、文明素质等进行全方位、系统化的优化提升,实现区域资源有机整合、产业融合发展、社会共建共享,以旅游业带动和促进经济社会协调发展的一种新的区域协调发展理念和模式。

在全域旅游中,各行业积极融入其中,各部门齐抓共管,全城居民共同参与,充分利用目的地全部的吸引物要素,为前来旅游的游客提供全过程、全时空的体验产品,从而全面地满足游客的全方位体验需求。全域旅游所追求的,不再停留在旅游人次的增长上,而是旅游质量的提升,追求的是旅游对人们生活品质提升的意义,追求的是旅游在人们新财富革命中的价值。

3. 生态文化

生态文化指以崇尚自然、保护环境、促进资源永续利用为基本特征,能使人与自然协调发展、和谐共进,促进实现可持续发展的文化。生态文化的形成意味着人类统治自然的

价值观念的根本转变,这种转变标志着人类中心主义价值取向到人与自然和谐发展价值取向的过渡。

4. 文化旅游

文化旅游立足于文化资源,并强调满足游客的文化需求。一方面,文化旅游是指以文化旅游资源为支撑,旅游者以获取文化印象、增智为目的的旅游产品。另一方面,文化旅游是指旅游者为实现特殊的文化感受,对旅游资源内涵进行深入体验,从而得到全方位的精神和文化享受的一种旅游类型。

5. 文化旅游开发模式

大致说来,常见的文化旅游开发模式可归纳为以下七种类型。

1) 整合提升型

整合提升型即整合一个区域的旅游文化资源或者多个区域的多种旅游文化资源,集中包装、提炼,采用人造景观的方式比拟再现传统文化的模式。

2) 原地浓缩型

原地浓缩型即在当地选取合适地段兴建以当地文化旅游为主题的主题园,集中呈现其文化旅游的精华。

3) 主题附会型

主题附会型指将文化旅游主题与某一特定功能的旅游业设施结合起来,形成相得益彰的效果。

4) 直接利用型

直接利用型即直接把现实的文化旅游资源开发成旅游产品,并保持其原貌的开发模式。

5) 短期表现型

短期表现型是指充分利用一些特定的、短暂的文化旅游资源(只存在于很短的时间内,只能激发短暂的旅游人流),助推一定区域旅游业突击发展的开发模式。

6) 复原历史型

复原历史型即对已失传的传统文化,按照历史记载挖掘题材,恢复历史面貌的一种开发模式。

7) 虚拟型

虚拟型是指根据一些旅游文化资源本来较为贫乏的区域的相关传说或历史故事营造各种自然景观、历史性场景以吸引游客的一种文化旅游开发模式。

6. 风水学

风水是古代先哲们研究天文地理与人类休养生息的一门学问,其核心是气场的优选和优化组合。总体来说,风水学就是人对环境的优选学,是从古代沿袭至今的一种文化现象。风水的本质是气场,核心理论是天人合一。例如,房子依山傍水,还需要注意房子前低后高,中间地平,光线充分,面向东南、南或西南。山在后面让人有安全感、依靠感,水在前面有远见、有智慧、有富裕感,这就是山水给人的气场。

中国风水学主要分为两派:形势派和理气派。形势派注重觅龙、察砂、观水、点穴、取向等辨方正位;而理气派注重阴阳、五行、干支、八卦九宫等相生相克理论,并且还建立了一套严密的现场操作工具,确定选址规划方位。中国风水学无论形势派还是理气派,都必须遵循三大原则:天地人合一原则,阴阳平衡原则,五行相生相克原则。

需要特别指出的是,尽管中国风水学有自己的一套严密推理和工具,但因为缺乏科学性,还是被定性为玄学。我们可以把中国风水学视为中国传统的人地关系理论进行了解。

7. 非物质文化遗产资源旅游开发价值评价指标体系

非物质文化遗产资源旅游开发价值评价体系层次结构是由目标层、综合评价层、要素评价层、因子评价层和指标层构成的。该评价体系由 5 个层次构成,最终的评价指标共有 28 个(表 6-5)。

表 6-5 非物质文化遗产资源旅游开发价值评价指标

目标层	综合评价层	要素评价层	评价因子	评价指标
非物质文化遗产资源旅游开发价值	资源禀赋条件	遗产文化价值	遗产等级	遗产等级
		传承与影响范围	流行影响范围	流行地区的人口
				流行地域的范围
			传承群体的集中度	集中传承的范围
		产品衍生性	舞台表演	进行舞台化表演的适宜性
				进行舞台化表演的观赏性
			过程展示	进行现场展示的适宜性
				进行现场展示的观赏性
			收藏性作品	产生收藏性作品的适宜性
			实用性物品	产生实用性物品的适宜性
		传承与创新潜力	社会参与程度	群众参与的积极性
			传承艺人的数量规模	传承群体的个数
				学徒的招收情况
			遗产的开发创新潜力	对遗产的研究整理情况
				拥有传承人的级别
	可展示与体验性	游客体验性	美感度	游览观赏的美感度
			体验过程的趣味性	旅游过程的趣味性
			可参与性	开展游客参与活动的适宜性
				参与活动的效果
		可展示性	可展示方式的多样性	展示方式的多样性
			可展示内容的丰富性	展示内容的丰富性
		吸引目标群体	大众游客	大众游客的市场规模
			专门化游客	专门化游客规模

续表 6-5

目标层	综合评价层	要素评价层	评价因子	评价指标
非物质文化遗产资源旅游开发价值	遗产地旅游发展条件	旅游设施	交通条件	集中传承遗产地交通可进入性
			旅游住宿设施	遗产地的住宿设施条件
		旅游业发展情况	旅游人次	遗产地的旅游人次规模
			旅游景区质量等级	遗产地的景区等级
			旅游产业规模	遗产地的旅游产业规模

描述 秭归县屈原故里景区位于湖北省秭归县城东部的凤凰山上,总面积 0.333 3km², 绿化面积 1.2×10^5 m², 含花草树木 170 多种。园区从 2006 年始建,经 5 年全面竣工,是三峡工程截流蓄水后三峡库区古建筑的重要复建地,举世瞩目的屈原祠就搬迁在这里。2006 年春至 2010 年底,屈原故里景区共投资 3000 多万元建成绿化项目 9 个,具体为:三峡民居绿化、南北广场绿化、山体植被改造、消防道路绿化、滨湖景观带绿化、屈原祠山门前绿化、电瓶车站绿化、生态停车位绿化、屈原祠建筑群绿化。

1. 屈原故里景区

屈原故里景区是国家进行重点文物保护的 AAAAA 级旅游景区,位于湖北省秭归县城东部的凤凰山上,邻接三峡大坝,直线距离大约 600m,是观赏三峡大坝,游览高峡平湖的最佳地理位置(图 6-11、图 6-12)。

图 6-11 屈原故里景区景点分布示意图(张先毓 绘,侯林春 核,2016)

图 6-12　屈原故里景区实景图(王罡,2019)

2. 屈原生平介绍

屈原,名平,字原,约生于公元前 340 年正月初七,卒于公元前 278 年五月初五,享年 62 岁。屈原出生在楚国贵族家庭,楚武王熊通之子屈瑕的后代,中国最伟大的诗人之一。屈原早年受楚怀王信任,任左徒,常与怀王商议国事,参与法律的制定。同时主持外交事务,主张楚国与齐国联合,共同抗衡秦国。在屈原努力下,楚国国力有所增强。但由于自身性格耿直加之他人谗言与排挤,屈原逐渐被楚怀王疏远。由于他的改革主张触及了旧贵族的利益,因而一而再地遭谗被贬,直至被流放到湘江流域,眼看郢都被占,理想破灭,他忧愤填膺,怨沉汨罗。屈原生活的年代,正值战国中后期,当时的楚国正由盛转衰。

屈原作品和神话有密切关系,但又关注现实,作品里反映了现实社会中的种种矛盾。大体说来,《离骚》《天问》《九歌》可以作为屈原作品三种类型的代表。

3. 景区内部规划与主要景点介绍

屈原故里景区有三大园区,包括以屈原祠、屈原陈列馆、屈原衣冠冢为主要内容的屈原文化园区;以青滩仁村、崆岭纤夫雕塑、牛肝马肺原物复建、龙舟博物馆、端午习俗馆、高峡平湖观景平台等为主要内容的峡江文化园区;以峡江皮影、巫术表演、船工号子为主要内容的非物质文化园区。

1) 屈原文化园区

屈原文化园区由屈原广场、屈原祠山门、前殿、南碑廊、北碑廊、南陈列馆、北陈列室、大殿和屈原墓组成。

屈原广场:广场采用与屈原祠中轴对称的手法,中央设过道和旱喷,中心圆的铺装采用经典凤纹纹样,与主入口雏凤的主题相呼应。屈原广场旨在表达屈原精神和人格的升华,整个广场以"凤凰涅磐"为主题。

屈原祠山门:屈原祠山门保持了宋代清烈公祠的原貌,山门为四柱三楼式牌坊,正中额题"清烈公祠"四字,两侧榜题"孤忠""流芳"。牌楼正面,中为天明堂,左右为二龙盘柱,中嵌郭沫若题"屈原祠"三字。

前殿:木质结构,殿内主要展陈的是历代屈原祠的微雕模型。

南碑廊:南碑廊主题为"逸响伟辞",雕刻了屈原一生的著作诗篇,包括《离骚》《天问》《九章》《九歌》等。

北碑廊:主题为"诗咏屈子",雕刻了历代名家诗人歌颂屈原的诗句。

南陈列馆:共分为六个主题,即"东方诗魂、社稷兴衰、荆楚风韵、激情浪漫、琦玮天问、异彩纷呈"。

北陈列室:主题为"千古遗响",主要展出的是屈原对后世的深刻影响。

大殿:殿内主设屈原青铜像,设计外形为"低头沉思,顶风徐步",表现了屈原爱国爱民的满腔激情和孤忠高洁的精神境界。

屈原墓:占地 120m^2,墓前三排六柱八字开扇。外石柱镌有"泪水怀沙千古遗恨,归山枕抽万世流芳"楹联。四根内柱的楹联是"崔嵬丰碑矗大地,凛然浩气贯长虹","千古忠贞千古仰,一生清醒一生忧"。墓中有一通道,透过石门可窥见一红漆古棺悬吊其内,俗称"屈原吊棺"。

2)峡江文化园区——以青滩仁村为代表

青滩仁村位于长江西陵峡的南岸,起源于晋太原二年,距今已有 1600 多年的历史。早年的仁村分为上仁村和下仁村。为了使古老淳朴的文化更好地展现保留下来,这里完整地布展还原成当时的古村落。现在的仁村由端午习俗馆、龙舟馆、农耕馆、青滩民俗馆、三峡奇石馆、蒙馆、皮影馆、茶馆组成,而这些展陈馆内主要是以秭归民间非物质文化遗产展示为主。

江渎庙,系古人为祭祀长江而建,始建于北宋时代,清同治四年进行维修。江渎庙是我国江、淮、河、济四大渎庙之首,也是目前保存最完好的庙宇之一。

3)非物质文化园区——以皮影戏、长江船工号子等为代表

(1)皮影:皮影最早诞生在 2000 多年前的西汉,峡江皮影又称"灯影戏",俗称"影子戏"。皮影是采用皮革为材料制成的,出于坚固性和透明性的考虑,又以牛皮和驴皮为佳,上色主要用红、黄、青、绿、黑等纯色颜料。皮影人物可以分为生、旦、净、末、丑五个角色。2009 年,秭归皮影正式被列为"湖北省非物质文化遗产"(图 6-13)。

(2)长江船工号子:大约在清朝中期,逐渐兴起号子,并产生了专门的号子头。号子头根据江河水势和明滩暗礁对行船的危险性,编创出一些不同节奏、不同音调、不同情绪的号子,具有雄壮激越的音调,又有悦耳抒情的旋律,在行船中起着统一摇橹扳动作和调剂船工急缓情绪的作用。

图6-13 屈原故里景区民俗文化表演（侯林春，2018）

图6-14 屈原故里主景区——屈原祠（侯林春，2018）

4. 屈原故里景区规划理念

1）因地制宜、依山就势、师法自然

屈原故里景区在整体规划中依山就势,根据山体走势和景区功能进行了分区建设,由"五区三带九景"组成,"五区"为北门入口区、三峡居民集锦园区、主题雕塑景区、南门入口区、屈原纪念区;"三带"为滨江花径观光带、四季景观林带、次干道林荫景观带;"九景"为"重阳思古""晨霜秋柿""枫林醉秋""橙红橘绿""苍松叠翠""清风竹韵""桂月迎秋""寒梅香雪""桑林问茶"。

2）尊重历史、弘扬文化、突出特色

凤凰山有它独特的历史背景和文化渊源,绿化规划中也充分考虑了特有的历史背景和文化习俗。充分考虑屈原文化与三峡居民文化和历史渊源,通过植物造景,营造屈原文化独有的氛围,通过乡土植物的应用,营造三峡文化特有的气氛。没有采用景观园林规划中的大手笔,而是精雕细刻,充分突出地方特色。

3）构建群落、丰富景观、合理分区

在充分利用乡土植物的同时,积极引进秭归地区适应性良好的植物种类,以满足景区四季景观变化的需要,体现植物多样性和景观多样性的特点。各景区景点植物选择各有特点,不同区段的植物构成连续变化的风景线,而各景区的特点也得以体现。

4）适度开发、统一规划、分步实施

生态脆弱地段突出生态保护功能,有利于景区的可持续发展。注重近期与远期相结合,注重大片造林与局部造景相结合,注重精致与细微相结合。

第四节　工程旅游资源开发

路线　基地→三峡大坝旅游区→基地。

任务　(1)三峡大坝的结构与选址。

　　　　(2)三峡大坝景区开发与规划。

　　　　(3)景区内景点旅游路线。

　　　　(4)绘制三峡大坝景区规划图。

点位　三峡截流园景区。

GPS　E110°00′19.61″,N30°48′45.89″;$H=101m$。

点义　三峡大坝景点布置与开发观察点。

1. 工程旅游

工程旅游是指以人类建造的各个时期的对当时或后期社会产生重大影响的并能反映当时社会发展水平的各类大型工程为对象,对大型工程的修改、扩大、建设施工原理、施工过程、施工场景以及建成后的工程景观和工程所在的周边环境进行参观、游览、考察或休闲活动的主题旅游活动。

2. 中国大型工程旅游景观

"大型工程"是指"为了生产、交通、水利、军事、科技等需要而兴建的,与国计民生关系密切的国家级重大建设工程"。作为人文类旅游资源,这些工程具有时代性、特殊性和科技性,并且有不同的类别。

根据兴建年代分为古代大型工程和现代大型工程,前者如长城、都江堰、大运河等,后者如葛洲坝水利枢纽、南京长江大桥、北京亚运村等。

根据功能属性分为军事防御工程如长城(含关口)和城墙、地下战道、炮台等,水利工程如京杭大运河、都江堰、浙东海堤、黄河大堤、三门峡水库、坎儿井等,交通工程如古驿道、栈道、桥梁、隧道、海港等,其他工程如古天文观测建筑、电视塔等。

3. 三峡大坝选址三斗坪的原因

(1)坝址位于中等宽河谷的太平溪岩体(黄陵岩基核部)上,此处适合布置地下厂房,工程防护条件较好,具备兴建混凝土高坝的地质条件。

(2)坝址的花岗岩,岩性均一,岩体完整,力学强度高;岩体透水性微弱。

(3)2000年来的历史记载表明:以坝址为中心的半径320km范围内,地震水平不高,强度小,频度低,属典型弱震环境。国家地震局地震烈度评定委员会将坝址区地震基本烈度定为Ⅵ度。

描述

1. 三峡大坝组成部分

1) 三峡水电站

三峡水电站由左岸电站、右岸电站、右岸地下电站和电源电站组成,是世界上规模最大的水电站。三峡水电站最大输电半径为1000km,机组所发电能主要送往华中、华东和广东等地区。拦河大坝为混凝土重力坝,泄洪坝段居中,两侧为电站厂房和非溢流坝段。三峡大坝为混凝土重力坝,坝顶总长3035m,水库正常蓄水位175m,总库容3.93×10^{10} m^3,其中防洪库容2.215×10^{10} m^3,能够抵御百年一遇的特大洪水。航运能力将从现有的1×10^7 t提高到5×10^7 t,万吨级船队可直达重庆。

(1)大坝:拦河大坝为混凝土重力坝,坝轴线全长2309.47m,坝顶高程185m,最大坝高181m;泄洪坝段位于河床中部;电站坝段位于泄洪坝段两侧,设有电站进水口。三峡大坝的结构上共有77个孔(不包括26个电站进口),包括22个导流底孔、7个排沙孔、23个泄洪深孔、3个排漂孔和22个溢流表孔(图6-15)。

(2)水电站:水电站采用坝后式布置方案,共设有左、右两组厂房,安装26台水轮发电机组,其中左岸厂房14台,右岸厂房12台,年均发电量8.49×10^{10} kW。

(3)通航建筑物:包括永久船闸和升船机,均位于左岸山体内。我们常用"大船爬楼梯(五级船闸),小船坐楼梯(升船机)"来比喻三峡大坝通航。五级船闸的总设计水头为

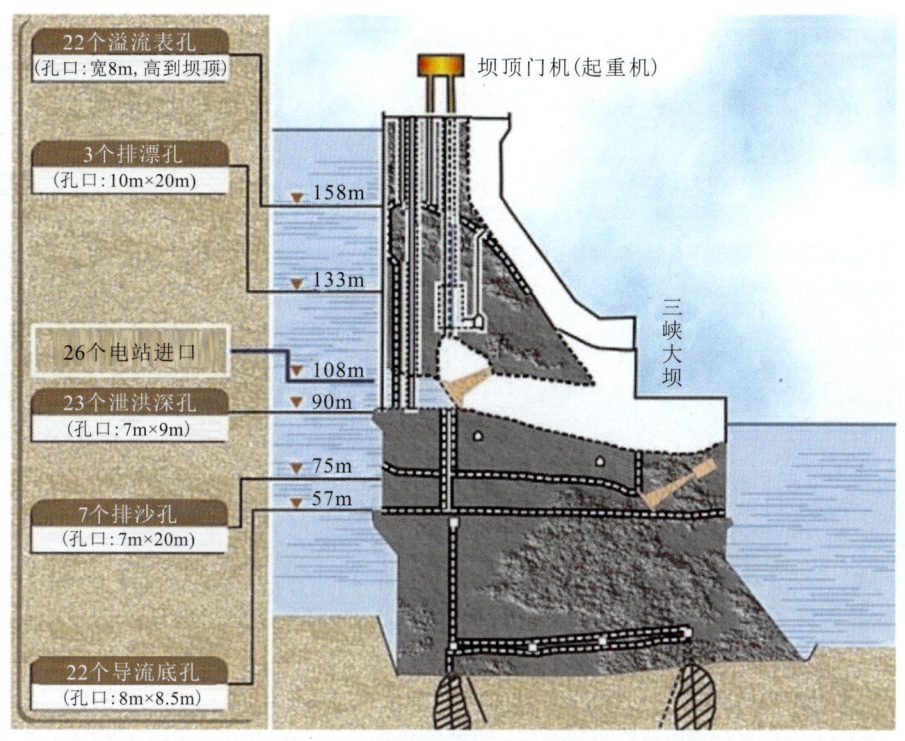

图 6-15 三峡大坝结构示意图(长江三峡工程开发总公司制)

113m(坝前正常蓄水位为海拔 175m,而坝下通航最低水位为海拔 62m),分成了五级以后,上下级之间最大水头还有 45.2m。永久船闸共有 24 扇"人"字闸门,2/3 的"人"字闸门高 36.75m,宽 20.2m,厚 3m,重达 850t,面积接近两个篮球场,号称"天下第一门"。三峡升船机全线总长约 5000m,船厢室段塔柱建筑高度 146m,最大提升高度为 113m、最大提升重量超过 $1.55×10^4$ t,承船厢长 132m、宽 23.4m、高 10m,可提升 3000t 级的船舶过坝。

2) 三峡水利枢纽通航建筑物

三峡水利枢纽通航建筑物包括船闸和升船机。船闸为双线五级连续船闸,修建于山体深切开挖形成的岩石深槽中,是世界总水头最高、级数最多的内河船闸。升船机是三峡水利枢纽永久通航设施的重要组成部分,主要用于客轮和各类特种船舶的快速通过,它与船闸联合运行,互为备用,以提高船闸的通过能力和整个枢纽的通航保证率,确保枢纽的通航效益得以充分发挥。

2. 三峡大坝旅游区

三峡大坝旅游区位于湖北省宜昌市内,于 1997 年正式对外开放,2007 年被国家旅游局评为首批国家 AAAAA 级旅游景区,现拥有三峡截流纪念园、坛子岭旅游区、185 观景点等,总占地面积共 15.28km²。旅游区以世界上最大的水利枢纽工程——三峡工程为依托,全方位展示工程文化和水利文化(图 6-16、图 6-17)。

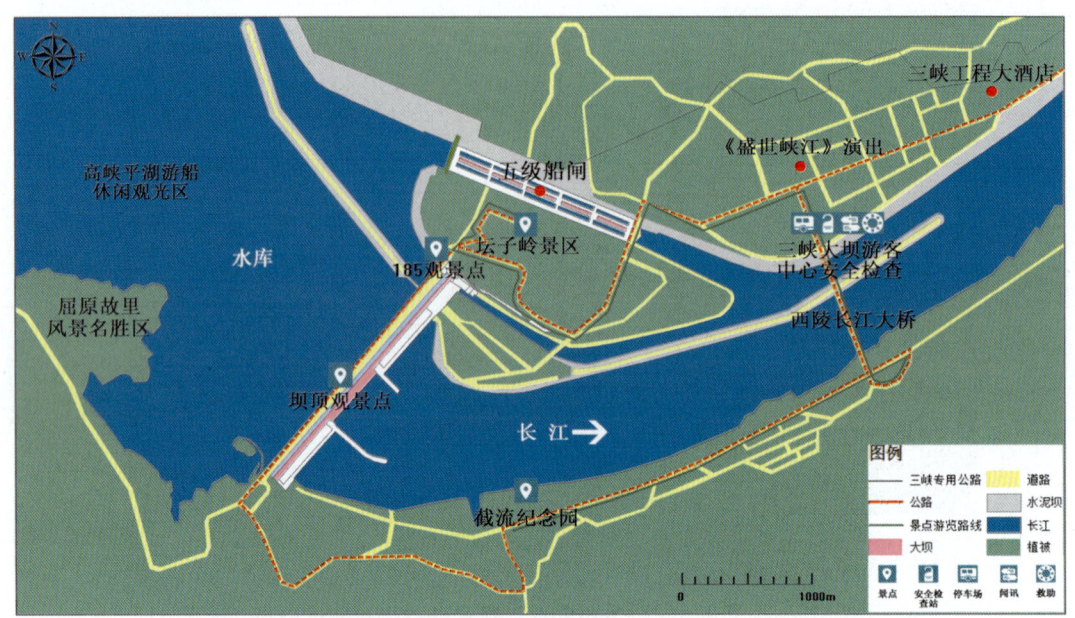

图 6-16　三峡大坝旅游区景点分布图(熊媛 绘,侯林春 核,2016)

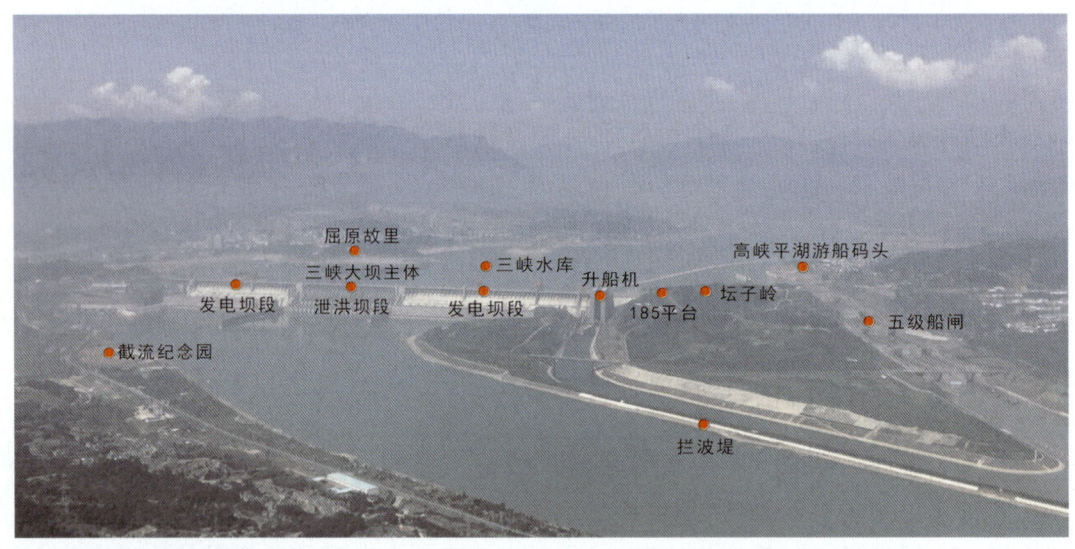

图 6-17　三峡大坝旅游区景点分布示意图(陶静 制,侯林春 核,2017)

1)三峡截流纪念园

三峡截流纪念园是以三峡工程截流为主题,集游览、科普、表演、休闲等功能于一体的国内首家水利工程主题公园。景区位于三峡大坝右岸下游 800m 处,占地面积 $9.3 \times 10^5 m^2$,投资 3000 万元。景区分入口区、演艺眺望区、遗址展示区和游乐休憩区 4 个区域,由截流记事墙、演艺广场、亲水平台、幻影成像、大型机械展示场、攀爬四面体、平抛船等十几个景观组成(图 6-18,图 6-19)。

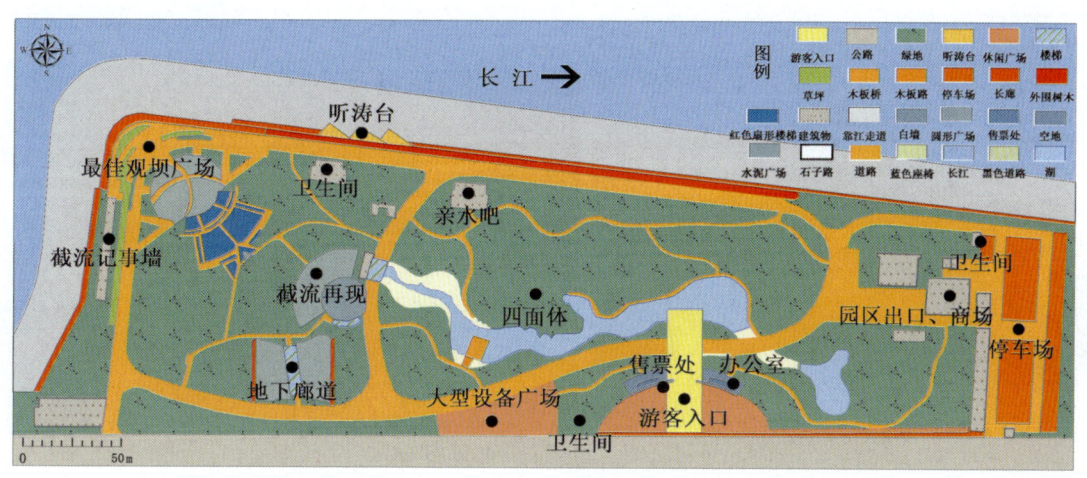

图 6-18 三峡大坝截流纪念园景区导游示意图（熊媛 绘，侯林春 核，2016）

三峡截流纪念园旨在体现人定胜天、天人合一的截流文化主题精神。在整个园区的景观设计上，紧扣截流主题，力求表现出长江、大坝、工程等鲜明的形象特征，营造出水利工程所特有的遗迹景观效果。尽可能保留原址上遗留工程堆料和物件，保留了用于支撑堆放砂石料的隔墙、100多个截流时余下的四面体，并展示 77t 装卸车和平抛船等大型施工机械。

"截流再现"放映厅采用现代高科

图 6-19 三峡截流纪念园的截流记事墙
（李淑慧，2018）

技的幻影成像技术，直观生动地再现长江三峡截流。游客目睹这些，仿佛身处那热火朝天的建设场景。三峡截流纪念园建成开放，丰富了三峡工程的文化内涵，为三峡大坝景区增添了一道靓丽风景。

2) 坛子岭旅游区

长江三峡工程坛子岭旅游区是三峡坝区最早开发的景区，因其顶端观景台形似一个倒扣的坛子而得名，该区所在地为大坝建设勘测点，海拔 262.48m，是三峡工地的制高点，为观赏三峡工程全景的最佳位置（图 6-20）。

坛子岭旅游区总面积约 $1\times10^5 m^3$，包括观景台、浮雕群、钢铁大书、亿年江石模型室和绿化带等，综合展现了源远流长的三峡文化，表达了人水合一、化水为利、人定胜天的鲜明主题。

图 6-20　三峡大坝坛子岭旅游区(左,坛子岭;右,坛子岭上观大坝)(侯林春,2018)

3) 185 观景点

185 观景点位于三峡大坝坝顶公路的左岸端口处,因与三峡大坝坝顶齐高,同为海拔 185m 而得名(图 6-21)。站在观景平台上向下俯看,就如同身临坝顶,可以感受到大坝的高度。这里海拔 145m 的水位,也能使游客领略到三峡平湖的感觉。

图 6-21　三峡大坝景区 185 观景点(左)及观大坝效果(右)(侯林春,2018)

第七章 水资源开发实习

第一节 三峡水库功能与环境

路线 基地→秭归二水厂马路对面水库旁→基地。

任务 (1) 了解三峡水库的功能与水库消落带。

(2) 水资源利用开发与水环境。

(3) 参观饮用水处理厂和污水处理厂。

(4) 了解饮用水和污水处理的设备和工艺流程。

(5) 结合绿水青山就是金山银山的理念,了解三峡水库水资源保护与开发的意义。

点位 秭归二水厂长江沿岸。

GPS E110°58′43.07″,N30°49′58.04″;H=198m。

点义 水库消落带意义。

知识链接

1. 水库的分类

根据水库所在地区的地貌、库床及水面的形态,可将水库分为四类。

1) 平原湖泊型水库

平原湖泊型水库是在平原、高原台地或低洼区修建的水库。形状与生态环境都类似于浅水湖泊。形态特征为水面开阔,岸线较平直,库湾少,底部平坦,岸线斜缓,水深一般在10m以内,通常无温跃层。渔业性能优良。如山东省的峡山水库、河南省的宿鸭湖水库。

2) 山谷河流型水库

山谷河流型水库是建造在山谷河流间的水库。形态特征为库岸陡峭,水面呈狭长形,水体较深,不同部位差异极大,一般水深20~30m,最大水深可达90m,上下游落差大,夏季常出现温跃层。如重庆市的长寿湖水库、浙江省的新安江水库等。

3) 丘陵湖泊型水库

丘陵湖泊型水库是在丘陵地区河流上建造的水库。形态特征介于以上两种水库之间,库岸线较复杂,水面分支很多,库湾多。库床较复杂,渔业性能良好。如浙江省的青山水库、陕西省的南沙河水库等。

4) 山塘型水库

山塘型水库是在小溪或洼地上建造的微型水库,主要用于农田灌溉,水位变动很大。如江苏省溧阳市山区塘马水库、宋前水库,句容的白马水库。

2. 我国水库的划分标准

大型水库:总库容在 $1\times10^8 m^3$ 以上;中型水库:总库容在 $1\times10^7 m^3$ 以上;小(一)型水库:总库容在 $1\times10^6 m^3$ 以上;小(二)型水库:总库容在 $1\times10^5 m^3$ 以上。

3. 三峡水库水位调度

三峡水库每年要求蓄水和泄水。1月中旬三峡水库开始泄洪,一直持续到5月中下旬,泄洪到水库水位145m,迎接长江流域的雨季;145m的三峡水库水位一直保持到9月,然后水库开始蓄水,到10月上旬水库蓄水到175m,175m的水位一直持续到1月中旬(图7-1、图7-2)。

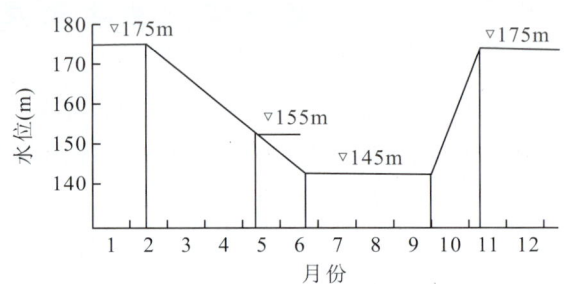

图7-1 三峡水库水位调度月变化示意图
(长江三峡工程开发总公司制)

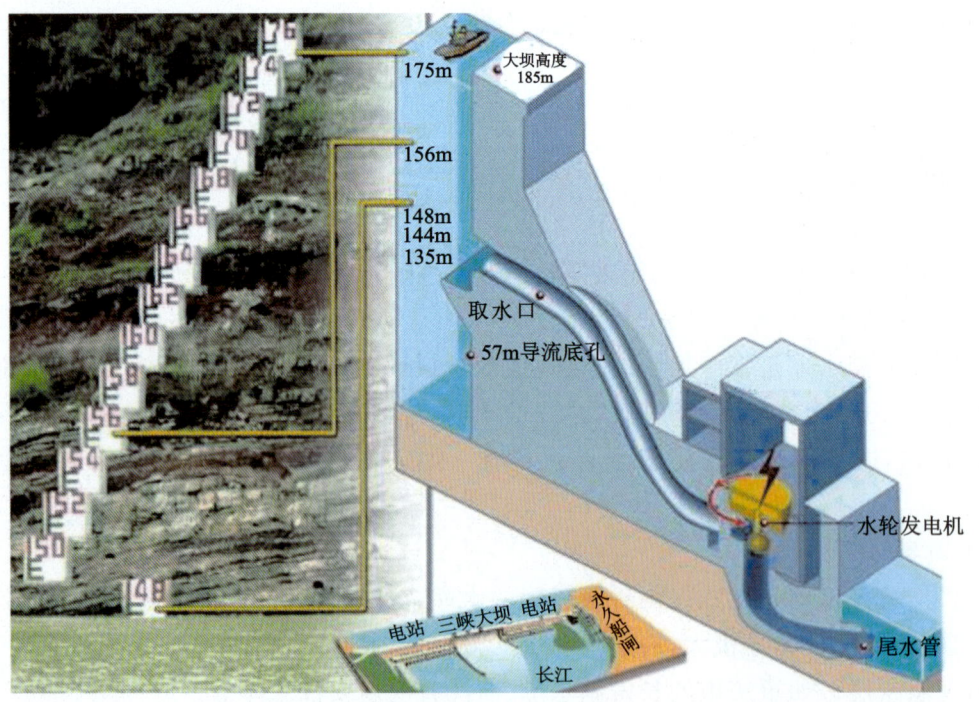

图7-2 三峡大坝与三峡水库水位关系示意图(长江三峡工程开发总公司制)

三峡工程水库全长大于600km,平均宽度1.1km,水库面积1084km²,具有防洪、发电、航运等巨大的综合效益(图7-3)。三峡水库在泄水和蓄水时,库区会产生水库诱发的地震。一般在每年的4月上中旬的水库泄水到水位在155m左右时和10月中上旬的水库蓄水到水位在175m时,水库诱发的地震比较大,一般在4级左右(有震感和破坏作用)。

4. 区域水资源可持续利用评价指标体系

水资源可持续利用是区域可持续发展战略的重要组成部分,区域水资源可持续利用评价对于区域社会经济的持续发展、生态环境的良性循环具有重要意义。水资源可持续利用评价指标体系是区域水资源评价的核心内容。

遵循层次性、典型性、综合性和现实性等指标体系构建的基本指导原则,设立水资源条件系统、开发利用系统、生态环境系统和社会经济系统四项准则层,共确定了30项底层指标,并界定各项指标内涵及其"正负"向类型(表7-1)。

表7-1 区域水资源可持续利用评价指标体系

准则层	底层指标	指标内涵	类型
水资源条件系统	产水模数(×10⁴m³/km²)	水资源总量/地区面积,地区单位面积水资源量	正向
	产水系数(%)	(年降水量×地区面积)/水资源总量,降水转化率	正向
	人均水资源量(m³)	水资源总量/人口数量,地区人均水资源占有量	正向
	单位面积水资源量(×10⁴m³/km²)	水资源总量/耕地面积,单位耕地面积水资源占有量	正向
	年降水量(mm)	表征水资源的降水来源及气候干湿程度	正向
	地表水资源量(×10⁸m³)	大气降水对地表水的动态补给部分资源量	正向
	地下水资源量(×10⁸m³)	与地表水有直接联系的浅层地下水量	正向
	水资源总量(×10⁸m³)	地表水量与不重复的地下水量之和	正向
开发利用系统	水资源开发利用率(%)	供水总量/水资源总量,水资源开发利用程度	负向
	供水模数(×10⁴m³/km²)	供水总量/地区面积,反映单位面积供水状况	正向
	单位面积水库塘坝容积(×10⁴m³/km²)	水库塘坝容积/地区面积,水利工程设施开发度	正向
	工业用水额(×m³/万元)	工业毛用水量/工业GDP,反映工业用水效率	负向
	单位面积农田灌溉用水量(×m³/km²)	农田灌溉水量/农田实灌面积,农业用水灌溉效率	负向
	生活用水额(m³/人)	生活用水总量/常住人口数量,居民生活用水效率	负向
	万元地区生产总值用水量(m³/万元)	用水总量/万元地区生产总值,用水经济承载关系	负向
	万元工业增加值用水量(m³/万元)	工业用水量/工业万元增加值,动态工业用水效益	负向
生态环境系统	工业废水排放量(×10⁴t)	表征工业生产对水资源的污染状况	负向
	城镇生活废水排放量(×10⁴t)	表征城镇生活对水资源的污染状况	负向

续表 7-1

准则层	底层指标	指标内涵	类型
生态环境系统	污径比(%)	废污水排放量/地表径流量,河川径流的污染程度	负向
	工业污染治理投资额(万元)	表征对水环境污染的治理力度	正向
	植被覆盖率(%)	(林地+牧草地+园地面积)/地区面积,植被状况	正向
	生态环境用水率(%)	生态环境用水量/总用水量,生态环境用水状况	正向
	城镇灌溉绿地定额(m^3/m^2)	城镇灌溉绿地水量/灌溉面积,城镇绿化用水状况	正向
社会经济系统	常住人口密度(人/km^2)	常住人口量/地区面积,人口数量造成的需水压力	负向
	耕地率(%)	耕地面积/地区面积,农业用地水平	正向
	节水灌溉率(%)	节水灌溉面积/灌溉总面积,节水灌溉水平	正向
	耕地灌溉率(%)	耕地灌溉面积/耕地面积,耕地灌溉水平	正向
	人均GDP(万元)	地区生产总值/地区常住人口数量,社会经济条件	正向
	城镇居民人均可支配收入(万元)	表征城镇居民生活水平	正向
	农村年人均收入(万元)	表征农村居民生活水平	正向

注:"正向"类型指数值越大越好,"负向"类型指数值越小越好。

描述

1. 三峡水库

三峡水库是三峡水电站建成后蓄水形成的人工湖泊,总面积 1084 km^2,总库容 $3.93 \times 10^{10} m^3$,范围涉及湖北省和重庆市的 21 个县市,串流 2 个城市、11 个县城、1711 个村庄(图 7-3)。

1)工程效益

(1)防洪:水库防洪库容 $2.215 \times 10^{10} m^3$,能有效控制上游进入中下游平原的洪水,遇百年一遇洪水,可在不动用荆江分洪区的情况下控制荆江河段的流量在安全范围以内;遇千年一遇洪水或 1870 年型洪水,可控制枝城站流量不超过 $8 \times 10^4 m^3/s$。三峡工程是解除长江中游洪水威胁,防止荆江河段发生毁灭性灾害最有效的措施。

(2)发电:电站装机容量 $1.768 \times 10^7 kW$,平均年发电量 $8.4 \times 10^{10} kW$,可供电华中、华东以及川东地区。每年约可替代煤炭 $5 \times 10^7 t$,可减轻上述地区的煤炭运输压力,并可减轻因火电燃煤引起的环境污染。

(3)航运:三峡工程建成后,水库回水形成 660km 长的深水航道,可改善重庆以下的航道条件。由于险滩淹没,航深增加,坡降变缓,流速减小,船舶的运输效率将明显提高,运输成本可较目前降低 35%～37%,必将大力加速长江航运事业的发展。

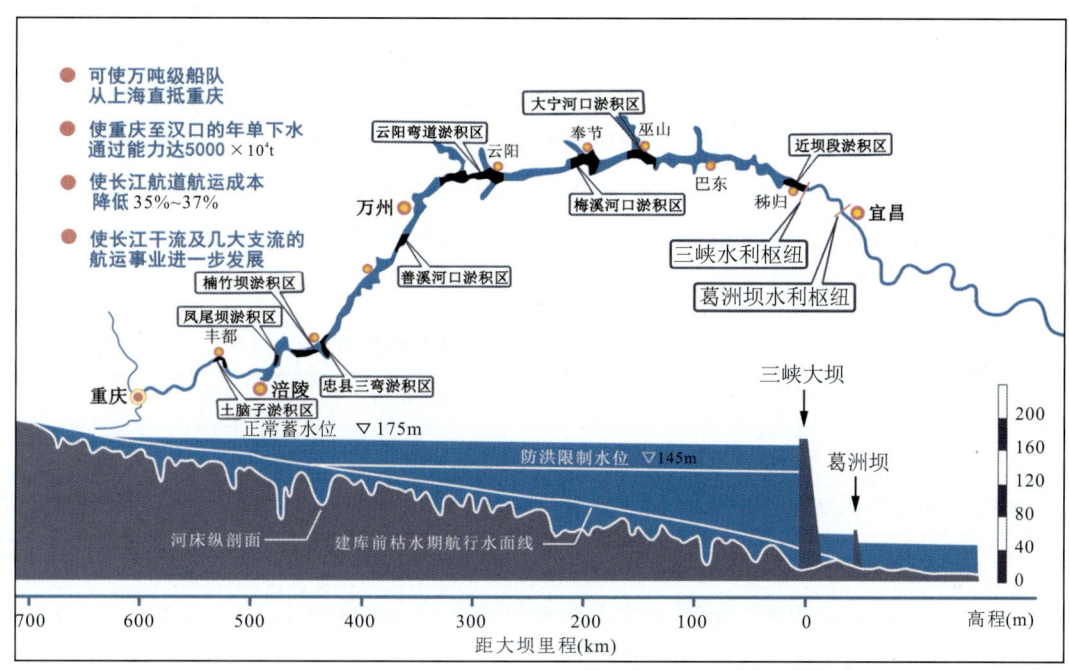

图 7-3 三峡水库建设、效用与淤积河道示意图（长江三峡工程开发总公司制）

2) 存在的问题

(1) 影响长江上游河床演变。作为关键的造床质是砾卵石，修坝后原来随江水流走的砾卵石将排不出去，未来可能导致重庆市江段泥沙淤积（图7-1）。

(2) 人地矛盾加剧。水库完成后淹没耕地，并可能加剧植物的破坏、水土流失和生态恶化。

(3) 水污染。目前库区的工业和生活废水年排放量很大，沿江城市的局部江段已形成了较严重的污染带。建库后，库区水体流速减缓，复氧和扩散能力下降，将加重局部水域污染。

(4) 影响长江中下游水生生态系统的结构和功能。一些珍稀、濒危物种的生存条件进一步恶化；对四大家鱼的自然繁殖也会带来不利影响。

(5) 下游河口的海水入侵，对河口城市的影响尤其明显。

(6) 淹没沿江部分文物古迹，影响三峡自然景观。

(7) 库区滑坡等地质灾害增加。

2. 三峡库区的消落带

水库消落带（The fluctuating belt of reservoir）是指因水库调度等原因引起库水位变动而在库区周围形成的一段特殊区域，是水位反复周期性变化的干湿交替区，是水陆之间的连接带，是两者间进行物质、能量、信息交换的生态过渡带，其生态状况的好坏将直接影响陆地与水库生态系统的生态状况，因此系统地对水库消落带生态系统进行研究是非常必要的。

三峡水库消落带是因水库调度引起水库水位变动而使库区周围土地周期性地出露于水面形成垂直高差为 30m 的一段湿地生态系统和陆生生态系统交替控制的过渡地带。三峡水库消落带也是水、陆生态系统物质转换的活跃地带,是典型的生态脆弱区,其面积大约为 348.97km²,每年周期性的水位涨落使水土流失加剧。三峡水库是年调节水库,水位消落期为 1 个月,涨落范围在 145~175m 之间。短时间内的水位涨落变化使消落带产生较为强烈的土壤侵蚀(表 7-2)。

表 7-2 三峡水库消落带不同高程植被情况

高程(m)	淹没时间(d)	适宜植物
145~150	~240	空心莲子草、狗牙根、硬秆子草、双穗雀稗、香附子、菖蒲、风车草、芦苇、水葱等
150~160	~210	苍耳、稗草、狗牙根、硬秆子草、双穗雀稗、香附子等
160~170	~180	苍耳、马唐、狗尾草、香根草、秋华柳、地果、小白酒草、野胡萝卜、野艾蒿、黄花蒿、野地瓜藤等
170~175	~90	白茅、截叶铁扫帚、合萌、荆条、藕(yi)草和一年生杂草群落
175~185	<90	枫杨、水杉、垂柳等乔木

1) 三峡库区消落带

三峡工程完全建成后,冬季蓄水发电水位为 175m,夏季防洪水位降至 145m,其间 30m 水位落差暴露出的土地就称为消落带。三峡库区消落带按坡度可分为崖岸(坡度 >75°)、陡坡岸(坡度 25°~75°)、滩坡岸(坡度 15°~25°)、台(阶)岸(坡度<15°)(图 7-4)。

图 7-4 三峡库区的消落带(左:陡坡岸,右:崖岸)(侯林春,2018)

2) 消落带的危害

消落带形成之前,生长在库区两岸的植被是一道天然的生态屏障,对来自库岸的污染特别是农业面源污染起到一定的拦截和过滤作用,地表径流携带的氮、磷等相当一部分被植被消化吸收,防止进入库区水体。而消落带形成后,这些功能将基本丧失,更多的污染物将进入水体,导致库区富营养化程度日趋加重。

3）消落带的植物措施

从现有的消落带植被生长情况来看,多呈斑块集中分布,生物量、植被覆盖率和生物多样性沿水位从低到高呈现先增加后减少的抛物线变化,即消落带下部＜消落带上部＜消落带中部。这是因为消落带下部淹水时间最长,且频繁受到水位涨落波动对库岸冲击的影响,生活环境恶劣,所以生物多样性最低；消落带中部土壤含水量适中,适合不同习性的物种并存,因此植被组成较上部和下部复杂,物种多样性也稍丰富；上部淹水时间虽短,但季节性干旱导致土壤水分含量低,有些地方人为干扰也比较严重,因此物种多样性较中部偏低。现状调查表明,在水库消落带中,草本植物占据绝对优势,导致生物物种逐渐单一,即使有灌、乔木能生长,也逐渐呈现矮化趋势。

水库消落带植物措施设计大体上可按边坡情况分为两大类,即缓坡区和陡坡区。陡坡区以混凝土框架植草护坡或喷播植草为主,草种优选香根草、狗牙根、牛鞭草、黑麦草等耐淹品种,土层较厚,有条件的地方可在消落带中上部区域考虑种植一些经济作物。香根草、狗牙根、牛鞭草等耐淹草种可在水淹条件下生长5~6个月不死亡。缓坡区则划分为上、中、下三个部分：消落带下部宜种植狗牙根、香根草、牛鞭草、黑麦草等两栖草种；消落带中部宜栽植旱柳、饲料桑、杞柳、水杉、竹柳等耐淹乔、灌木,首选当地物种,生长能力较弱的则栽植在较高水位处,并结合播草种；消落带上部则推荐种植一些当地的经济作物,以提高土地生产力,同时为了保持水土,建议种植免耕或者少耕作物,如花椒、梨树、樱桃（表7-3）。

表7-3 水库消落带植物措施布设建议

消落带位置	出露时间（d）	植物措施	
		缓坡区	陡坡区
下部	60~180	两栖草种,如狗牙根、香根草、牛鞭草、黑麦草等	以混凝土框架植物护坡或喷播植草为主,土层较厚,有条件的地方可在中上层区域考虑种植一些经济作物,物种选择可参照缓坡区
中部	180~300	耐淹乔、灌木,如旱柳、饲料桑、杞柳、水杉、竹柳等	
上部	>300	以当地的免耕或少耕经济作物为主,如花椒、梨树、樱桃等	

注：①物种选择均首选当地物种；②如不适宜栽种经济作物则可考虑耐2个月水淹的乔木+披挂藤本植物组合；③水库消落带多坡陡且贫瘠,很多水源保护区又对施肥进行控制,因此耐瘠性植物应优先考虑。

第二节 饮用水处理工艺流程

路线 基地→二水厂→基地。

任务 了解秭归二水厂饮用水处理过程。

点位 秭归二水厂长江对面。

GPS E110°58′43.07″, N30°49′58.04″; $H=198m$。

点义 秭归二水厂饮用水处理过程观察点。

 **知识链接**

1. 生活饮用水处理流程

自然降水和湖泊河流水是不能直接饮用或用作生产的,因为各种自然因素和人为因素,这些水里会含有各种各样的杂质,直接饮用会对人类的健康造成很大的伤害,所以必须对水进行消毒处理。从给水处理角度考虑,水体内杂质可分为悬浮物、胶体、溶解物三大类。城市水厂净水处理的目的就是去除原水体中这些会给人类健康和工业生产带来危害的悬浮物质、胶体物质、细菌及其他有害成分,使净化后的水能满足生活饮用及工业生产的需要,所以一般各自来水公司水厂采用常规的水处理工艺,它包括混合、反应、沉淀、过滤及消毒五个过程(图7-5)。

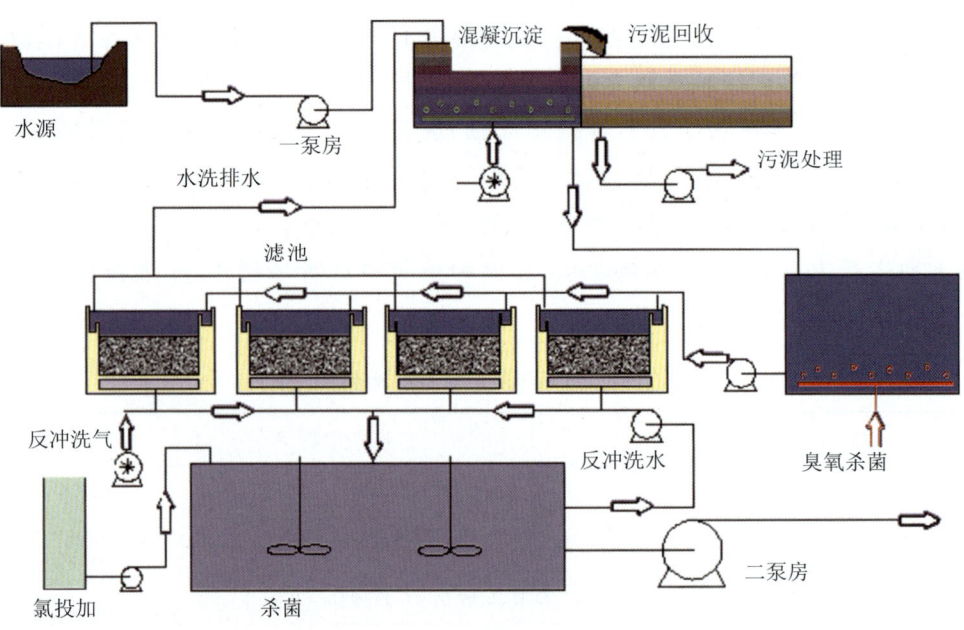

图7-5　自来水处理工艺流程(周海峰,2018)

1)机械混合、混凝反应处理

原水经取水后,首先经过机械混合、混凝工艺处理,即:原水+水处理剂(药剂)→均匀混合→反应→矾花水。

自药剂与水均匀混合起直到大颗粒絮凝体形成为止的过程称混凝。常用的水处理剂有聚合氯化铝、硫酸铝、三氯化铁等。现就拿碱式氯化铝为例,根据铝元素的化学性质可知,投入药剂后水中存在电离出来的铝离子,它与水分子存在以下的可逆反应:

$$Al^{3+} + 3H_2O \rightleftharpoons Al(OH)_3 + 3H^+$$

氢氧化铝具有吸附作用,可把水中不易沉淀的胶粒及微小悬浮物脱稳、相互聚结,再被吸附架桥,从而形成较大的絮粒,以利于从水中分离、沉降下来。机械混合过程要求在加药后迅速完成。混合的目的是通过水力、机械的剧烈搅拌,使药剂迅速均匀地散于水中。经混凝反应处理过的水通过管道流入沉淀池,进入净水第二阶段。

2)絮凝沉淀处理

絮凝阶段形成的絮状体依靠重力作用从水中分离出来的过程称为絮凝沉淀,这个过程在絮凝沉淀池中进行。水流入沉淀区后,沿水区整个截面进行分配,进入沉淀区,然后缓慢地流向出口区。水中的颗粒沉于池底。絮凝沉淀的污泥经不断堆积并浓缩,定期排出池外。

3)过滤处理

过滤一般是指以石英砂等有空隙的粒状滤料层通过黏附作用截留水中悬浮颗粒,从而进一步除去水中细小悬浮杂质、有机物、细菌、病毒等,使水澄清的过程,整个过滤处理是在滤池中进行的。

目前国内比较普遍采用的是V型滤池,V型滤池是快滤池的一种形式,因为其进水槽形状呈"V"字形而得名,也叫均粒滤料滤池(其滤料采用均质滤料,即均粒径滤料)、六阀滤池(各种管路上有六个主要阀门)。

4)滤后消毒处理

水经过滤后,浊度进一步降低,同时亦使残留细菌、病毒等失去浑浊物保护或依附,为滤后消毒创造良好条件。

消毒并非把微生物全部消灭,只要求消灭致病微生物。虽然水经混凝、沉淀和过滤,可以除去大多数细菌和病毒,但消毒则起了保证达到饮用水细菌学指标的作用,同时它使城市水管末梢保持一定余氯量,以控制细菌繁殖且预防污染。消毒的加氯量(液氯)在$1.0\sim2.5g/m^3$之间,主要是通过氯与水反应生成的次氯酸在细菌内部起氧化作用,破坏细菌的酶系统而使细菌死亡。消毒后的水由清水池经送水泵房提升达到一定的水压,再通过输、配水管网送给千家万户。

2. 生活饮用水中常见指标意义[①]

(1)硬度:人体对水的硬度有一定的适应性,改用不同硬度的水(特别是高硬度的水)可引起胃肠功能的暂时性紊乱。水的硬度过高,更易在配水系统中形成水垢。

(2)溶解性总固体:水中溶解性总固体主要包括无机物,主要成分为钙、镁、钠的重碳酸盐、氯化物和硫酸盐。当其浓度增高时可使水产生不良的味道,并损坏配水管道和设备。它是评价水质矿化程度的重要依据。

(3)氰化物:主要来自工业废水,有剧毒,作用于某些呼吸酶,引起组织窒息。首先影

[①] 资料来源:https://m.maigoo.com/zhishi/69012.html。

响呼吸中枢及血管舒缩中枢,慢性中毒时,甲状腺激素生成量减少。它使水呈杏仁气味,其味觉阈浓度为 0.1mg/L,国家标准不得超过 0.005mg/L。

(4)砷:天然水中含微量的砷,水中含砷量高,除地质因素外,主要来自工业废水和农药的污染。对人体的损伤以慢性中毒为主,表现为皮肤出现白斑,随后逐步变黑,角化肥厚呈橡皮状,发生龟裂性溃疡。长期饮用砷含量高的水,还可使皮肤癌发病率增高。

(5)汞:为剧毒,可致急、慢性中毒,汞及其化合物为脂溶性,主要作用于神经系统、心脏、肾脏和胃肠道。水中汞主要来自工业废水和废渣。地面水中的无机汞,在一定条件下可转化为毒性更大的有机汞,并可通过食物链在水生生物(如鱼、贝类等)体内富集,人食用这些鱼、贝类后,可引起慢性中毒,如日本所称的"水俣病"。

(6)镉:也是有毒元素,主要来自工业污染,食用被镉污染的食物和水可能造成慢性中毒,在日本发生的"痛痛病"就是典型例子。

(7)铅:常随饮水和食物进入人体,摄入量过高可引起中毒。儿童、婴儿、胎儿和妊娠妇女对环境中的铅较成人和一般人群更为敏感。

(8)铬:污染来源于工业废水和含铬废渣淋洗渗入。三价铬是人体必需的微量元素,六价铬的毒性比三价铬高数十倍至百倍,铬中毒大都由六价铬引起。经口摄入含铬量高的水可引起口腔炎、胃肠道烧灼、肾炎和继发性贫血。

(9)硝酸盐:在水中经常被检出,污染来源除地层外,还有生活污染和工业废水、施肥后的径流和渗透、大气中的硝酸盐沉降、土壤中有机物的生物降解等。含量过高可引起人工喂养婴儿的变性血红蛋白血症。虽然对较年长人群无此问题,但有人认为某些癌症可能与高浓度的硝酸盐摄入有关。

(10)氟化物:在自然界广泛存在,是人体正常组织成分之一,摄入量过多对人体有害,可引起急、慢性中毒,主要表现为氟斑牙和氟骨症。

(11)细菌总数:作为评价水质清洁度和考核净化效果的指标,细菌总数增多说明可能被有机物污染。

(12)总大肠菌群:是评价生活饮用水水质的重要卫生指标,污染来自人和温血动物粪便及植物和土壤。生活饮用水标准规定任意 100mL 水样中不得检出。

(13)粪大肠菌群:直接来自人和温血动物粪便,是水质粪便污染的重要指示菌,检出表明饮水已被粪便污染。

(14)硫酸盐:浓度过高易使锅炉和热水器内结垢,并引起不良的水味甚至引起轻度腹泻。

(15)氯化物:含量过高可使水产生令人嫌恶的恶臭味,并对配水系统具有腐蚀作用。

描述 秭归二水厂以长江水为水源,采用滑道缆车取水,包括输水、净化、配水等工艺流程,配有变频配电及中控等现代化仪器设备,大大提升了县城的供水能力,改善了供水质量(图 7-6)。

图 7-6　秭归二水厂(饮用水处理厂)及内部环境(侯林春,2016)

二水厂为县城主供水厂,占地 8891m², 设计生产规模为 4×10^4 t/d,一期工程按 2×10^4 t/d 规模建设,泵房和供水管按每天 4×10^4 t 规模建设,于 2006 年 3 月 28 日开工,2007 年 8 月建成投产,完成建设投资 3568 万元。供水生产以水厂中央控制室为调度监控中心,采用混合反应、沉淀、过滤(图 7-7,左)、消毒的传统制水工艺(图 7-8)。由于县城所处的山区特殊地形和水源条件的限制,加之自来水用户过于分散,供水管线长,海拔落差大,从长江取水到金港城区域供水的最高扬程达 245m,形成了"三级加压、四区供水"的供水格局。

图 7-7　饮用水滤池用的砂(左)和去除悬浮物用的聚氯化铝(PAC)(右)(侯林春,2018)

聚氯化铝,俗称净水剂,简称聚铝,英文名字 PAC,是一种多羟基、多核络合体的阳离子型无机高分子絮凝剂,固体产品外观为黄色或白色固体粉末,易溶于水,有较强的架桥吸附性,在水解过程中伴随电化学、凝聚、吸附和沉淀等物理化学变化,最终生成 $Al_2(OH)_3$,从而达到净化目的。无毒,但是含铝离子对人体有害,过多摄入会导致缺钙,对大脑造成损伤,积聚在肝、脾、肾等部位,妨碍人体的消化吸收功能(图 7-7,右)。

氯气，化学式为Cl_2。常温常压下为黄绿色，有强烈刺激性气味的剧毒气体，具有窒息性，密度比空气大，可溶于水和碱溶液，易溶于有机溶剂（如二硫化碳和四氯化碳），易压缩，可液化为黄绿色的油状液氯，是氯碱工业的主要产品之一，可用作为强氧化剂。氯气中混和体积分数为5%以上的氢气时遇强光可能会有爆炸的危险。氯气具有毒性，主要通过呼吸道侵入人体并溶解在黏膜所含的水分里，会对上呼吸道黏膜造成损害。

工业生产中，用直流电电解饱和食盐水法来制取氯气：

$$2NaCl + 2H_2O \xrightarrow{通电} H_2\uparrow + Cl_2\uparrow + 2NaOH$$

饮用水处理中，加压使氯气溶入水中，发生水反应。水反应方程式：$Cl_2 + H_2O \rightleftharpoons HCl + HClO$（可逆反应）。溶入氯气的水会变成黄绿色，气泡在水里又冒出来，有刺激性气味。

在该反应中，氧化剂是Cl_2，还原剂也是Cl_2，本反应是歧化反应。氯气遇水会产生次氯酸（HClO），次氯酸是强氧化剂，具有净化（漂白）作用，用于消毒杀菌。

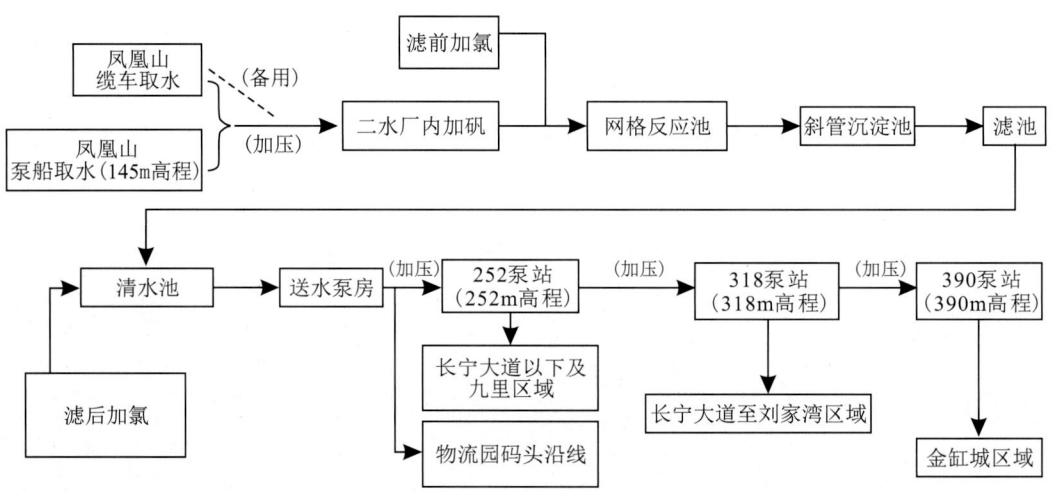

图7-8 秭归县自来水公司水厂供水生产流程（李玲君 制，周海峰 核，2018）

第三节 污水处理的工艺流程

路线 基地→秭归县县城污水处理厂→基地。
任务 了解秭归污水处理的工艺流程。
点位 秭归县县城污水处理厂（建东大道147号）。
GPS E110°58′34.94″，N30°49′16.41″；$H=188m$。
点义 污水处理工艺流程观察点。

1. 污水再生处理工艺

现代污水处理技术，按处理程度划分，可分为一级、二级和三级处理。

一级处理，主要去除污水中呈悬浮状态的固体污染物质，物理处理法大部分只能完成一级处理的要求。经过一级处理的污水，达不到排放标准。一级处理属于二级处理的预处理。

二级处理，主要去除污水中呈胶体和溶解状态的有机污染物质（BOD、COD 物质），去除率可达 90% 以上，使有机污染物达到排放标准。

三级处理，进一步处理难降解的有机物、氮和磷等能够导致水体富营养化的可溶性无机物等。主要方法有生物脱氮除磷法、混凝沉淀法、砂率法、活性炭吸附法、离子交换法和电渗析法等。

整个过程为通过粗格的原污水经过污水提升泵提升后，经过格栅或者筛率器，之后进入沉沙池，经过沙水分离的污水进入初次沉淀池，以上为一级处理（即物理处理）。初级沉淀池的出水进入生物处理设备，有活性污泥法和生物膜法（其中活性污泥法的反应器有曝气池、氧化沟等，生物膜法包括生物滤池、生物转盘、生物接触氧化法和生物流化床），生物处理设备的出水进入二次沉淀池，二次沉淀池的出水经过消毒排放或者进入三级处理，到此二级处理结束。三级处理包括生物脱氮除磷法、混凝沉淀法、砂滤法、活性炭吸附法、离子交换法和电渗析法。二级沉淀池的污泥一部分回流至初次沉淀池或者生物处理设备，一部分进入污泥浓缩池，之后进入污泥硝化池，经过脱水和干燥设备后，污泥被最后利用。

2. 污水处理的主要衡量指标

（1）CODcr：采用重铬酸钾（$K_2Cr_2O_7$）作为氧化剂测定出的化学耗氧量表示为CODcr。

（2）BOD5：是指五日生物耗氧量。BOD（Biology Oxygen Demmand），指的是水中的微生物可以降解的有机物被降解后消耗的氧的量。但是生物完全降解有机物所需时间较长，为了规范和提高检测效率，国家规定以 5 日生物需氧量为说明水质的标准，也就是说，用生物降解水中有机物 5 天所消耗的氧的总量。

（3）COD：指化学耗氧量（Chemical Oxygen Demand），亦称化学需氧量。用化学氧化剂（如高锰酸钾、重铬酸钾）氧化水中需氧污染物质时所消耗的氧气量，常以符号 COD 表示。计量单位为 mg/L。COD 是评定水质污染程度的重要综合指标之一。COD 的数值越大，则水体污染越严重。一般洁净饮用水的 COD 值为几至十几毫克/升。

（4）SS：普通水样的 SS 是指固体悬浮物浓度，是 Suspended Solid 的缩写，一般单位为 mg/L。通常使用真空抽滤泵加硝酸纤维滤膜方法测定。

污水处理系统中的 SS，常指混合液中活性污泥浓度，一般较常用 MLSS（Mixed Liquor Suspended Solid），在不引起歧义条件下也可简写为 SS。单位为 mg/L。测定方法通常也使用真空抽滤泵加硝酸纤维滤膜方法。

(5)pH 值:指示氢离子活度,用来确定溶液中氢离子的浓度或者酸碱性。

描述 秭归县污水处理厂位于三峡大坝上游右岸,紧邻附坝,属三峡库区水污染防治重点环保项目,占地 33 350m²,设计规模 $4×10^4$ t/d。污水处理采用氧化沟工艺,水质执行国标(GB 18918—2002)一级 B 类排放标准,污泥采用机械浓缩后填埋处理(图 7-9)。

图 7-9 秭归县县城污水处理厂(侯林春,2017)

秭归污水处理厂处理流程:污水进入厂区先通过截流井(让场能处理的污水进入厂区进行处理),进入粗格栅(打捞较大的渣滓),到污水泵(提升污水的高度),再到细格栅(打捞较小的渣滓到沉沙池(以重力分离为基础,将污水中比重较大的无机颗粒沉淀并排除),再到生化池(采用活性污泥法去除污水里的有机物、悬浮物和以各种形式的氮和磷),进入 D 型滤池(进一步减少悬浮物,使出水达到国家一级标准),进入紫外线消毒(杀灭水中的大肠杆菌),然后出水生化池、终沉池出的污泥一部分作为生化池的回流污泥,剩下的送入污泥脱水间脱水外运(图 7-10,图 7-11)。

图 7-10 秭归县县城污水处理厂的污水处理池(侯林春,2017)

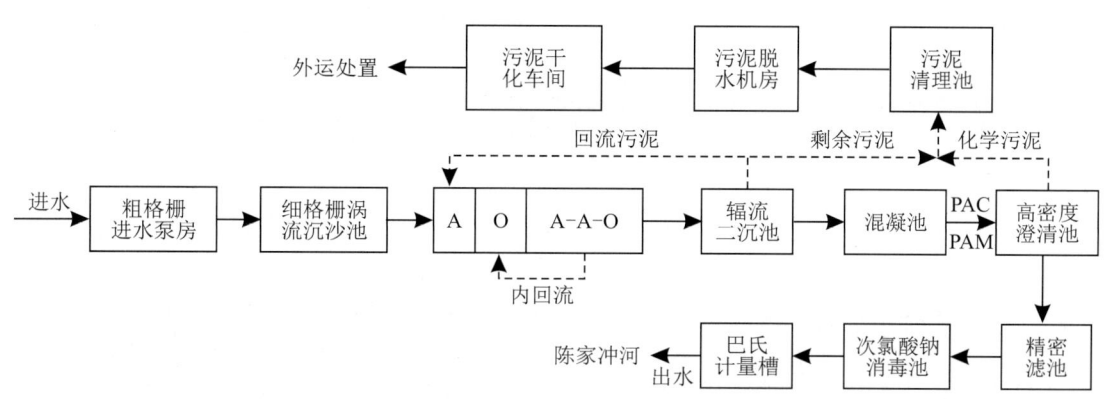

图 7-11　秭归县县城污水处理厂工艺流程图（李玲君 制，向东风 核，2018）

巴氏计量槽（又称巴歇尔槽），是用于明渠流量测量的辅助设备。在液体流动过程中，非满管状态流动的水路称作明渠，明渠流量计的应用场所有城市供水引水渠、火电厂冷却水引水和排水渠、污水治理流入和排放渠、工矿企业废水排放以及水利工程和农业灌溉用渠道。

PAM 是 Polyacrylamide 的缩写，中文名称聚丙烯酰胺。PAM 在 50～60℃下溶于水，水解度为 5%～35%，也溶于乙酸、丙酸、氯代乙酸、乙二醇、甘油和胺等有机溶剂。PAM 是国内常用的非离子型高分子絮凝剂，分子量 150 万～2000 万，商品浓度一般为 8%。有机高分子絮凝剂的分子能与分散于溶液中的悬浮粒子架桥吸附，在颗粒间形成更大的絮体，产生巨大表面吸附作用，因此有着极强的絮凝作用。

PAM 主要用途：该产品具有高分子化合物的水溶性以及其主链上活泼的酰基，因而在石油开采、水处理、纺织印染、造纸、选矿、洗煤、医药、制糖、养殖、建材、农业等行业具有广泛的应用，有"百业助剂""万能产品"之称。

PAM 水处理领域的应用：PAM 在水处理工业中的应用主要包括原水处理、污水处理和工业水处理 3 个方面。在原水处理中，PAM 与活性炭等配合使用，可用于生活水中悬浮颗粒的凝聚和澄清，用有机絮凝剂 PAM 代替无机絮凝剂，即使不改造沉降池，净水能力也可提高 20%以上，大中城市在供水紧张或水质较差时都采用 PAM 作为补充；在污水处理中，PAM 可用于污泥脱水，采用 PAM 可以增加水回用循环的使用率；在工业水处理中，主要用作配方药剂（图 7-12）。

AO 是 Anoxic Oxic 的缩写，AO 工艺法也叫厌氧好氧工艺法，A（Anaerobic）是厌氧段，用于脱氮除磷；O（Oxic）是好氧段，用于除去水中的有机物。它的优越性是除了使有机污染物得到降解之外，还具有一定的脱氮除磷功能，是将厌氧水解技术用于活性污泥的前处理，所以 AO 法是改进的活性污泥法。

A-A-O 是英文 Anaerobic-Anoxic-Oxic 的简称，在厌氧-好氧除磷工艺（A2/O）中加一缺氧池，将好氧池流出的一部分混合液回流至缺氧池前端，以达到硝化脱氮的目

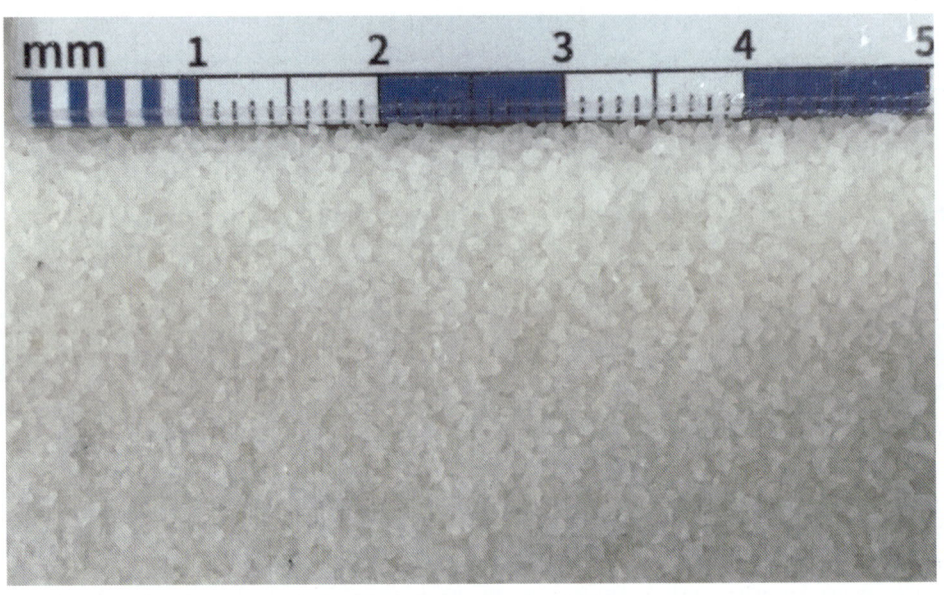

图 7-12　污水处理厂应用聚丙烯酰胺(PAM)作为絮凝剂(侯林春,2018)

的。A2/O 法的可同步除磷脱氮机制由两部分组成:一是除磷,污水中的磷在厌氧状态下(DO<0.3mg/L),释放出聚磷菌,在好氧状况下又将其更多吸收,以剩余污泥的形式排出系统。二是脱氮,缺氧段要控制 DO<0.5mg/L,由于兼氧脱氮菌的作用,利用水中的有机物作为氢供给体(有机碳源),将来自好氧池混合液中的硝酸盐及亚硝酸盐还原成氮气逸入大气,达到脱氮的目的。

DO 是溶解氧(Dissolved Oxygen)的英文缩写。溶解于水中的分子态氧称为溶解氧,通常记作 DO,用每升水里氧气的毫克数表示。DO 是衡量水体自净能力的一个指标。在自然情况下,空气中的含氧量变动不大,水温是主要的因素,水温越低,水中溶解氧的含量越高。

第八章 土地资源开发实习

第一节 喀斯特地貌和土地利用现状调查

路线 基地→花鸡坡→雾河→基地。

任务 (1)了解雾河村土地资源、农业、社会经济特征。

(2)山区气候资源与农业产业特征(农业垂直地带性特征)。

(3)利用地形图和遥感图踏勘调查区。

(4)利用地形图和遥感图进行土地利用现状调查。

(5)学习利用无人机进行土地利用现状调查。

(6)绘制土地利用现状图、土地利用三维图、遥感影像三维图和TIN高程模型图。

(7)喀斯特地貌的观察与描述。

(8)观察了解和尚洞发育条件、成因和特征。

点位 三斗坪镇雾河村。

GPS E111°02′46.42″,N30°47′10.08″;$H=704$m。

点义 土地利用调查、制图和地貌。

1. 喀斯特地貌形成条件与类型

1) 喀斯特地貌

具有溶蚀力的水对可溶性岩石(大多为灰岩)进行溶蚀作用等所形成的地表和地下形态的总称,即岩溶地貌。除溶蚀作用以外,还包括流水的冲蚀、潜蚀以及坍陷等机械侵蚀过程。

碳酸盐岩在纯水中的溶蚀度是很低的,只有当水中含有CO_2时,碳酸盐岩的溶蚀度才显著升高,其作用过程如下。

大气中的CO_2与水化合后即成为碳酸:

$$CO_2 + H_2O \rightleftharpoons H_2CO_3$$

$$H_2CO_3 \rightleftharpoons H^+ + HCO_3^-$$

$$H^+ + CaCO_3 \rightleftharpoons HCO_3^- + Ca^{2+}$$

综合反应式为：$CaCO_3 + CO_2 + H_2O \rightleftharpoons 2HCO_3^- + Ca^{2+}$

2) 岩石成分

岩石成分是指岩石的化学成分和矿物成分。从溶解度上看，卤化盐岩（如岩盐和钾盐）＞硫酸盐岩（如石膏、硬石膏和芒硝）＞碳酸盐岩（如灰岩、白云岩、硅质灰岩和泥灰岩）；由于碳酸盐岩种类较多，其各类岩石溶解度随着难溶性杂质的多少而定，灰岩＞白云岩＞泥灰岩。

3) 岩石结构

(1) 结晶岩石的晶粒越小，相对溶解速度越大，隐晶结构一般具有较高的溶蚀率。

(2) 不等粒结构灰岩比等粒结构灰岩的相对溶解度要大。

4) 岩石构造

(1) 孔隙度：颗粒之间、生物骨架间、生物体腔内、晶粒之间的孔隙。孔隙度的大小影响碳酸盐类岩石的透水性能，从而影响相对溶解度。

(2) 岩层的产状和破裂可控制岩溶作用的方向和程度：在褶皱背斜轴部，纵张节理发育，有利于水的垂直流动，形成竖井；近于水平的或缓倾斜的岩层，如有隔水层，地下水沿层面流动，形成近于水平方向的溶洞；断层发育的地方结构松散，空隙大，有利于岩溶作用的增强，常发育溶洞。

5) 喀斯特地貌可分为以下 6 种

(1) 地表水沿灰岩内的节理面或裂隙面等发生溶蚀，形成溶沟（或溶槽），原先成层分布的灰岩被溶沟分开成石柱或石笋。

(2) 地表水沿灰岩裂缝向下渗流和溶蚀，超过 100m 深后形成落水洞。

(3) 从落水洞下落的地下水到含水层后发生横向流动，形成溶洞。

(4) 随地下洞穴的形成，地表发生塌陷，塌陷的深度大、面积小，称坍陷漏斗；深度小、面积大则称陷塘。

(5) 地下水的溶蚀与塌陷作用长期结合作用，形成坡立谷和天生桥。

(6) 地面上升，原溶洞和地下河等被抬出地表形成干谷和石林。云南路南的石林是上述第一阶段（溶沟阶段）的产物。桂林的象鼻山，则是原地下河道出露地表形成的。在广西地区，经常可看到这种抬升到地表以上的溶洞，俗称"仙女镜"。

6) 土地资源评价指标体系

土地资源评价又可称土地评价，是指在土地资源调查、土地类型划分完成以后，在对土地各构成因素及综合体特征认识的基础上，以土地合理利用为目标，根据特定的目的或针对一定的土地用途来对土地的属性进行质量鉴定和数量统计，从而阐明土地的适宜性程度、生产潜力、经济效益和对环境有利或不利的后果，确定土地价值的过程（表 8-1）。

表 8–1 土地资源评价指标①

土地评价方向	评价指标	指标内涵
土地资源变化	各地类年均变化量	某一时段地类的面积变化量/该时段的年数
	各地类人均面积的变化量	统计基期某地类的人均面积－统计末期某地类的人均面积
	人均(户均)城镇用地面积变化量	统计基期人均(户均)城镇用地面积－统计末期人均(户均)城镇用地面积
	人均(户均)村庄用地面积变化量	统计基期人均(户均)村庄用地面积－统计末期人均(户均)村庄用地面积
	交通密度变化量	统计基期交通密度－统计末期交通密度
	森林覆盖率变化量	统计基期森林覆盖率－统计末期森林覆盖率
土地利用结构与布局	一级(二级)地类的比重	某一级(二级)地类总面积/土地(相应一级地类)总面积×100%
	一级地类人均面积	某一级地类总面积/总人口数
	某地貌类型区域内的一级地类比重	某地貌类型区内的某一级地类面积/该地貌类型区总面积×100%
	各坡度级耕地的比重	某坡度级的耕地面积/耕地总面积×100%
	各海拔高度范围耕地的比重	某海拔范围的耕地面积/耕地总面积×100%
	各地类区位指数	某行政区域(乡镇、县或地市)某地类面积占该行政区(乡镇、县或地市)土地总面积的比重/上一级行政区域(县、地市或省)该地类面积占上一级行政区与土地总面积的比重
土地开发利用程度与经济效益	土地垦殖率	耕地面积/土地总面积×100%
	土地利用率	已利用土地面积/土地总面积×100%
	土地农业利用率	农业用地面积/土地总面积×100%(农业用地：耕地、园地、林地、牧草地、水产养殖用地)
	土地建设利用率	建设用地面积/土地总面积×100%(建设用地：居民点、工矿、交通、水利设施用地等)
	耕地复种指数	全年农作物播种面积/耕地面积×100%
	水面利用率	已利用水面面积/水面总面积×100%
	林地覆盖率	林地面积/土地总面积×100%
	建筑密度	建筑物基底面积/用地面积×100%
	建筑容积率	建筑总面积率/用地总面积
	人均用地面积	用地总面积/人口总数
	单位播种面积(或收获面积)产量(或产值)	作物总产量(产值)/作物总播种面积
土地质量与土地利用生态效益	水土流失(土地沙化、土地盐渍化)面积指数	水土流失(土地沙化、土地盐渍化)面积/土地总面积
	氮及有机质含量	可经实验直接测定
	土壤环境质量指数	评估土壤环境质量等级所用的一种相对的无量纲指数
	水质质量指数	水环境质量评价中水环境质量优劣的数量尺度
	受灾(难利用土地、中低产田)面积比率	受灾面积(难利用土地面积、中低产田面积)/土地总面积

① 资料来源：https://www.zybang.com/question/1b1a3d715426cf4d115b1d41a25954af.html。

描述

1. 土地利用现状调查

土地利用现状调查是"土地资源学"课程的重要内容,本专业在课程实习过程中已经进行过初步的城镇的土地利用现状调查实习。开展农村土地利用现状调查实习,有助于学生了解土地利用现状调查的工作流程,进一步掌握土地利用现状调查的具体技术方法。

秭归地理专业野外教学实习中土地资源模块的实习内容,选取雾河村进行土地利用现状调查实习。调查区范围小,约 $1.735 km^2$,海拔高度在 $400\sim880m$ 之间,也是研究调查农业垂直地带性的理想区域。遥感影像图和地形图(1∶5000)仅仅在土地利用调查实习时发给学生,实习结束必须收回。雾河村制图的数据源是 1∶10 000、等高距为 5m 的地形图:陶家溪幅[H-49-43-(41)]。

整个土地利用现状调查工作可分为四大阶段:准备阶段、外业工作阶段、内业整理阶段和成果检查验收阶段。具体可分为八大步骤:调查的准备工作;外业调绘;航片转绘;土地面积量算;编制土地利用现状图;编写土地利用现状调查报告及说明书;调查成果的检查验收;成果资料上交归档。

1) 土地利用现状调查实习的目的

(1)掌握土地利用现状调查、更新调查、变更调查的工作流程。

(2)了解遥感影像图的纠正、裁剪和标准分幅影像图的制作。

(3)掌握影像图目视判读的基本技巧。

(4)掌握利用航片或卫片进行土地利用现状调查的技术方法。

(5)掌握土地利用现状、更新、变更调查的外业工作方法。

(6)掌握土地利用现状、更新、变更调查后期内业工作内容与方法。

(7)能够熟练使用 ArcGIS 软件,独立完成土地利用现状图的绘制整饰,完成不同用地类型的面积统计。

2) 调查实习的工作分配

(1)本次实习采用标准为《第三次全国土地调查技术规程》。

(2)实习分组进行,每组 5~6 人。

(3)调查区域大小:各小组调查区域按照经纬网格进行分配,且组与组之间应没有重合区域。实习分配区域也可以按照道路进行分配,不过需要平衡各个小组的调查工作量。

3) 调查实习的工作准备

(1)调查工作底图:雾河村(局部)遥感影像图;出图比例尺为 1∶5000。

(2)软件:ArcGIS;图例库文件。

(3)聚酯薄膜绘图纸一卷和彩色铅笔(非必需)。

(4)绘图图板。

(5)机房。

4) 建立三维地表模型

所需数据:GoogleEarth 高分辨率地表影像,DEM 高程数据。

数据来源:91卫图助手(软件)、地理空间数据云(在线云平台,以下简称数据云)DEM数据产品。91卫图助手提供GoogleEarth影像数据、DEM高程数据、地图路网等多种类型数据。91卫图网址:http://www.91weitu.com/[注:数据云中有全面的DEM高程数据,分辨率有30m与90m两种,可以根据需要下载。但是不建议使用数据云获取高分辨率地表影像数据(数据云提供的是多光谱、高光谱及合成数据产品,多用于遥感相关分析,没有可以直接下载的高分辨率地表影像数据)]。

需要注意的是,91卫图助手的可下载影像级别受下载范围限制,范围越大,级别越低,对于大范围高级别的数据下载,可以通过小片下载(依据大比例尺图幅下载)后拼接实现。

数据导出采用"2000国家大地坐标系高斯投影",坐标系及坐标系转换是ArcGIS软件学习中比较难的部分,所以保证图件坐标系一致十分重要,可以避免许多可能遇到的障碍(2008年7月1日起,国家自然资源系统将全面使用2000国家大地坐标系,北京54坐标、西安80坐标系的使用者逐渐减少)。

5) 调查实习工作流程

(1) 前期准备

A:遥感影像室内解译。

B:依据影像图目视解译结果,对调查区域进行调查草图的矢量绘制,并着重标识出难以辨别的区域。

C:打印草图。

D:根据调查区域分配,各小组进行调查路线规划。

(2) 外业调查

A:各小组在本小组区域内按照预先安排好的路线,依据准备好的草图进行调查。

B:针对草图所绘制的地类以及地类边界进行核实,记录更新和更正区域。

(3) 内业整理

A:针对核实区域进行草图修改。

B:图形整饰。

C:数据分析,统计出各类用地面积及所占比例。

D:土地利用现状图成果出图(图8-1、图8-2)。

E:编写调查过程报告,撰写心得。

2. 雾河村的主要喀斯特地貌

1) 漏斗

漏斗是岩溶化地面上的一种口大底小的圆锥形洼地,平面轮廓为圆形或椭圆形,直径数十米,深十几米至数十米。漏斗下部常有管道通往地下,地表水沿此管道下流,如果通道被黏土和碎石堵塞,则可积水成池。溶蚀漏斗是地面低洼处汇集的雨水沿节理裂隙垂直向下渗漏而不断溶蚀形成的。漏斗是岩溶水垂直循环作用的地面标志,因而漏斗多数

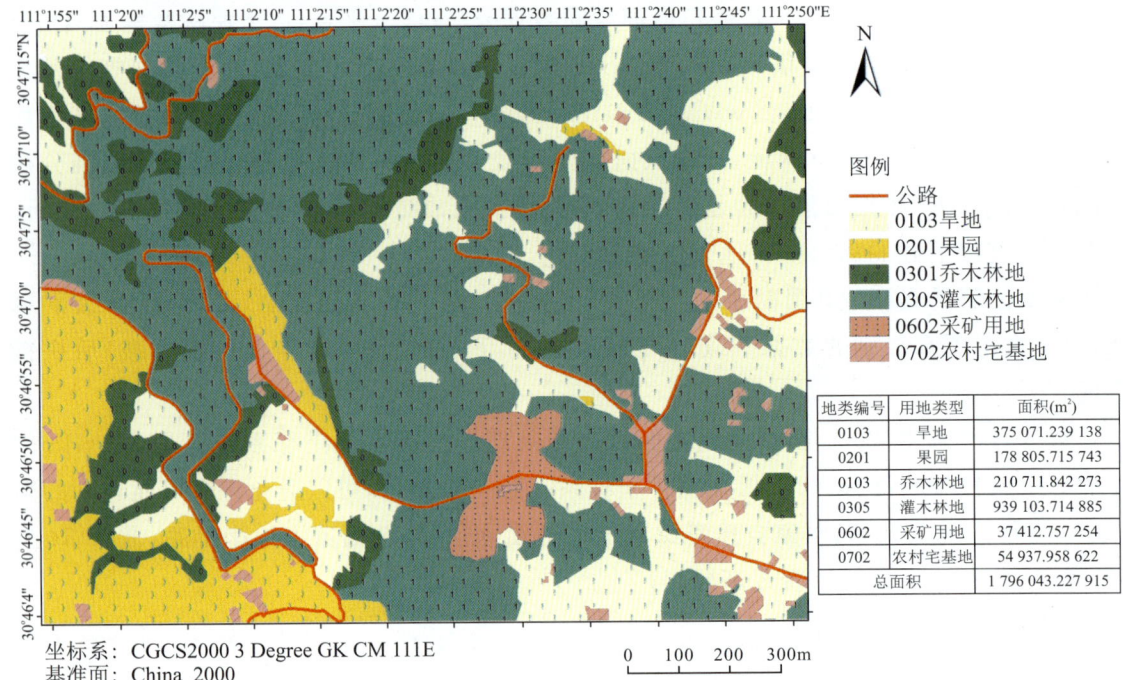

图 8-1 雾河村（局部）土地利用现状图（李玲君 绘，侯林春 核，2018）

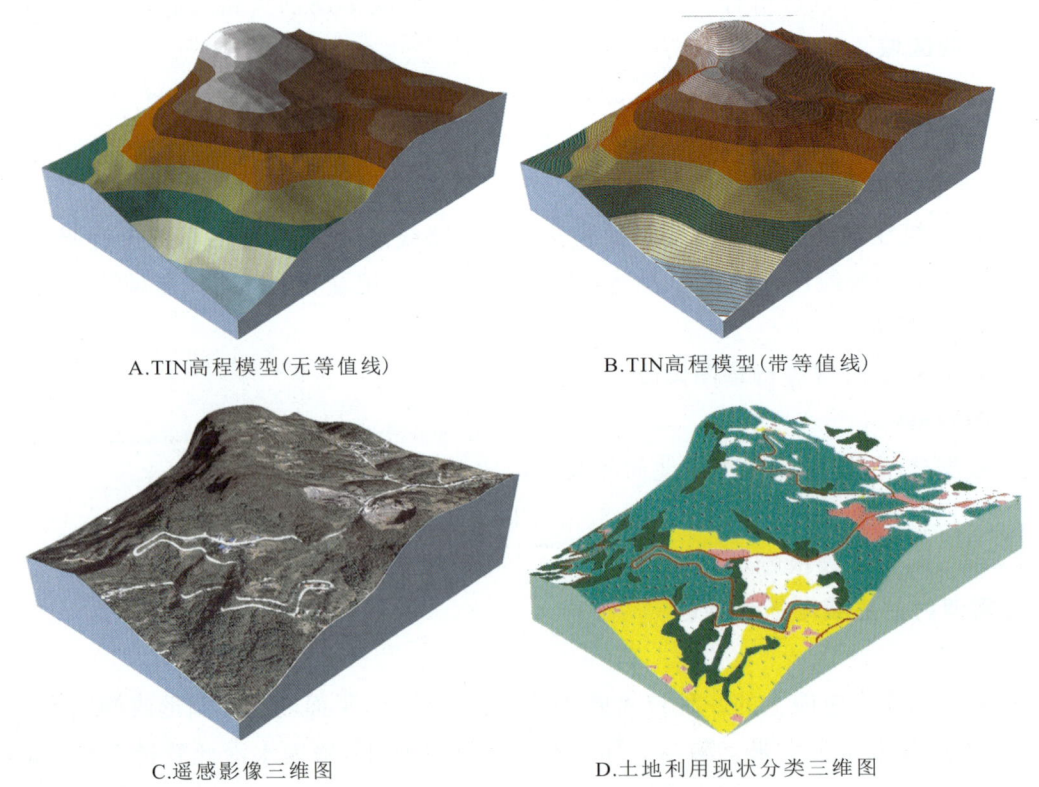

A.TIN高程模型（无等值线）　　　　　　B.TIN高程模型（带等值线）

C.遥感影像三维图　　　　　　D.土地利用现状分类三维图

图 8-2 雾河村（局部）三维图（陈洪林，李玲君 绘，侯林春 核，2018）

分布在岩溶化的高原面上。古溶蚀漏斗经过人们的土地改造、种植农作物，形成现在的溶蚀洼地形态（图 8-3）。

图 8-3　雾河村的喀斯特地貌——溶蚀洼地（侯林春，2017）

2）溶洞

和尚洞是发育在灯影组二段的灰岩溶洞（图 8-4）。和尚洞的主要特征、发育条件、成因分析描述如下。

(1) 主要特征：洞口宽大，呈三角形，高约 40m，宽约 21m，宽、高往内延伸，空间越往内部越大。洞口 8m 处，洞宽约 23m，高约 5m，深约 52m。洞壁发育有岩溶裂隙，贯穿洞顶与洞底。洞壁与洞顶发育有石钟乳。洞内可见厚约数米的堆积物，为洞外地表水向洞内流动过程中形成的堆积物及溶洞形成过程中的崩塌堆积物所形成。

图 8-4　雾河村喀斯特地貌——溶洞（和尚洞）（侯林春，2018）

(2)发育条件:在灯影组二段的青灰色薄层白云岩中,为可溶性岩石。下层为震旦纪陡山沱组(Z_2d),成分有薄层的碳质页岩和石煤。构造上为向南东倾斜的单斜构造,产状:倾向 144°～150°,倾角 10°～17°。

(3)成因分析:灯影组白云岩节理、断裂比较发育,南东向的小断层与区域的北西向断裂在此交会,大的断裂带给地下水提供发育条件。地下水的循环交替发育了和尚洞。

3)溶沟

地表水流沿灰岩坡面流动,溶蚀和侵蚀出许多凹槽,称为溶沟(图 8-5,左)。

4)石芽

溶沟之间的突起部分称为石芽(图 8-5,右)。

图 8-5　雾河村的地貌——溶蚀沟(左)和石芽(右)(侯林春,2017)

第二节　土壤与农业用地的垂直分带

路线　基地→王家桥小流域监测站→王家桥村→基地。

任务　(1)利用无人机和实地调查,了解王家桥小流域土地利用现状和土地整治方式。

(2)利用地形图和遥感影像图,分析王家桥小流域地形地貌及其特点。

(3)调查王家桥村柑橘农业,分析王家桥村成为"聚宝盆"的原因。

(4)结合农村扶贫,了解王家桥小流域农业用地垂直分带和相应的农业类型。

(5)利用流域土壤分布图,分析土壤分布特点。

(6)观察土壤剖面,并绘制土壤剖面示意图。

(7)绘制王家桥小流域三维图、土地利用现状图、坡度坡向图等。

No.01 王家桥小流域农业用地垂直分带

点位 水田坝乡王家桥小流域水土流失监测站。
GPS E110°41′38″，N31°05′20″；$H=300m$。
点义 王家桥小流域概况与农业用地的垂直分带。

1. 垂直地带性

垂直地带指达到一定高度的山地，气候、水文、生物和土壤等自然要素及自然带从山麓到山顶随高度增加而逐渐更替的分布规律。主要因气温随高度增加而递减引起，也与不同高度和坡向的水分条件变化有关。

2. 三峡库区农业垂直地带性分布

三峡库区农业垂直地带性分布模式如表 8-2 所示。

表 8-2 三峡库区不同海拔地区高效生态农业发展模式

地貌类型（海拔）	特征	高效生态农业发展模式
沿江河谷 （175～300m）	社会经济相对发达，农业集约经营水平较高，气候条件较好；但另一方面人口密度大，耕地少，移民安置任务重，人地矛盾、资源耗竭、地力退化、环境污染等问题较为突出	重点建设基本农田，以粮食、水果、蔬菜生产为基础，突出以营造水果园、茶园增加植被，以坡改梯和沃土工程、排灌工程来保持水土，提高地力，以发展生猪、开发沼气来保护森林植被，发展池塘渔业，按照果（水果）—粮（粮食）—菜（蔬菜）—猪（生猪）—沼（沼气）—渔水陆循环再生的生态农业模式，建成优质粮食基地、优质蔬菜（榨菜）基地和优质林果基地，形成农、林、牧复合经营的立体生产结构体系
浅山丘陵 （300～500m）	仅次于沿江河谷区的库区人口密集区和移民安置重点区，也是发展高效生态农业条件较好的地区	利用优质柑橘、桑树等高效经济林及用材林，肥沃、保收的土地，采取轮作、间作套种等方式，发展水稻、小麦等粮食作物及高收益的油料、豆类等经济作物，用粮食、油料、蚕茧的副产品发展生猪、鸡鸭等畜禽，以畜禽、蚕茧的粪便发展沼气，以沼气替代农村能源，用沼液沼渣增加农田的有机质和养分，进而促进粮油生产，形成橘—粮—经—畜—桑—沼共生互惠型高效生态农业发展模式
低山 （500～800m）	海拔高度升高，地形坡度增大，气候变得冷凉，水土流失严重，但土质比较肥沃	以植树造林、水土保持、草场改良为保护型生态条件，用轮作、间作套种等方式，发展玉米、小麦、各种杂粮、油菜、薯类、魔芋等农作物，用这些农作物及其副产品发展草食性畜牧业，同时通过人工种草为牲畜提供优质饲料，牲畜肥料施入农田促使杂粮、魔芋、薯类等农作物、水土保持林和草类生长，形成林（生态保护林）—粮（杂粮）—油（油料）—畜—草（草场）的水土保持型生态农业发展模式

续表 8-2

地貌类型(海拔)	特征	高效生态农业发展模式
中高山 (800m 以上)	地域辽阔,山高人稀,气候寒冷,人少地多,耕作粗放,水土流失严重,土壤肥力差,交通不便,农民文化素质低等,是库区的贫困地区和农业发展低产区,但草场草坡辽阔,适宜开垦,种草养畜,立体气候明显	以干果为主的经济林和优质用材林作为保护型生态条件,大面积发展银杏、板栗、核桃、茶叶等干果林,利用高山的优势,采取轮作、间作等方式发展杜仲、黄连、天麻、黄柏、厚朴等中药材,种植高山反季节蔬菜、烤烟和人工牧草,用种植的牧草和改良后的天然草场发展山羊等草食性牲畜,利用牲畜粪便促进干果林、中药材、烤烟、反季节蔬菜等作物的生长,形成以高山名优土特产品生产为主体、干果—药—茶—烟—菜—草为链条的高效生态农业建设模式

描述

1. 王家桥小流域自然地理概况

王家桥小流域位于湖北省秭归县水田坝乡,属长江流域二级支流。流域位于东经110°41′5.1″,北纬31°04′43.7″,流域面积16.7km²。流域长度6.439km,平均宽度2.59km,最低海拔195m,最高海拔1105m,平均海拔高度633m(图8-6)。小流域平均坡长1501m,平均坡度24.14°,其中小于5°、5°~8°、8°~15°、15°~25°、25°~35°、大于35°坡度面积分别占总面积的0.075%、0.171%、4.711%、35.53%、52.017%和9.496%。沟壑密

图 8-6 秭归县王家桥小流域地形图(左)与遥感影像图(右)(李玲君 制,侯林春 核,2018)

度 3.52km/km²,沟谷裂度 1.11%,沟道纵比降 8.44%。小流域成土母质以紫色砂岩为主,土壤以紫色土、水稻土为主,水土流失面积占流域面积的 74.3%(图 8-7~图 8-10)。小流域属北亚热带大陆性季风气候,温暖潮湿、四季分明、雨热同季、无霜期长。多年平均温度 17.3℃,多年平均降水量在 1000~1300mm 之间,大于等于 10℃有效积温 5700℃左右,持续时间 200~230 天。流域内原始植被破坏殆尽,植被类型以次生针阔叶混交林为主,主要有松树、柏树、柑橘、茶、油茶、刺槐等;农作物习惯种植水稻、小麦、油菜、玉米和红苕等作物。小流域辖王家桥、陈家岭、大水田、青蒿峪 4 个自然村(图 8-11),共有 1402 户,4299 人,其中劳动力 2305 人,2010 年农村经济总收仅 1 695.1 万元。

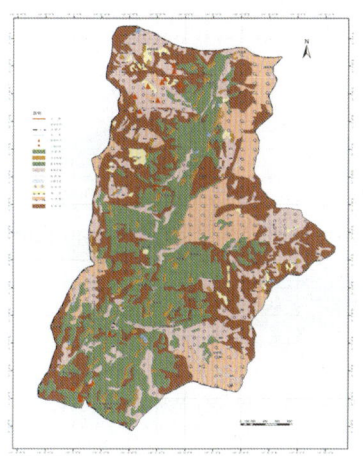 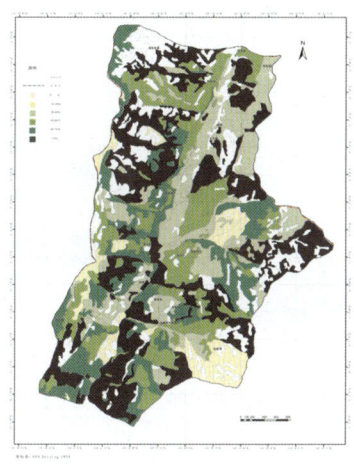 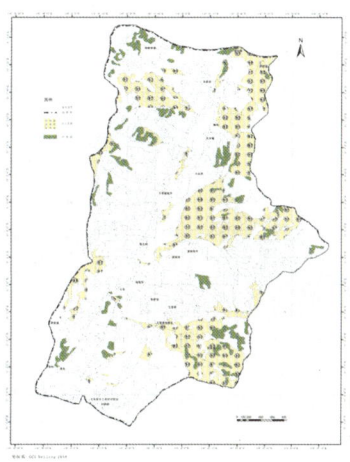

图 8-7　土地利用现状图(左)、植被覆盖图(中)和规划措施图(右)(秭归县水土保持局,2017)

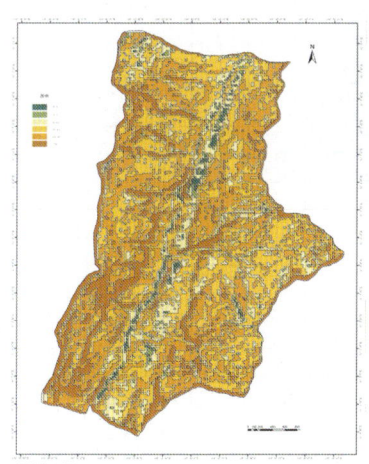 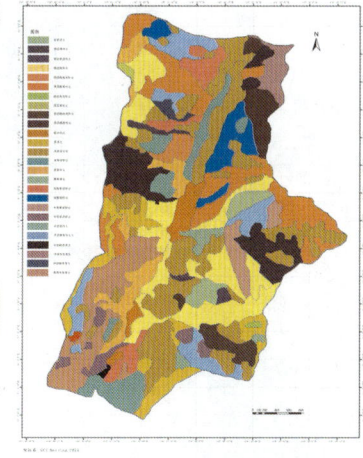 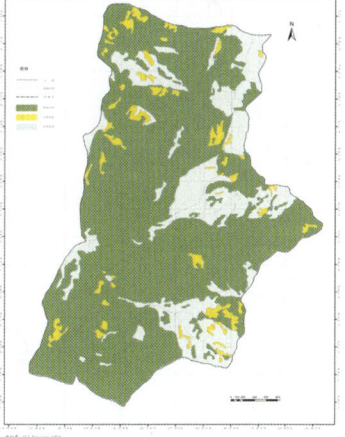

图 8-8　坡度分级图(左)、土壤类型图(中)和土壤侵蚀图(右)(秭归县水土保持局,2017)

2. 小流域水土保持科研试验情况

王家桥小流域水土保持试验站于 1988 年组建,1989 年 1 月正式开展水土保持试验和水土流失动态监测(表 8-3)。截至目前,王家桥站现有办公及住宿楼一栋,建筑面积

图 8-9　小流域遥感影像(左)、土地利用(中)和植被覆盖(右)三维图(李玲君 制,侯林春 核,2018)

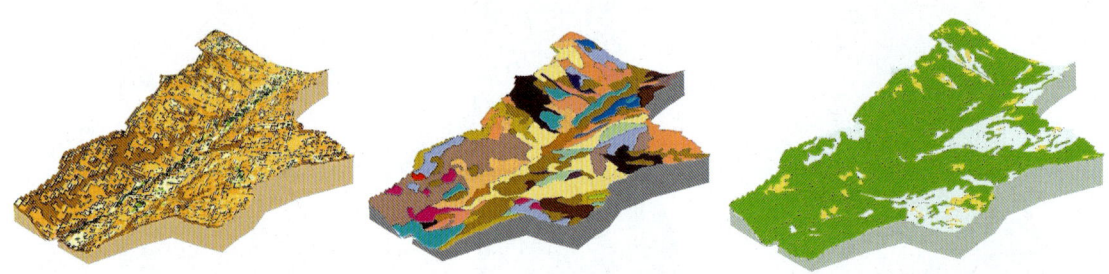

图 8-10　小流域坡度分级(左)、土壤类型(中)和土壤侵蚀(右)三维图(李玲君 制,侯林春 核,2018)

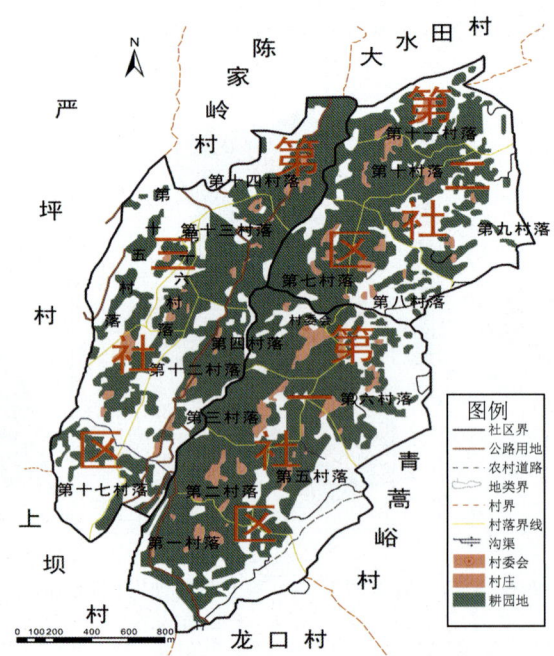

图 8-11　王家桥村农村社区与村落分布(杜海林,2018)

480m²。在流域出口设小流域控制站一处,流域内建坡面径流场一组5个,其中标准试验小区3个,自然小区2个(图8-13、图8-14)。拥有日记式水位计、电热干燥恒温箱、1/1000电子天平、流速仪、遥测雨量器、电脑等实验仪器设备。主要开展小气候观测、小流域控制站径流泥沙观测和坡耕地土地退化与防治措施的对比试验研究。①降雨量:在小流域出口处安装遥测雨量器和雨量筒一套,流域中上部各布设一个人工雨量筒。利用这几个降雨观测点的观测结果,计算小流域平均降雨量和降雨侵蚀力。②坡面径流场:坡面径流场共设小区5个,其中标准小区一组3个,自然小区2个。小区四周采用止水墙防止外来客水进入,下方修建集水池,收集每场降雨产生的径流、泥沙。

表8-3 湖北省秭归县王家桥小流域水土保持监测点概况

序号	项目	主要概况
1	所处行政区	秭归县水田坝乡
2	所属水系	FA0000
3	所属流域	长江流域良斗河一级支流王家桥小流域
4	经纬度	E110°41′5.1″,N31°04′43.7″
5	三区划分	三峡库区水土保持重点治理区
6	地形地质	鄂西山地的中低山地段,地处巫峡与西陵峡间的秭归盆地。岩性为紫色砂页岩、紫色泥页岩及灰绿色砂页岩。流域内沟壑密布,地形破碎,海拔在173~1100m之间,坡度陡峭
7	植被类型	植被以亚热带常绿落叶阔叶林和针阔叶混交林为主,主要有松树、柏树、柑橘、茶、油茶、刺槐等;土壤以紫色土、水稻土为主
8	气象水文特征	属北亚热带大陆性季风气候,温暖潮湿、四季分明、雨热同季、无霜期长。平均温度17.3℃,平均降水量在1000~1300mm之间,大于等于10℃有效积温5700℃左右,持续时间200~230d
9	侵蚀类型	水力侵蚀
10	土地利用类型	耕地、园地、林地以及其他用地
11	主要监测设施	监测设施有办公楼、雨量观测场、矩形宽顶堰、水位观测房;检测设备有SL1型遥测雨量器、SW-40型日记式水位计、SL25-1型流速仪、电热恒温干燥箱和1/1000电子天平等
12	主要检测内容	降水量、水位、流量和悬移质泥沙
13	控制面积	16.7km²

各小区水土保持措施设置为:1小区为石坎梯田种粮小区;2小区为25°坡地种粮小区;3小区为25°裸露坡地;4小区为坡度28.4°的柑橘自然小区,小区面积1234m²;5小区为坡度28.4°的柏树+刺槐混交林自然小区,小区面积1234m²。

3.水土流失综合防治及其成效

王家桥小流域规划建设本着"水土保持与新农村建设结合,治标与治本结合,项目建设与调整产业结构结合,近期经济效益与长远持续发展结合,水土保持综合治理与水土流

图 8-12　秭归县王家桥小流域中的王家桥村实景图（吴淑秀，2018）

图 8-13　王家桥小流域水土保持试验小区（远观）（侯林春，2018）

图 8-14　王家桥小流域用于径流测试的量水堰（左）和水土保持试验小区（右）（侯林春，2018）

失动态监测结合"的指导思想,以条件建设为主题,以改善人居生态环境,提高治理区人民生活质量为目标,并积极开展水土流失动态监测,总结分析小流域治理前后社会、经济变化情况,示范、推广水土保持新科技。通过治理,共完成水土流失治理面积 $8.87\times10^5 m^2$,其中:坡改梯 $2.55\times10^5 m^2$,发展经果林 $5.6\times10^4 m^2$,茶叶 $1\times10^5 m^2$;营造水土保持林 $7.5\times10^4 m^2$,封禁治理 $4.01\times10^5 m^2$;新建蓄水池 3 口,整修堰塘 1 座,谷坊 8 座,沉沙池 20 个;整治溪沟 1.1km,新修、扩建田间排水沟 4.0km;新建沼气池 130 口。实现了"山水林田路、拦截蓄灌排"综合防治目标,水土保持综合效益十分显著(图 8-13)。①生态环境明显改善,土地生产能力大大提高。据监测结果统计,小流域水土流失综合治理度达 80% 以上,土壤侵蚀总量由 $6705t/(km^2\cdot a)$ 下降到 $1050t/(km^2\cdot a)$,人均基本农田由 $300m^2$ 上升到 $700m^2$。如今,王家桥小流域山上绿树成荫,山间果树成林,溪沟绿水长流,基本实现了"山顶林地带帽,山间果茶缠腰,山脚菜粮成园,堰渠配套相连"。②农民收入稳步上升,生活质量不断提高。随着生产条件的改善,治理后形成了以茶叶、柑橘、蔬菜为支柱产业的致富渠道,农民经济收入稳步增长,农民人均收入由治理前的 1200 元上升到 3450 元,生活质量不断提升,成为县内有名的小康社区。③社会效益显著提高,人们思想观念更新。生态环境的改善,唤醒了人们爱护环境、崇尚科学、致富奔小康的意识,农民自觉管护林木,建沼气池,改房、改厕、改水、改灶、改栏,生活环境焕然一新,呈现出"家家房屋亮堂堂,户户沼气猪满栏,四季果园花飘香,景美和谐人富裕"的农村新景象。

4. 王家桥村和柑橘专业合作社概况

1) 王家桥村概况

王家桥村面积 $7.41km^2$,位于水田坝乡东北部,辖 8 个村民小组,距秭归新县城 73km。该村东接青蒿峪村,南接龙口村,西接严坪村和陈家岭村,北接大水田村(图 8-12)。

王家桥村经济以种植柑橘为主,主要农作物有小麦、马铃薯、大豆、玉米等。2017 年,柑橘产值突破"亿元"。全村柑橘种植面积达到 $3.67km^2$,已形成春有伦晚,夏有夏橙,秋有屈香,冬有纽荷尔、红肉脐橙的"四季鲜橙"产业。本村柑农 712 户,共 2018 人,柑橘年收入达到 30 万元以上的有 60 多户、20 万元以上的有 200 多户、10 万元以上的有 300 多户、5 万元的不足 100 户。王家桥村先后荣获全国科普示范村、湖北省绿色示范村、宜昌市党风廉政建设示范村、秭归县优秀党支部。

2) 秭归县王家桥柑橘专业合作社

秭归县王家桥柑橘专业合作社于 2009 年 9 月正式依法登记注册,社员 39 名,股金 7.1 万元,于 2011 年成功注册"归风"商标,结合发展实际,现组成 10 名核心社员,156 名普通社员,合作社现金股金达 45.9 万元,国家配股 84 万元,增员增加出资额,登记入社成员已经达到 166 户,注册资金 289.146 8 万元,建核心示范园 $1km^2$,辐射带动农户 600 户,一般社员自有承包土地经营面积 7 亩,合作社连续多年与秭归县屈姑食品建立柑橘深加工原料基地 $2.9km^2$。

5. 王家桥小流域地形图、影像图和专题图的制作

王家桥小流域地形图数据源为秭归县的六幅比例尺为 1:10 000、等高线间距为 5m

的等高线地形图,它们包括"马营"[地形图标号为 H-49-30-(35)]、"草池坪"[地形图标号为 H-49-30-(36)]、"野桑坪"[地形图标号为 H-49-30-(43)]、"辛家湾"[地形图标号为 H-49-30-(44)]、"水田坝"[地形图标号为 H-49-30-(51)]和"高菇坪"[地形图标号为 H-49-30-(52)]。

在制作王家桥小流域专题图等图件时(图 8-8~图 8-11),还需要利用 91 卫图助手下载王家桥小流域遥感影像数据和王家桥小流域高程数据。

No.02:王家桥小流域土壤剖面与土壤垂直分带

点位 水田坝乡王家桥村委会。
GPS E110°41′38″,N31°05′20″;$H=300m$。
点义 王家桥小流域土壤的垂直分带与土壤剖面。

1. 土壤

在 19 世纪末,俄国土壤学家道库恰耶夫(V. V. Dokuchaisv)从土壤发生学的角度认为土壤的性质是气候、生物、地形、母质和时间五大成土因素综合作用的结果。

土壤是指地球表面的一层疏松的物质,由各种颗粒状矿物质、有机物质、水分、空气、微生物等组成,能生长植物。土壤由岩石风化而成的矿物质、动植物和微生物残体腐解产生的有机质、土壤生物(固相物质)以及水分(液相物质)、空气(气相物质)、氧化的腐殖质等组成。

固体物质包括土壤矿物质、有机质和微生物通过光照抑菌灭菌后得到的养料等。液体物质主要指土壤水分。气体是存在于土壤孔隙中的空气。土壤中这三类物质构成了一个矛盾的统一体。它们互相联系,互相制约,为作物提供必需的生活条件,是土壤肥力的物质基础。

土壤是所有陆地生态系统的基底或基础,土壤中的生物活动不仅影响着土壤本身,而且也影响着土壤上面的生物群落。生态系统中的很多重要过程都是在土壤中进行的,特别是分解和固氮过程。生物遗体只有通过分解过程才能转化为腐殖质和矿化为可被植物再利用的营养物质,而固氮过程则是土壤氮肥的主要来源。这两个过程都是整个生物圈物质循环所不可缺少的过程。

2. 土壤剖面

土壤剖面指从地面垂直向下的土壤纵剖面,也就是完整的垂直土层序列,是土壤成土过程中物质发生淋溶、淀积、迁移和转化形成的。不同类型的土壤,具有不同形态的土壤剖面。土壤剖面可以表示土壤的外部特征,包括土壤的若干发生层次、颜色、质地、结构、新生体等。在土壤形成过程中,由于物质的迁移和转化,土壤分化成一系列组成、性质和形态各不相同的层次,称为发生层。发生层的顺序及变化情况反映了土壤的形成过程及土壤性质。

3. 主要土壤发生层

土壤学上以英文大写字母表示土壤发生层,主要的发生层从上到下依次有以下几种。

(1)O层残落物层。在通气良好而又较干燥的条件下,植物残落物堆积,有机物不能完全分解并在地表累积而形成。

(2)H层泥炭层。在长期水分饱和的条件下,湿生性植物残体在表面累积,是泥炭形成过程中形成的发生层。

(3)A层淋溶层。在表土层中,有机质已腐殖质化,生物活动强烈,主要进行着淋溶过程,故称为淋溶层。物质的淋溶程度随水、热条件而异。

(4)E层灰化漂白层。在淋溶和机械淋洗的条件下,硅酸盐黏粒和铁、铝化合物淋失,使抗风化力强的石英砂粒与粉粒相对富集,以较浅淡的颜色或灰白色而区别于A层。通常与灰化过程有关。

(5)B层淀积层。是淀积过程的产物,与母质层有明显的区别。黏粒、铁、铝或腐殖质在此层淀积或累积。次生黏土矿物形成,具块状或棱柱状结构,颜色变棕色或棕红色、红色等。

(6)C层母质层。指风化产物没有受到成土影响的层次,较上面土层紧实。

(7)R层母岩层。指最下部坚硬的岩石层。

此外还有一些过渡土层,兼有两种主要发生层的性状,在观测中可以用两个大写字母表示。如AB层表示该层性状更接近A层,BA则表示该层性状更接近于B层。

4. 红壤和黄壤①

长江以南的大部分地区以及四川盆地周围的山地,属中亚热带季风气候区,气候温暖,雨量充沛,年平均气温16~26℃,年降水量1500mm左右。植被为亚热带常绿阔叶林。黄壤形成的热量条件比红壤略差,但水湿条件较好。有机质来源丰富,但分解快,流失多,故土壤中腐殖质少,土性较黏,因淋溶作用较强,故钾、钠、钙、镁积存少,而含铁、铝多,土呈均匀的红色。因黄壤中的氧化铁水化,土层呈黄色。

描述 王家桥小流域的土属种类较多,试验中选定酸性泥砂土、酸性紫砂土、紫砂土、黄泥砂土、紫泥砂土、酸性紫渣土、紫渣土和灰紫渣土8个土属,代表面积12.15km²,占流域总面积的72.77%,除水稻土(不流失)外,试验土属基本代表了王家桥小流域的流失土壤(图8-8,中;图8-10,中;表8-4)。

---

① 资料来源:https://baike.baidu.com/item/土壤/33675?fr=aladdin。

表 8-4 王家桥小流域主要土壤种类性状及分布

土壤名称	主要特征	分布位置	利用方式	侵蚀状况
薄层紫砂土	厚度小于50cm,质地轻壤	20°～30°凹坡中部	梯地种柑橘	中度至强度侵蚀
薄层灰紫砂土	厚度30～50cm,质地轻壤	35°～45°陡坡中上部	荒草,加有疏林	剧烈侵蚀
中层紫砂泥土	厚度80cm左右,质地中壤,剖面内有锰铁沉积物	5°～10°坡地,15°～25°凹坡中下部	梯地或坡耕旱地	中度至轻度侵蚀
中层灰紫泥土	厚度80cm以上,质地中壤	15°～35°坡中下坡	耕地,柑橘	中度至轻度侵蚀
中层灰紫砂土	厚度80cm左右,质地轻壤	20°～40°坡地中下部	柑橘或林地	中度至强度侵蚀

实习过程中,同学们可以根据实际小流域地形的自然土壤剖面观察土壤剖面特征,并绘制土壤剖面示意图(图 8-15)。

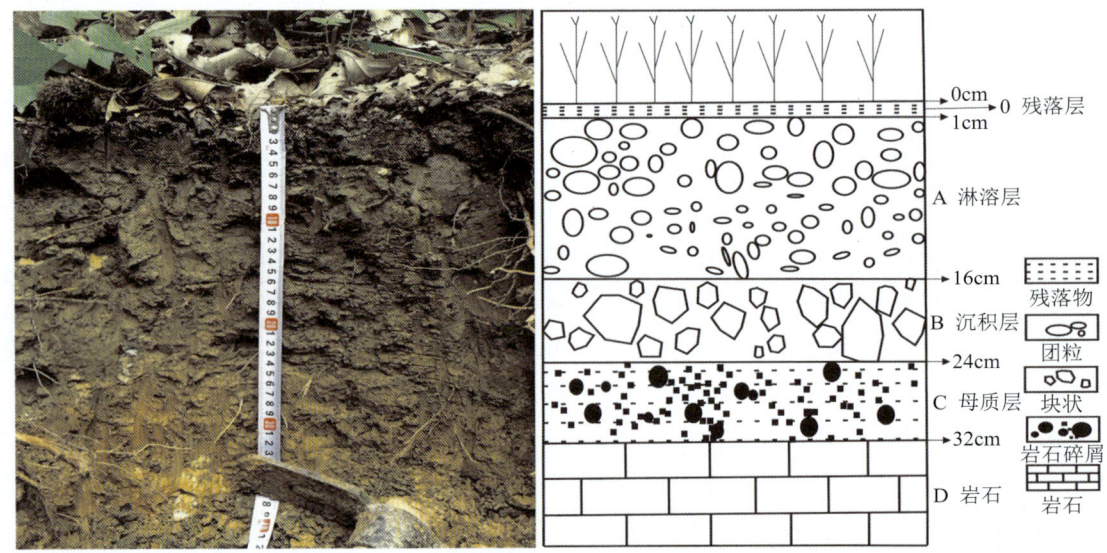

图 8-15 黄棕壤土壤剖面(左)及土壤剖面素描示意图(右)(胡红青,杨兰芳,2018)

第三节 花岗岩风化壳

路线 基地→陈家坝村(张家冲小流域)→基地。

任务 (1)观察花岗岩的风化现象。
(2)观察和描述风化壳剖面的分带性特征,并绘制风化壳剖面示意图。
(3)分析和讨论风化壳的形成过程。
(4)测量伟晶岩脉的产状。

点位 茅坪镇陈家坝村(张家冲小流域)。

GPS E110°57′26″,N30°47′2″;$H=195\text{m}$。

点义 花岗岩风化壳观察与描述。

1. 风化壳概述

风化壳是指地表或近地表基岩经过长期风化后,残留于原地的薄壳状不连续松散堆积物。风化壳是物理、化学和生物风化作用的综合产物,其分布位置、厚度和性质受基岩成分、结构、构造、裂隙、气候、植被、水文和地形等因素的影响。由于风化作用的强度由地表向下逐渐减弱和影响风化壳发育的因素具有水平分带性,因此风化壳具有垂直和水平分带的特性。被较新岩层覆盖而保存下来的风化壳,称为古风化壳,不整合面上常有古风化壳存在。

在垂直方向上,发育和保存完好的风化壳通常自上而下可分为土壤层、残积层、半风化层和基岩层。土壤层主要由黏土矿物和腐殖质构成,是残积物经生物风化作用强烈改造形成的产物,通常含大量的植物根系,灰色—灰黑色,厚度 20~200cm 不等,形成时间需 200~500 年。通过生物风化作用而形成的含有腐殖质的松散细粒物质,称为土壤。土壤的主要组成有腐殖质、矿物质、水分和空气。腐殖质是生物、微生物遗体在风化产物中不断聚集腐烂后变成的,它的存在是土壤区别于其他松散堆积物的主要标志。

整个风化壳的形成时间通常长达数百万年,甚至数千万年、数亿年。残积层主要由黏土矿物和其他化学风化产物组成,通常不含腐殖质,无层理。残积层的化学风化程度比较彻底,最能反映基岩风化时的气候条件,是物理风化和化学风化共同作用的产物。半风化层的岩石仅发生微弱的化学风化,以物理风化为主,岩石呈块状构造,相对较致密,比较清楚地保留有原岩的结构和构造。半风化层往下逐渐过渡到基岩。

需要指出的是,保存完整的风化壳剖面是比较少见的,土壤层和残积层很容易遭到地表流水的侵蚀和破坏,即使在保存完整的风化壳剖面上,土壤层、残积层和半风化层之间的界线通常也是逐渐过渡的。

2. 风化壳的 5 种类型

风化壳的性质与特征受气候条件的严格控制,在不同气候带,风化壳有不同的性质与特征。在水平方向上,根据风化条件和风化产物的不同,可区分 5 种风化类型(表 8-5)。

描述

1. 花岗岩风化壳实习过程

(1)分组和用罗盘测量仰角。要求学生以组为单位,每人测 3 次,得到一个平均值,分析比较每人、每组和一个班所测仰角值的精确度和误差(≤3°)。

(2)分组观测、描述风化壳剖面并绘制风化壳剖面素描图。以组为单位,在风化壳剖面上每人自下而上仔细观测,要求观测的内容包括:微地形地貌,岩石风化程度在垂向上和在水平方向上的变化特征,基岩类型,风化壳分带界线的确定,各带厚度的测量和特征观察。在上述工作的基础上每人可按 1∶100 的比例尺绘制一幅风化壳剖面示意图。

表 8-5 5 种主要的风化壳类型

风化壳类型	风华条件	元素迁移特征	标志元素	标志矿物
岩屑型风化壳	高寒气候、生物作用弱	元素迁移弱,机械破坏为主		微弱化学变化的碎屑
硅铝-黏土型风化壳	温带潮湿气候,有机酸起积极作用	碱金属元素已析出,Al_2O_3、Fe_2O_3带到下层,SiO_2在表层堆积	Al、Fe、Si	水云母、高岭土、绿高岭土、Fe、Al的氢氧化物
硅铝-碳酸盐型风化壳	温带半干旱气候,有机酸起作用	碱金属元素析出,碳酸盐矿物富集,主要是$CaCO_3$	Ca、Mg、(Na)	方解石、白云石、高岭土、蒙脱石
硅铝-氯化物-硫酸盐型风化壳	干旱气候,生物作用弱	碱金属元素部分析出,形成并堆积氯化物、硫酸盐类矿物	Cl、Na、S、(Ca、Mg)	岩盐、硬石膏、芒硝、蒙脱石
砖红土型风化壳	湿热的热带、亚热带气候,有机酸作用强	SiO_2和碱金属已被带走,Al_2O_3、Fe_2O_3堆积	Al、Fe、Si、Mn	Al、Fe的氢氧化物,SiO_2(蛋白石)、高岭土

(3)以组为单位讨论风化壳的形成过程及意义。

(4)教师点评与总结。

2. 陈家坝张家冲小流域的花岗岩风化壳特征及气候意义

陈家坝张家冲小流域的风化壳的基岩为新元古代花岗岩(灰色中粗粒黑云角闪英云闪长岩),属于黄陵岩基的太平溪岩体。在区域上,该花岗岩整体看过去,新鲜面的颜色为深灰色,根据矿物颗粒的粒径大小分类,岩石结构为中粗粒结构,矿物颗粒粒径大小在 2~10mm 之间。肉眼可观察到的矿物有半透明的石英、片状的黑云母、白色的斜长石以及黑色的角闪石。黑云母片状结构,黑褐色,粒度 3~5mm,完全解理,玻璃光泽,薄片具有弹性。花岗岩的矿物含量:石英 30%左右、斜长石 50%左右、角闪石 10%左右、黑云母 10%左右,其中暗色矿物为角闪石与黑云母,所以色率 $M=20$,岩石为块状构造,中粗粒结构。花岗岩体内暗色析离体广泛分布。

该风化壳自上而下可分为土壤层、残积层和半风化层,花岗质基岩未出露(图 8-16)。

土壤层:位于风化壳的顶部,灰褐色,自上而下颜色变浅,厚 0~10cm;主要成分为黏土矿物、有机质、褐铁矿和少量的石英,以及植物根系和尚未彻底腐烂的植物茎和叶。其土壤类型为褐壤(或棕壤),具有温带气候的土壤特征。

残积层:位于土壤层之下,红褐色,厚 20~50cm;主要成分为黏土矿物、褐铁矿和残留的石英。该层疏松易碎,属于硅铝-黏土型风化壳,形成于温带潮湿气候环境。

半风化层:位于风化壳剖面的下部,可见厚度较大,大于 600cm。在半风化层中花岗岩的原始结构和构造仍清晰可见,但长石已不同程度地水解成高岭土,大多数黑云母已变成蛭石,岩石构造疏松易碎。半风化层未见底。

图 8-16 中的花岗岩脉是伟晶岩脉,颜色为灰红色,以钾长石和石英的巨型斑晶为

主,偶见白云母等矿物。钾长石和石英形成致密的文象结构,所以伟晶岩脉结构致密。与花岗岩相比,伟晶岩脉比较难以风化。

图8-16 花岗岩风化壳与花岗伟晶岩脉剖面(陈家坝村)(侯林春,2017)

第四节 水土流失监测与水土保持

路线 基地→张家冲水土保持站→基地。

任务 (1)水土保持监测和实验小区、坡度小区的建设标准。

(2)观察不同坡度和不同耕作方式的土地水土保持监测。

(3)了解植物篱的意义和不同耕作方式的水土保持。

(4)了解水土流失的影响因素。

(5)利用地形图和影像图进行小流域土地利用调查。

(6)学习利用无人机进行土地利用调查。

(7)绘制土地利用现状图、地形坡度图和地形坡向图。

点位 茅坪镇陈家坝村。

GPS E110°57′18.07″,N30°46′42.56″;$H=179m$。

点义 水土检测的方法和植物篱的水土保持作用。

 知识链接

1. 水土流失

水土流失(也被称为侵蚀作用或土壤侵蚀),是指地球的表面不断受到风、水、冰融等

外力的磨损,地表土壤及母质、岩石受到各种破坏和移动、堆积过程以及水本身的损失现象,包括土壤侵蚀及水的流失。

2. 水土流失的影响因素

影响水土流失的自然因素有以下几点。

(1)气候,如降水量、降水年内分布、降雨强度、风速、气温、日照、相对湿度等。

(2)地形,如坡度、坡长、坡面形状、海拔、相对高度等。

(3)地质,主要指岩性和新构造运动,岩石的风化性、坚硬性、透水性等。

(4)土壤,是侵蚀的主要对象,其透水性、抗蚀性、抗冲性对水土流失的影响也很大。

(5)植被,植被防止水土流失的主要功能有截留降水、涵养水源、固持水体、改良小气候条件,并且在一定程度上可以防止浅层滑坡等重力侵蚀。

3. 水土保持

水土保持是防治水土流失,保护、改良与合理利用水土资源,维护和提高土地生产力,以利于充分发挥水土资源的生态效益、经济效益和社会效益,建立良好生态环境的综合性科学技术。水土保持的对象不只是土地资源,还包括水资源,保持的内涵不只是保护,而且包括改良与合理利用。不能把水土保持理解为土壤保持、土壤保护,更不能将其等同于土壤侵蚀控制。水土保持是自然资源保育的主题。

水土保持包括工程措施和植物措施两个方面,工程措施改变小地形,植物措施改变局部生态环境。植物措施初期由于植物根系小、枝叶少,起不到阻拦泥沙、含蓄水源的作用,必须通过工程措施蓄水保土,并为植物成活与生长创造良好的立地条件,即工程保植物,植物养工程,两者相辅相成,缺一不可。

4. 水土保持植物措施

水土保持植物措施,是指在水土流失地区以控制水土流失、保护和合理利用水土资源、改良土壤、维持和提高土地生产潜力、改善生态、增加经济与社会效益所进行的人工造林或飞播造林种草、封山育林育草等措施。

5. 水土保持工程措施

水土保持工程是在小流域内修建工程设施防止水土流失,即通过各种措施改变小地形,达到改变径流流态,减少和防止土壤侵蚀,拦蓄利用径流泥沙的目的。防护和拦蓄是水土保持工程的两大主要作用。因此,水土保持工程具有小、多、群体的特点。

在水土流失区域内的小流域,根据因地制宜、因害设防的原则,从山坡至沟口,由上而下合理地配置工程措施,形成一个完整体系,再配合林草措施,控制水土流失。

(1)将山区、丘陵区不同坡度的坡面沿等高线方向修成具有不同宽度和高度的水平或缓坡台阶地,并在地边缘加一道蓄水埂的这一类型农田统称为梯田。梯田是基本的水土保持工程措施,也是山区土地资源开发、治理坡耕地、提高农业产量的一项基本农田建设工程。

(2)护坡工程是为了对局部非稳定自然边坡加固,稳定开发建设项目开挖地面或堆置固体废弃物形成的不稳定高陡边坡或滑坡危险地段而采用的水土保持措施。常用的护坡工程有削坡开级措施、植被护坡措施、工程护坡措施、综合护坡措施及滑坡地段护坡措施等。

（3）综合护坡措施是在布置有拦挡工程的坡面或工程措施间隙上种植植物，其不仅有增加坡面工程的强度、提高边坡稳定性的作用，而且具有绿化美化的功能。综合护坡措施是植物和工程有效结合的护坡措施，适宜于条件较为复杂的不稳定坡段。

6. 水土流失评价指标

水土流失即水、土壤、其他地表组成物质及水土混合物在水力、风力、冻融、重力等作用下被破坏、剥蚀流动、转运和沉积的过程。水土流失等级体现了水土流失的强度与分布；坡度为水土流失的发生提供了势能；土地利用现状则提供了可流失的物质基础；植被可以固土，决定了水土流失的强弱。另外，降水量、土壤类型和高程也是影响水土流失的重要因子，高程决定了人类活动可影响的范围，海拔较低的区域人类活动强烈（表8-6）。

表8-6 水土流失评价指标

方向	影响因素	评价指标	数据来源
自然环境基础	地貌	高程	DEM数据
		坡度	DEM数据
	气候	年平均温度	监测数据
		年降水量	监测数据
生态环境状况	植被	植被覆盖度	RS+GIS+监测数据
	土壤	土地利用现状	RS+GIS+监测数据
		土壤类型	土壤类型分布图
	生态表征	生态脆弱性	RS+GIS+监测数据
		水土流失	RS+GIS+监测数据
	地质灾害	地质灾害等级	地质灾害评价图
人文社会状况	教育程度	人口质量	地方数据收集
	经济	经济发展水平	经济发展水平评价图
	人口	人口密度	人口聚集度评价图

描述

1. 张家冲小流域简介

秭归县张家冲小流域位于秭归县茅坪镇西南部，系茅坪河支流，距三峡大坝5km，距秭归新县城5.5km。流域总面积1.62km²，共有176户，610人，水土流失面积0.97km²。该流域属典型的花岗岩出露发育区域，花岗岩是一种酸性深成岩，主要成分为长石、石英、白云母和黑云母，易风化，土壤为花岗岩母质出露发育的石英砂土，透水透气性很强，地带性土壤为黄棕壤，底部分布有水稻土。

1) 水文气候

张家冲流域属亚热带大陆性季风气候，无霜期335d。年平均气温16.8℃，年日照时数1728h，年降雨量1164mm。流域内有3条支流覆盖全流域，经由瓮桥沟汇集流入茅坪河。

2) 地形地貌

该流域属山地丘陵地貌，为南北坡向，北高南低，四周高、中间低，最低海拔148m，最高海拔530m。下部较为平缓，中上部坡度较陡，小流域特征为典型的闭合小流域。

3) 土壤植被

本区土壤为花岗岩母质出露发育的石英砂土，植被以亚热带常绿、落叶阔叶林和针阔叶混交林为主，林业资源有低山河谷的柑橘，半高山的茶叶、板栗，高山的木材。林地面积达到0.98km^2，林草覆盖率达到62.6%。

4) 土地利用

张家冲流域土地总面积1.62km^2，其中耕地0.432km^2、林地0.98km^2、草地0.033km^2、荒山荒坡0.08km^2、其他用地0.082km^2。坡度大于25°的耕地有0.156km^2，林地中疏幼林地0.406km^2，经济果木林0.0746km^2。

5) 水土流失与水土保持

张家冲流域2001年水土流失面积0.97km^2，占土地总面积的60%。其中，轻度流失0.241km^2，占流失面积的24.8%；中度流失0.495km^2，占流失总面积的50.9%；强度流失0.08km^2，占流失总面积的8.2%；极强度流失0.156km^2，占流失总面积的16%。土壤侵蚀总量达到6705t·a，水土流失十分严重。张家冲小流域属秭归县"长治"五期工程宝塔河流域治理范围，张家冲小流域实施坡改梯0.033km^2，经济果木林种植0.066km^2，封禁管育0.33km^2，年减沙量867t。

2. 张家冲小流域影像图、地形图、土地利用现状图、坡度图和坡向图

张家冲小流域制图的数据源为"过河口[H-49-42-(48)](1∶1万)""杨贵店[H-49-42-(40)](1∶1万)"两幅5m等高距的地形图(JPG格式)，经拼接、裁剪、地理配准，得到张家冲小流域范围后，再经矢量化处理得到等高线图层文件。本次制图所有操作均以此等高线图层文件为基础进行。技术流程包括等高线数据—创建TIN三角网模型—编辑TIN—创建DEM数字高程模型—坡度、坡向分析—地图整饰与出图(图8-17、图8-18、图8-19)。秭归县水土保持局也作了张家冲小流域植被覆盖图、土壤侵蚀图和规划措施图(图8-20)。

3. 张家冲小流域水土保持试验站介绍

为了探索花岗岩岩性区水土流失规律，秭归县水土保持局在张家冲小流域设立水土保持试验站，试验站于2002年9月1日正式动工兴建。2003年，张家冲小流域水土保持试验站正式投入观测，目前试验站已经建成了包括19个取水点、5个自然小区、2个农作物增产试验小区、5个经济作物小区、9个坡度对比小区等试验观测场点，并设有4个雨量

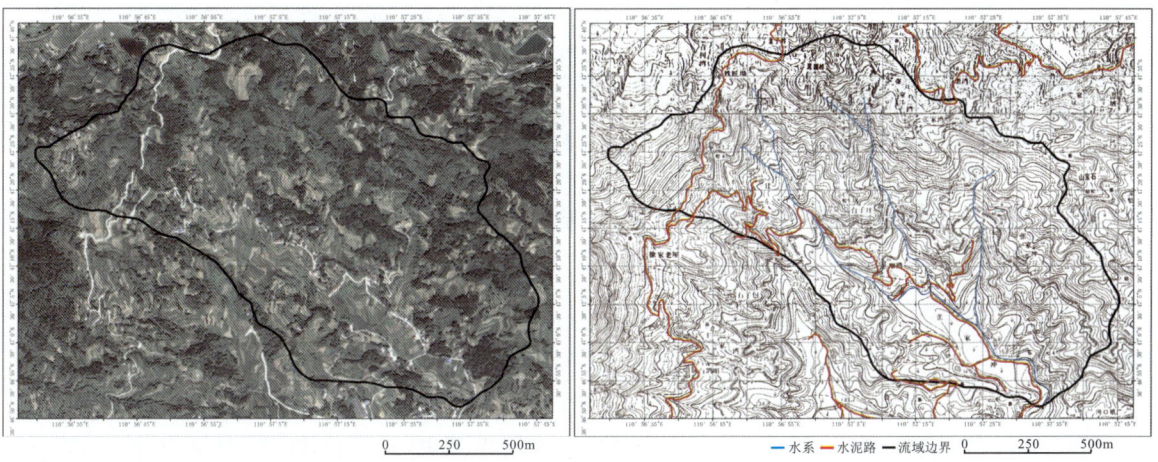

图 8-17 张家冲小流域影像图(左)与地形图(右)(熊媛 绘,侯林春 核,2017)

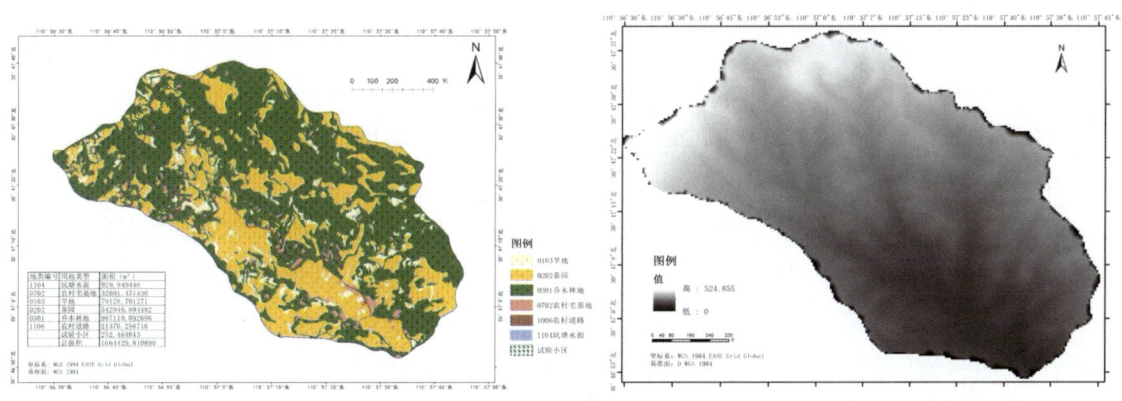

图 8-18 张家冲小流域土地利用现状图(左)和 DEM 高程图(右)(陈洪林 制,侯林春 核,2018)

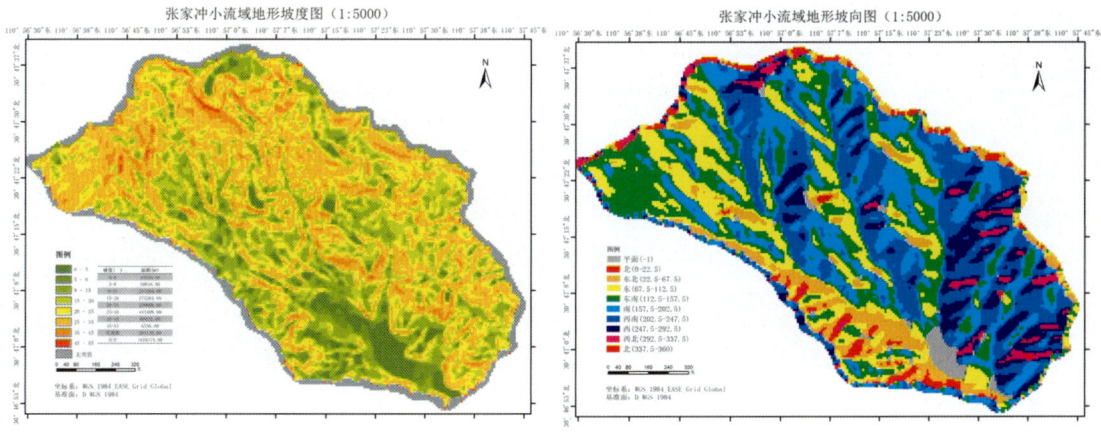

图 8-19 张家冲小流域地形坡度图(左)和地形坡向图(右)(陈洪林 绘,侯林春 核,2018)

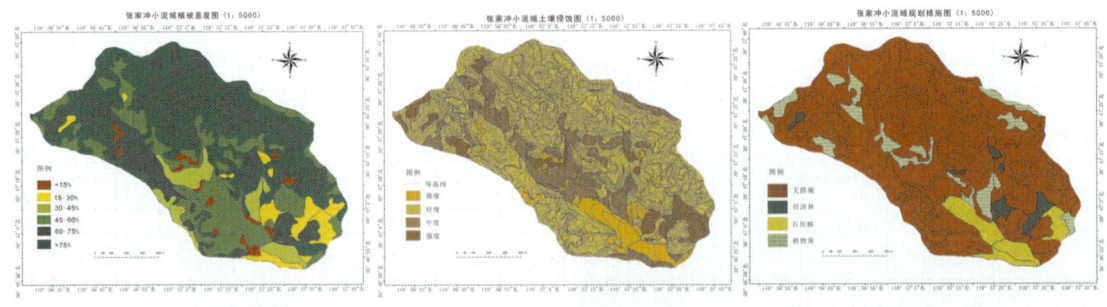

图 8-20　张家冲小流域植被覆盖图(左)、土壤侵蚀图(中)和规划措施图(右)(秭归县水土保持局,2017)

站、1个气象场。观测试验内容包括不同坡度的降雨量、径流总量、径流深、径流系数和悬移质侵蚀模数,农作物、经济林、蔬菜物候期生长状况及投入产出效益,林木生长状况、植被覆盖率、生物量等。

4. 水土流失治理实验区

水土流失治理实验区共设14个试验小区,其中标准小区10个,坡度小区4个。试验小区由坡地和观测水池组成。14个实验小区具有相同的坡向(向阳)和坡位(丘陵中上部),建设在流域出口西北方向坡地上。长方形实验小区的田面宽2.0m,坡长11.03m,坎高0.93m,投影面积均为20m²。

坡度小区分别是5°坡地农作物、8°坡地农作物、15°坡地农作物和20°坡地农作物。为了准确地比较各种保护性耕地措施对水土流失的影响,标准小区的坡度都是25°。标准小区和坡度小区四周均采用止水墙防止外来客水进入。下方修建集水池,集水池收集每场降水产生的径流、泥沙。集水池体积3.375m³(长1.5m,宽1.5m,深1.5m),池壁上装有水深刻度标尺,降雨后记录各小区产生的径流量,并采集浑水样本,经充分烘干后称重计算土壤流失量(图8-21、表8-7)。

图 8-21　不同坡度和农业利用类型的水土流失检测区(侯林春,2016)

注:E、F、G三个试验小区分别用石头和土堆砌成五阶阶梯;J、K、L、M、N五个试验小区都是坡度相同的试验区,本试验种植的植物篱是紫穗槐

表 8-7 水土流失试验区的坡度实验小区和标准试验小区(侯林春,2017)

类别	坡度试验小区				标准试验小区									
编号	A	B	C	D	E	F	G	H	I	J	K	L	M	N
试验小区	5°坡地农作物	8°坡地农作物	15°坡地农作物	20°坡地农作物	25°石坎梯田+农作物	25°土坎梯田+柑橘	25°土坎梯田+植物篱+柑橘	25°坡耕地+植物篱+农作物	25°坡耕地+植物篱+茶叶	25°坡耕地+植物篱+柑橘	25°坡耕地+农作物	25°坡耕地+茶叶	25°坡耕地+柑橘	25°裸露坡地

坡面径流常规观测内容分为 4 个大的方面:一是小区径流泥沙;二是农作物、经济林、植物篱逐年生长状况、投入产出效益;三是土壤水分变化过程观测试验;四是植物篱+经济林防护林模式,防治坡耕地水土流失及其效益对比试验研究。小区农作物管理与当地农事耕作习惯安排相同,经济林、植物篱种植管理与当地习性保持一致。

5. 植物篱对农业的影响

植物篱为无间断式或接近连续的狭窄带状植物群,由木本植物或一些茎秆坚挺、直立的草本植物组成。常见的植物篱主要有紫穗槐、银合欢、木槿、黄荆和黄花菜(经济植物篱)等。植物篱具有一定的密集度,在地面或接近地面处是密闭的。

1) 秭归地区主要植物篱(图 8-22)

图 8-22 秭归地区常用梯田植物篱类型

(1) 银合欢：灌木或小乔木，高 2～6m，耐修剪，萌生能力强，主根深，有很强的固氮能力，嫩枝叶养分含量高，可作绿肥和饲料，耐旱、喜阳，要求最低月温度高于 10℃。银合欢在三峡库区秭归县、四川省宁南县推广面积较大，分别为 6km^2 和 20km^2。

(2) 紫穗槐：豆科落叶丛生灌木，高 1～4m，枝条直伸，青灰色。喜欢干冷气候，在年均气温 10～16℃、年降水量 500～700mm 的华北地区生长最好。其耐寒、耐干旱能力强，能在年降水量 200mm 左右地区生长，也具有一定的耐淹能力。紫穗槐抗风力强，生长快，生长期长，枝叶繁密，是防风林带紧密种植结构的首选树种。同时，紫穗槐郁闭度高，截留雨量能力大，萌蘖性强，生长快，不易生病虫害，具有根瘤，改土效果明显，也是保持水土的优良植物。

(3) 黄荆：马鞭草科，直立灌木，植株高 1～3m。小枝四棱形，掌状复叶，小叶片呈长圆状披针形，基部楔形，全缘或有少数粗锯齿，顶端渐尖，表面绿色，背面密生灰白色绒毛，中间小叶长 4～13cm，宽 1～4cm，两侧小叶渐小，若为 5 小叶时，中间 3 片小叶有柄，最外侧 2 枚无柄或近无柄，侧脉 9～20 对。核果褐色，近球形，径约 2mm，等于或稍短于宿萼。花期 4～6 月，果期 7～10 月。

2) 植物篱的作用

植物篱是一种传统的水土保持措施，具有分散地表径流、降低流速、增加入渗和拦截泥沙等多种功能，生态效益、经济效益均显著。对于水土流失严重的山丘区来讲，植物篱不仅可以控制水土流失，而且可以增加产品产量，围栏养畜，美化环境，一举多得。许多地方的成功实践也证明，植物篱是山丘区发展多种经营、脱贫致富奔小康的有效途径。

3) 植物篱对农作物土壤水分和实验小区坡度的影响

不同时期植物篱、农作物的生长高度、覆盖度及其生物量水分是植物生长的重要条件，土壤是植物所需水分的主要供给者，土壤水分的变化是衡量植物篱对农作物生长影响的重要指标。植物篱同时可以分割坡长，阻止土壤侵蚀的发生、发展，从而达到提高土壤含水量的效果。采用植物篱措施后，坡度减缓，有利于土壤涵养水分。

植物篱生长高度和冠幅通过平茬修剪控制后，不会与农作物生长争光、争水、争肥，影响农作物的生长。总之，坡耕地采取植物篱措施后，能有效地利用雨水资源，最大限度地防止土壤侵蚀，提高土壤下渗水分能力和保蓄水分能力，促进作物的正常生长。

6. 降水对平均径流量和平均土壤侵蚀量的影响

植被覆盖度是影响土壤侵蚀的关键因素。在土坎梯田柑橘小区中，树间距较大，为了使柑橘能够很好地利用肥料，不采取套种方式，仅定期对树下杂草进行清除，因此导致柑橘树下均为裸露土壤，在降雨作用下土壤侵蚀量较大。但在土坎篱柑橘小区中，不仅套种作物发达的根系很好地起到了保持水土的作用，而且其叶面拦截降雨也有效地降低了雨滴到达地面的动能，减小了因雨滴击溅而产生的土壤侵蚀。

7. 张家冲径流测试

小流域控制站量水堰（指设在渠道、水槽中用以量测水流流量的溢流堰）修建于流域出口翁桥沟段(图 8-23)。量水堰测流过水断面呈矩形,设大、小 2 个测流断面,且大、小测流断面相重合,大断面宽 3.7m,小断面设在矩形宽顶堰中心,过水断面宽 0.5m,用于平、枯水期观测水面、流量和泥沙,观测采用仪器自动记录和人工观测相结合的方法进行,并以人工观测数据校核自动仪器观测数据,观测时段设置为 8:00、20:00,行洪期加密人工观测次数。量水堰配备了光电数字水位计、1/1000 电子天平、直读式流速仪等仪器设备。

图 8-23 张家冲径流测试的量水堰(侯林春,2016)

第五节 月亮花谷景区规划

路线 基地→茅坪镇月亮包村月亮花谷→基地。
任务 (1)了解月亮花谷景区规划理念。
(2)了解月亮花谷景区营销策略。
(3)绘制月亮花谷景区规划图。
点位 茅坪镇月亮包村。
GPS E110°56′55.80″,N30°51′40.65″;$H=218m$。
点义 月亮花谷景区规划。

 知识链接

1. 旅游景区规划

旅游景区规划是指为了科学保护和合理开发各项资源,有效经营和科学管理旅游景区,充分发挥景区资源价值而进行的各项旅游要素的统筹部署和具体安排。根据规划的内容及深度不同,景区旅游规划分为 3 个不同的层次,即旅游景区总体规划、旅游景区控

制性详细规划、旅游景区修建性规划。在这3个规划层次之外,旅游景区还可以根据各景区特点编制景区旅游策划或概念性规划、旅游项目策划,或针对具体建设项目编制开发规划。不同层次的规划在编制内容、深度和方法方面有所不同。

2. 景区设计规划

景区设计规划是专业的旅游景区设计机构根据当地景区的地理位置、地形地貌、气候环境、经济状况和客户的实际需求,按照商业模式进行科学的规划和设计,符合景区环境协调统一、具有一定的商业开发价值的方式。景区设计规划是自然与人文相结合的完美体现。

3. 旅游景区规划的理念

1) 用实证的科学手段深度研究细分市场

客源市场是景区的生命线,景区所策划的旅游产品、项目必须要适应市场的需求,这就需要在旅游策划前期慎重研究细分市场。旅游市场调研必须依靠实证的科学方法,对客源地结构、游客结构差异、游客需求差异、服务要求差异、游客购买行为、游客消费行为、时间安排、消费能力、旅游组织方式等进行定性定量相结合的实证研究。

2) 以人为本,设计游憩模式

旅游资源的优势不等于市场的优势,关键落到产品的打造上。产品吸引力半径多大,则市场辐射半径就有多大。产品吸引核的打造,最重要的是对游客旅游产品购买心理与游憩感受的深度理解。人本主义方法论是游憩方式设计的灵魂。现在的生活已经不缺乏功能,旅游者需要的是一种感觉,一种触动视觉、听觉、味觉、触觉、心灵与肉体娱乐的精神感召与刺激。以人为本,设计出互动体验、亲和吸引、情境感悟、个性娱乐的旅游产品,形成旅游项目的市场核心竞争力,是项目设计追求并执行的原则和目标。

3) 追求独创奇异,形成独特性卖点

化平淡为辉煌,化腐朽为神奇,语不惊人死不休,景不震撼不出手。说到底旅游者寻求的就是独特奇异,以差异化为基础的创意联想,一旦达到独特性之时,吸引核形成了,独特性卖点就产生了,产品吸引力才得以形成。项目设计应该拒绝平庸,以无穷智慧,推动想象力和创造力,在旅游悟性和超前意识引导下,展开激情创意,就能形成出奇制胜的市场卖点和商业感召力。

4) 深度挖掘地脉、文脉、人脉,用情境化、体验式、娱乐化设计产品

资源的价值,来源于地质地貌、生态环境,来源于历史文化、民俗文化,也来源于现实的人脉关系、往来结构。深度挖掘一个区域的积淀,挖掘现实中纷繁现象背后的商机,才能把资源的本体价值充分显现出来。只有结合市场需求,才能把本体价值显露为商业价值。资源价值的体现必须形成可消费、可远程传播销售的产品。最受游客欢迎的游憩方式是情境化、体验式、娱乐化的产品。因此,用故事和情感意境展示景观、用娱乐化手段包装项目,都是旅游设计最有效的技术手段。

5) 遵循产业特性,再造管理流程,实现效率提升

旅游景区管理,从国有事业单位逐步走向市场化、民营化,需要有科学的流程与规范。

中国景区管理正在进入一个流程再造的新时期！旅游景区项目策划应该特别重视旅游开发与经营中管理流程的科学设计，只有遵循好的流程进行管理，才可能形成良性的旅游运作。

6）以投资商和银行为导向，包装产品，实现融资

资源再好，不转化为产品也没用；产品再好，不包装也无法融资。无论是政府进行招商引资，还是企业融资，对产品的包装都具有特别重要的意义。俗话说："三分长相，七分打扮"。问题在于如何"打扮"。

描述 三峡月亮花谷位于宜昌市秭归县茅坪镇，距三峡大坝 5km，翻坝高速直通景区，交通便利，风景秀丽。园区总面积 20km²，项目总投资 6.8 亿元，分三期建设，一期为赏花玩乐休闲板块——月亮花谷浓情园，二期为打造中国第五大名楼——520 观坝楼，三期为建设国际高山休闲度假区——月亮花村。

月亮花谷占地 0.24km²，以"四季立体花海"为亮点，以品"月亮花宴"和住"月亮花屋"为特色，用丰富的户外休闲项目、科普教育项目、亲子游乐项目等满足不同客户的个性化需求。月亮花谷浓情园提供可游览体验的项目有："千年玫瑰，浪漫之约""花语星座，花语生肖""月亮花宴""月亮花屋"、屋外拓展、水上游乐、亲子乐园、草坪婚礼、"烧烤篝火"等（图 8-24）。

园区有宜昌最大的户外婚礼草坪和拓展基地，设施完善，功能齐全，并且有一支实力雄厚、专业性强的拓展团队，是开展素质教育、拓展培训、团队活动、亲朋聚会、户外婚礼、

图 8-24 月亮花谷景区规划图
（北京京都风景景观规划设计有限公司，2015）

企业文化打造的最佳场地和摄影基地。园区集食、宿、赏、玩四大功能于一体,四季可赏花、常年可摘果。园内实行消费自主选择模式,目前可供选择的项目有:高空攀岩、疯狂卡丁车、DIY 手工、真人 CS 镭战、水上乐园、垂钓、儿童乐园、动物小世界、楚辞植物园、射箭、射击、浑水摸鱼、儿童溜索等(图 8-25)。

图 8-25　三峡月亮花谷浓情园实景(侯林春,2018)

月亮花谷乡村旅游区以市场需求、资源特色、区位优势和政策支持为基础,围绕休闲度假,构建健康养生、体育运动、文化娱乐、生态休闲、农事体验五大休闲度假体验,重点建设"月亮花谷浓情园""月亮花谷健康养生度假区""罗家高山度假区"和"双山航空小镇"四大景区,以区域视野,通过资源整合,与屈原祠、三峡竹海、芝兰谷、九畹溪及石柱等景区(景点)合作共享,打造"芝茅旅游带"新片区,形成秭归旅游新格局,助力秭归"文化旅游名县"建设,增强秭归三峡国际旅游目的地的核心区地位,让秭归旅游走向世界。

第六节　翻坝物流产业园与港口规划

路线　基地→翻坝物流产业园→基地。

任务　(1)港口腹地与区域经济。

(2)移民搬迁与安置调查。

(3)码头与物流产业园建设条件。

(4)绘制产业园与码头建设规划图。

点位　茅坪镇银杏沱村。

GPS E110°56′55.80″,N30°51′40.65″;$H=218$m。

点义 翻坝物流产业园与港口建设的条件。

1. 港口与腹地

港口是指具有一定设施和条件,供船舶在各种气候下安全进出、停泊以及进行旅客上下、生活资料供应、货物装卸与必要的编配加工等作业的场所,它由一定范围内的水域、陆域所构成。

港口腹地也称港口经济腹地,指的是港口集散旅客、货物所涉及的范围。

港口按地理位置、性质与用途、港口规模等可有不同的分类(表8-8)。

表8-8 港口的分类

分类标准	港口类型
按地理位置划分	海港、河港、湖港及水库港等
按性质用途划分	商业港、工业港、军港、渔港、避风港等
按港口规模划分	特大型港口(年吞吐量大于3×10^7t)、大型港口[$(1\sim3)\times10^7$t]、中型港口[$(1\sim10)\times10^6$t]及小型港口(小于1×10^6t)

2. 港口选址的要求

1)港口选址的要求

(1)港口地址的选择必须符合国家港口布局的要求,并和城市规划、交通规划、港口未来生产及发展相匹配。首先,选取自然条件和社会经济条件作为河口港址资源评价的一级指标。自然条件中确定水域规模、可利用岸线长度、回淤程度、波浪状况、平均水深为二级指标;社会经济条件中选取腹地经济实力、依托城镇规模、交通运输条件为二级指标,建立港址资源质量等级评价指标体系。

(2)港口的性质和规模应根据腹地经济、客货流量及集疏条件确定。

(3)一个好的港口地址既要适应当前的需要,又必须着眼于未来。

2)港口的自然条件要求

(1)港口水域宜选在有天然掩护,浪、流作用小,泥沙运动较弱的地区;应有足够的水域和陆域面积的区域;对抗震相对有利的地段。

(2)选址应根据港口性质、规模及船型,按照"深水深用"的原则,合理利用海岸资源,适当留有发展余地,并应进行多方案比选。

(3)港口应有足够的岸线来布置不同的作业区域,对危险品和污染严重的货种,应设立专门区域并与其他区域保持足够的距离。

(4)随着技术进步、装卸效率提高和船舶吨位增大,对大量岸上土地的需要越来越迫切,因而港区纵深越来越大,否则将会限制港口效率的发挥。

3)城市对港口的要求

(1)港址选择要不影响城市的发展,现代港口中的大多数港区均采用远离城区的布置方案,甚至原有的老港区也主动搬出城区,寻求新的、更大的发展空间。

(2)港址选择要考虑吸引工业区等的建立,使港口更多地为促进城市和区域经济发展创造机会和条件。

(3)新港址应与原有港址相协调,并有利于原港区改造,使之适应新的需要。新港址应有利于发挥新老港区的综合功能,使老港区在原港口的基础上,经过调整、改造发挥更大的作用。

(4)新老港区改建、扩建时,应妥善处理同一地区新港和老港之间的关系,以及综合性港区与各种专业性港区或码头之间的关系;应充分利用原有设施,避免重复建设和互相之间的干扰。

3. 港口建设的区域经济背景

长江是货运量位居全球内河第一的黄金水道,长江通道是我国国土空间开发最重要的东西轴线,在区域发展总体格局中具有重要的战略地位。长江经济带是联系海上丝绸之路和丝绸之路经济带的重要纽带,是横贯我国东中西、连接南北方的开放合作走廊(图8-26)。

图8-26 港口与翻坝物流园建设的区域经济背景(余晶 绘,侯林春 核,2016)

1)长江经济带的战略定位

(1)具有全球影响力的内河经济带。

(2)东中西互动合作的协调发展带。

(3)沿海沿江沿边全面推进的对内对外开放带。

（4）生态文明建设的先行示范带。

2) 长江经济带的综合优势

（1）交通便捷。长江经济带横贯我国腹心地带，经济腹地广阔，不仅把我国东、中、西部三大地带连接起来，而且还与京沪、京九、京广、皖赣、焦柳等南北铁路干线交汇，承东启西，接南济北，通江达海。

（2）资源优势。首先是具有极其丰沛的淡水资源，其次是拥有储量大、种类多的矿产资源，此外还拥有众多闻名遐迩的旅游资源和丰富的农业生物资源，开发潜力巨大。

（3）产业优势。这里历来就是我国重要的工业走廊之一，我国钢铁、汽车、电子、石化等现代工业的精华大部分汇集于此，集中了一大批高耗能、大运量、高科技的工业行业和特大型企业。此外，大农业的基础地位也居全国首位，沿江九省市的粮棉油产量占全国40%以上。

（4）人力资源优势。长江流域是中华民族的文化摇篮之一，人才荟萃，科教事业发达，技术与管理先进。

（5）城市密集，市场广阔。1995年沿江九省市拥有大小城市216个，占全国城市数量的33.8%，城市密度为全国平均密度的2.16倍，人口密集，居民收入水平相对较高，各种消费需求也十分可观，对于国内外投资者有很强的吸引力。

4. 物流园区的概念与功能

（1）物流园区也称为物流基地，是物流中心在地理位置上的集中所形成的具有某一种或多种特定业务功能的区域，是各种物流设施和物流企业在空间上集中布局的场所，是物流系统中的重要节点，是提供物流服务的重要场所。

（2）物流园区包括8个功能：综合功能、集约功能、信息交易功能、集中仓储功能、配送加工功能、多式联运功能、辅助服务功能、停车场功能。其中，综合功能的内容为：具有综合各种物流方式和物流形态的作用，可以全面处理储存、包装、装卸、流通加工、配送等作业方式以及不同作业方式之间的相互转换。

5. 物流园区规划的意义与基本内容

1) 物流园区规划的意义

（1）有利于在战略层面对物流园区和城市区域经济发展进行经济分析，避免过分夸大城市经济的实力，并对物流园区的建设规模和运营发展产生误导。

（2）物流园区规划可以更优化地整合现有的城市物流资源，并从多角度、多方面进行综合评价分析，从而提高物流园区实施、运营、发展的可行性。

（3）物流园区规划可以有效结合城市发展规划，使城市功能区更加明确，从而形成城市商务区、生活区、生产区、物流区等特色功能区，使得城市生态环境、投资环境更趋合理化。

2) 物流园区规划的基本内容

物流园区规划是指对城市区域物流用地进行定位、空间布局，对区内功能进行设计，对设备与设施进行配置,以及对物流园区经营方针和管理模式进行策划的过程。现代物流园区的规划建设是一项系统工程,其物流活动范围广阔,既有城市的、区域的、全国的活动领域,又有跨国的活动领域。物流流程复杂,须经过仓储、运输、配送、包装、装卸、流通加工、信息处理等环节。物流涉及面广,涉及工业、农业、商贸、铁路、交通、航空、信息、城市规划等部门。为了协同各方做好物流园区规划工作,需按照规划编制的一般程序和方法进行物流园区的建设规划。

物流园区规划应涵盖以下几个方面的内容:物流园区规划建设的背景、物流园区规划建设的必要性和可行性、物流园区的战略定位、物流园区未来物流作业量的预测及构成分析、物流园区的选址决策、物流园区的规模确定、物流园区的功能设计、物流园区的主要技术装备、物流园区的平台规划(基础设施平台和信息平台)、物流园区的系统需求及系统初步设计、物流园区建设的投资规模及资金来源、物流园区建设的国民经济评价和财务评价、物流园区建设的可行性论证、物流园区建设的运作模式。

No.01 港口选址与规划

任务 (1)港口建设条件观察。
(2)观察顺岸式河港、挖入式河港和码头型式,了解其优缺点。
(3)调查港区的货运车辆,了解货物的始发地与目的地。
(4)滚装码头港口的建设对区域经济的影响。

点位 秭归港滚装码头(茅坪港)。

GPS E110°57′35.91″,N30°51′42.17″;$H=201$m。

点义 港口的建设条件观察点。

描述

1. 河港的分类(根据港口修建形式)

(1)顺岸式河港:码头岸线沿河布置,靠船构筑物采用壁岸、特殊的水工结构形式或浮码头,停泊区位于河道中。这种码头形式简单,工程量小,但占用河岸较长,作业区分散,经营管理不便(图8-27)。

(2)挖入式河港:利用天然河汊或向河岸的陆地内侧开挖出码头和港池,停泊区布置在独立的港池内。它的特点是可在较短的河岸内获得需要的码头岸线长度,港区布置紧凑,分区管理,但工程量较大,出入口处船舶进出较不便,易于淤积。一般适合于水位变化小,淤积少的河道上。

2. 码头型式分类

码头型式可分为直立式货运码头、斜坡式码头(包括货运码头、客运码头和以客运为主的客货码头)、半直立式码头和半斜坡式码头(表8-9)。

3. 港口的选址条件

(1) 广阔的经济腹地。

(2) 与腹地之间有比较方便的交通运输联系。

(3) 与城市发展相协调。

(4) 有发展的空间。

(5) 满足船舶停靠条件。

(6) 有足够的岸线长度与陆域面积(仓储)。

(7) 能满足船舶调动的迅速性。

(8) 尽量减少对附近水域的生态环境与陆域自然景观的影响。

(9) 尽量利用荒地、劣地,不占良田,避免大量搬迁。

(10) 水库港选址需要注意选在避风条件较好,不受泄洪影响的区域,不应选在水库近坝及水库末端的回水变动区的易于淤积的地方。

表 8-9 码头型式及其适用情况表

码头型式		码头面至设计水位高差及岸坡状况	常见形式
直立式货运码头		12m 以下且岸坡较陡	高桩框架、高桩墩式
斜坡式码头	货运码头	大于 15m 或小于 15m 而坡岸平缓	斜坡码头、浮码头
	客运码头	大于 5m	
	客运为主的客货码头		
半直立式码头		高水位持续时间长、低水位持续时间短	
半斜坡式码头		在 12～15m 之间,洪水涨落快	

图 8-27 正在运行的秭归滚装码头(侯林春,2016)

4. 不同运输方式的利弊

（1）飞机运输：轻便、快捷但成本大，不能运输大量的货物。适于贵重且轻的货物运输。

（2）轮船运输：运载量大、成本较低，但必需依托河流，且时间很长，适于运输大型货物。

（3）火车运输：装载量大，成本较轮船稍贵，时间比轮船快，但只能在沿线上来回，比较受限制。

（4）汽车运输：方便，时间与火车运输相当，可以实现点对点的运输，且比火车、轮船运输都方便，可以送货上门。

No.02 翻坝物流产业园

任务 了解临港型的物流产业园及其土地利用类型。

点位 S68 高速公路规范港口区。

GPS E110°56′52.63″，N30°51′05.38″N；$H=204$m。

点义 翻坝物流产业园建设观察点。

描述

1. 翻坝物流产业园概况

翻坝物流产业园位于秭归县茅坪镇银杏沱村，地处三峡翻坝高速公路与长江的交会处，规划用地 3km²，项目总投资 80 亿元。该项目建成后将成为三峡地区"呼应汉渝"的重要翻坝物流基地、航运中转枢纽、港口服务中心和临港工业先导区，可创年利税 10 亿元，安置移民 5000 多人（图 8-28、图 8-29）。

该园区功能布局为交通物流区、商贸物流区和临港工业区。交通物流区占地 0.8km²，包括物流集散中心、露天货场、仓储、冷藏（冻）和港口码头、货车滚装码头、商品车滚装码头及信息中心、货运中心、综合服务区，总投资 21.5 亿元；商贸物流区占地

图 8-28 三峡翻坝物流产业园的在建港口（左）与园区（右）（侯林春，2018）

图 8-29　在建的秭归翻坝物流产业园（全景）（侯林春，2018）

0.4km²，包括农产品交易中心、中药材交易中心、工业品展销中心、星级宾馆等综合配套服务中心，总投资 15 亿元；临港工业中区占地 2km²，总投资 25 亿元（表 8-10、图 8-30）。项目建设周期 5.5 年，项目建成投产后，可年创营业收入 2 亿元，年创税金 6000 万元，年创利润 8000 万元，安置就业人员 3000 人。

表 8-10　三峡翻坝物流产业园土地利用汇总表

用地性质（代码）		用地面积（km²）		占建设用地比例（%）	
大类	中类	大类	中类	大类	中类
居住用地（R）	二类居住用地（R2）	0.233 1	0.233 1	7.16	
公共设施用地（C）		0.349 0	0.349 0	10.71	
工业用地（M）		0.730 4	0.730 4	22.42	
工业仓储混合用地（MW）		0.135 7	0.135 7	4.17	
仓储用地（W）	普通仓库用地（W1）	0.139 4	0.111 8	4.28	3.43
	堆场用地（W3）		0.027 6		0.85
市政公用设施用地（U）	供应设施用地（U1）	0.058 4	0.015 5	1.79	0.48
	交通设施用地（U2）		0.034 8		1.07
	其他市政公用设施用地（U9）		0.008 1		0.24
对外交通用地（T）	公路用地（T2）	0.676 8	0.077 3	20.78	2.37
	港口用地（T3）		0.599 5		18.41
道路广场用地（S）	道路用地（S1）	0.633 2	0.617 0	19.44	18.94
	广场用地（S2）		0.016 2		0.50
绿地（G）	公共绿地（G1）	0.301 4	0.188 4	9.25	5.78
	防护绿地（G2）		0.113 0		3.47
规划区建设用地面积		3.257 4		100	
水域和其他用地（E）		0.240 1	0.240 1		
规划区总用地面积		3.497 5			

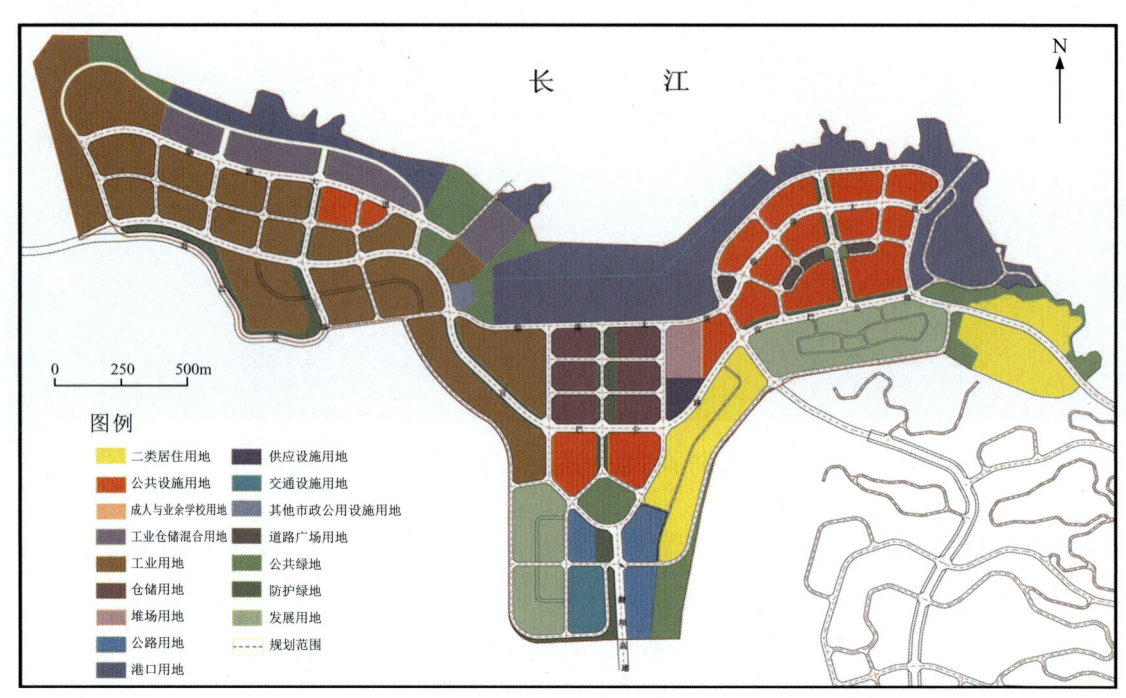

图8-30 秭归三峡翻坝物流产业园土地利用规划图（上海同设建筑设计院有限公司，2009）

2. 翻坝物流产业园发展优势

1）港口与区位优势

秭归港处于山地自然形成的河湾内，三峡库区蓄水后物流产业园区水流平缓，受风影响较小，是理想的港湾，可同时停泊千吨级以上船舶1000艘。秭归港作为三峡库区的重要港口，既是向上游库区的始发港，又是库区下行的终点港，已成为川东、渝东、鄂西的交通咽喉。

2）交通区位优势

三峡库区蓄水以来，长江航道条件大为改善，船舶成为水上运输的主要方式，对降低运输成本、提高物流效益发挥了重要作用。三峡翻坝高速公路的建设解决了秭归水上运输的阻塞，确立了秭归作为三峡地区翻坝转运中心的地位。园区规划建设于秭归沿江岸线资源丰富的地区，三峡翻坝高速公路从园区外围通过，具有得天独厚的水陆运输优势，具有快速发展的良好条件。

3）地域空间优势

园区紧邻秭归城区，位于城市上游，临长江黄金水道，与城市中心区既有联系，也有山体的分割，是相对独立的片区，即可充分利用城区的基础设施，又不影响城区的生活环境。目前除了正在建设的三峡翻坝高速公路和334省道从在园区外围通过外，还有正在建设的秭归三峡物流滚装码头，城市供水、供电、通讯设施也已延伸到园区内。依托现有的港口基础设施进行扩建改造，投资少、见效快，符合环保和节能要求，适宜发展现代物流等产业。

第七节 工业园区的建设与规划

路线 基地→九里工业园→基地。

任务 (1)工业园区产业发展现状调查。

(2)工业园区土地利用现状调查。

(3)绘制园区土地利用现状图。

(4)了解工业园区规划与管理。

点位 九里工业区百丽公司门前。

GPS E110°58′26.81″,N30°47′47.53″;$H=129 \text{m}$。

点义 工业园区的土地利用与经济现状。

知识链接

1. 工业园区基础设施建设

开发区、工业园区的基础设施一般包括道路、供水、供电、排水、通讯、排污、网络、地块自然平,通俗称为"七通一平"。如果是企业入住园区需要政府部门提供优惠政策的话,一般是以"两通一围"为主:一是路通,厂区主道路铺上水泥或柏油路面;二是电通,安装变压器是必须的,根据企业大小、用电量的负荷来确定变压器的容量;三是院围,主要是由大门、院墙或花栏墙围网组成。院围用来确定企业使用面积和厂房建筑面积,以后按面积收取耕地占用税。排水、通讯、网络这些都是随电通而辅助的硬件。

2. 工业园区土地利用类型

工业园区建设用地一共分为八大类。

(1)居住用地:住宅和相应服务设施的用地。

(2)公共管理与公共服务用地:行政、文化、教育、体育、卫生等机构和设施的用地,不包括居住用地中的服务设施用地。

(3)商业服务业设施用地:商业、商务、娱乐等设施用地,不包括居住用地中的服务设施用地。

(4)工业用地:工矿企业的生产车间、库房及其附属设施等用地,包括专用的铁路、码头和道路等用地,不包括露天矿用地。

(5)物流仓储用地:物资储备、中转、配送等用地,包括附属道路、停车场以及货运公司车队的占场等用地。

(6)交通设施用地:城市用地、交通设施等用地,不包括居住用地、工业用地等内部道路、停车场等用地。

(7)公共设施用地:供应、环境、安全等设施用地。

(8)绿地与广场用地:公园绿地、防护绿地、广场等公共开放空间用地。

3. 高新技术园区与工业园区的区别

高新技术园区是高新技术产业的一种空间实体，它在空间上一般由5个方面构成：产品制造、研究与开发、高等教育、生活居住以及城市服务。城市工业园区往往以工业企业用地为主，辅以必要的服务设施和绿化用地等。高新技术园区除了生产企业用地外，研究和开发以及教育用地占有相当大的比重，有时甚至超出生产企业用地。

4. 工业园区规划的概念

联合国环境规划署定义工业园区为在一片土地上聚集若干工业企业的区域。狭义上说，是一个特定地理区域内，由众多通过交换相互生产的产品、技术等要素进行内外部贸易的企业组成的体系。广义上说，有若干不同性质的工业企业聚集并集中在相对独立的区域，形成生产生活区域与产业一同发展，通过统一的行政主管单位或公司为进入园区的企业提供必要的基础设施、服务与管理等。

工业园区的规划指合理地规划各类工业的生产布局，作为工业发展的一种有效手段，刺激地区经济发展，提高效益。

5. 工业园区选址

一般而言，对于污染小或没有污染、占地小、运输量不大的工业，工业园区可在城市内布局；对城市有一定污染、用地较大、运输量中等、需要采用铁路运输的工厂，工业园区可在城市边缘布局；对于污染严重、运输量大、用地很多或有特殊要求的工业，工业园区需要远离城市布局。

工业园区的选址要考虑6个方面的因素。

（1）智力基础：包括当地大专院校、科研机构的数量及质量，特别是具备技术开发能力的机构和人才的情况。

（2）政策作用：指某一地区或城市的开放度，能够享受的优惠政策水平。

（3）自然条件：地理位置、用地条件、水源条件等。

（4）工业基础：城市总体工业发展水平、技术能力、工业结构层次等。

（5）社会条件：包括市场发育情况、劳动力资源状况、与所在区域协调的程度等。

（6）基础设施：对外交通及通讯条件，水、电、气等各种市政设施的水平，各种服务设施的状况等。

6. 工业园区规划的框架

工业园区的六大功能区域：文化休息区、公共综合体的居住区、绿化卫生防护区、工业企业区、仓库区、农业生产区。

工业园区一般由管理区、标准厂房区、专业工厂区、仓库区、公共和公用设施区、生活区以及道路和绿化区等组成。

工业园区规划层次依次为：概念性规划→控制性详细规划→修建性详细规划→厂区总平面设计。

7. 高新区实力与创新能力评价指标

高新区是我国高新技术产业化的重要载体，是实施科技自主创新的重要基地。发展高新技术产业,提升区域核心竞争力是高新区发展的根本宗旨。综合国内外学者对自主创新及自主创新能力给出的概念来看,高新区自主创新能力是指以高新区高新技术产业集群内部合作为基础,通过发挥产业系统内部的核心技术优势,以创新环境为辅助,不断实现系统与环境的物质、能力及信息交换,使产业关键技术和自主品牌进一步突破,从而获得一种可持续竞争的能力。高新区实力与创新能力评价指标包括两大一级指标(高新区实力、创新能力),下分5个二级指标(表8-11)。

表 8-11 高新区实力与创新能力评价指标

一级指标	二级指标	三级指标
高新区实力	园区规模	园区工业产值(亿元)
		企业研发中心数(个)
		园区出口额(亿美元)
		园区固定资产投资(亿元)
		高新企业数(个)
		当年成立高新技术企业数(个)
		留学人员创新企业数(人)
		高新技术产业从业人数(人)
		科研机构数(个)
	专业化	高新园区产业集中度(%)
		产业集群平均企业数(个)
		产业集群产值(亿元)
		产业集群企业产值占全部产值比例(%)
创新能力	创新投入	科技"三项"经费占统计地方财政支出比例(%)
		政府科技创新投入(亿元)
		研发人员占从业人员比例(%)
		大学学历以上人员数量(人)
		归国留学人员数量(人)
		R&D经费(亿元)
		R&D人员平均经费(万元)
		R&D经费占GDP比例(%)
		高新技术企业R&D经费占产品销售收入比例(%)
		技术改造经费支出(亿元)
		技术引进经费支出(亿元)
	创新产出	园区高新技术产业增加值(亿元)
		申请专利数占全国比例数(%)
		授权专利数占全国比例(%)
		每千名研发人员拥有专利数(件)
		新产品销售收入占产品销售收入比例(%)
		自主品牌数量(个)
		市场占有率(%)
		高新技术成果转化实现产值(亿元)

续表 8-11

一级指标	二级指标	三级指标
创新能力	产业升级	高新技术产业集群占工业集群比例(%)
		高新技术产业增加值占工业比例(%)
		高新技术企业数量占规模以上企业比例(%)
		高新技术产业对工业增长贡献率(%)
		高新技术产品出口占工业出口比例(%)

描述

1. 湖北秭归经济开发区概况

湖北秭归经济开发区(简称"开发区")紧邻三峡大坝,是三峡工程坝上库首第一个省级开发区。1992年5月经秭归县人民政府批准成立。同年5月,宜昌市人民政府批准其为市级开发区。1995年12月,省开发区管理办公室批准为省管开发区。2006年4月通过国家发改委审核验收,升级为省级开发区。

为科学指导开发区建设,开发区先后编制了《湖北秭归经济开发区总体规划(2007—2020)》《湖北秭归经济开发区控制性详细规划》《秭归移民生态工业园建设规划(2009—2020)》和《秭归三峡翻坝物流园建设规划(2009—2020)》。开发区规划面积6km²,划分为九里工业区、西楚工业区、港口物流区3个功能板块,优势主导产业为食品加工、光电制造、纺织服装,未来将发展成为三峡地区重要的农副产品深加工基地、高新技术产品生产基地、长江流域港口物流的重要节点。

开发区临江靠坝,区位独特,交通便捷。开发区成立以来,按照"高标准规划,高质量建设,高水平管理"的建设思路,累计投入20多亿元,用于区内基础设施建设,形成了功能完备、配套齐全的保障体系。特别是近几年来,秭归县委、县政府高度重视开发区发展,进一步加大了开发区基础设施建设的投入力度,开发区整体承载能力和产业孵化能力得到了进一步提高。区内有行政服务中心、保护外来投资者合法权益的督察中心和经济发展环境投诉中心,采取"一站式"办公和"一条龙"服务体系,为企业和投资者提供便捷、高效、优质的服务。

2. 秭归九里工业园介绍

秭归移民生态工业园区的九里片区位于秭归城区南部,茅坪河两岸,南北长约4km,东西宽约2km,园区用地大多为丘陵。秭归九里工业园位于秭归县茅坪镇九里乡,紧靠三峡副坝,离三峡坝区2km,规划面积4.8328km²。产业主要有纺织服装加工、光电子、食品加工、现代中药及生物医药、新型建材和印刷包装等。园区自1992年5月建设以来,已开发建设工业用地2.80km²。入驻规模以上企业65家,高新技术企业5家,外商投资企业13家。2014年,园区实现生产总值34.49亿元。

根据开发区产业发展规划,秭归九里工业园拟在老园区的基础上进一步拓展3.34km²发展空间。拓展区已有生产液晶屏和汽车部件的两家企业进驻,占地0.2km²,现已开始建设厂房(图8-31、图8-32)。

图 8-31 秭归九里工业园产业布局图(湖北省城市规划设计研究院,2009)

图 8-32 秭归九里工业园用地布局规划图（湖北省城市规划设计研究院，2009）

3. 企业选址在秭归工业园区的原因

1) 区位

区位决定企业的市场与生产成本。秭归是三峡坝上库首第一县,长江"黄金水道"横贯县境64km,自古以来就是长江上游的交通咽喉。县城距三峡国际机场50km,距宜昌火车站40km,交通便利。

2) 园区的政策配套、产业分配、后期发展的服务配套

(1)工业园区鼓励企业集约用地,所以在用地政策上会有优惠。

(2)在工业园区建厂的企业,缴纳税收达到一定的水平时,会有奖励。

(3)支持企业降低融资成本。

(4)鼓励企业技术创新和技术改造。

(5)选择园区时,要重视园区发展理念。

第九章 社会与经济资源实习

第一节 城镇体系规划

路线 基地→秭归城市规划局→秭归金刚城→基地。

任务 (1)秭归城市规划的地理环境影响(包括自然地理环境与人文地理环境)。

(2)了解城市性质和城市职能。

(3)了解城市功能区划分和地理环境关系,了解城市景观系统。

(4)绘制秭归县规划功能分区图。

(5)熟悉秭归城镇体系规划。

点位 秭归县住房和城乡建设局(茅坪镇平湖大道8号)。

GPS E111°58′30.19″,N30°49′40.42″;$H=223m$。

点义 了解秭归县城镇体系规划和城市景观系统。

1. 城镇体系

城镇体系是指在一定地域范围内,以中心城市为核心,由一系列不同等级规模、不同职能分工、相互密切联系的城镇组成的有机整体。城镇体系是一个多层次、多变量、多功能的复杂大系统,社会、经济、资源、环境4个子系统共同构成了城市的发展水平和发展能力。

2. 城镇体系规划

城镇体系规划是在一定区域内城镇发展与布局的规划,城镇体系规划的目的是使城镇发展布局与经济社会发展相适应,与人口、资源和环境相协调。

目前,我国已经形成了由区域规划、城镇体系规划、城市总体规划、城市分区规划和城市详细规划等组成的空间规划系列,城镇体系规划处在衔接区域规划和城市总体规划的重要地位,具有双重性质,既是城市规划的重要组成部分,又是区域规划的重要组成部分。作为区域规划的组成部分,主要是结合国土资源开发和生产力布局,提出规划期人口城镇化水平、途径和城镇空间分布格局,也涉及城镇的等级规模、职能分工、发挥中心城市的吸引辐射等问题,对城镇发展具有比较宏观的指导意义;作为城市总体规划的组成部分,要为各城镇总体规划修编提供区域依据,特别是对中心城市制定城市性质、规模和用地发展方向有指导作用。

3. 多规合一

多规合一是指在一级政府一级事权下，强化国民经济和社会发展规划、城乡规划、土地利用规划、环境保护规划、文物保护规划、林地与耕地保护规划、综合交通规划、水资源规划、文化与生态旅游资源规划、社会事业规划等各类规划的衔接，确保"多规"确定的保护性空间、开发边界、城市规模等重要空间参数一致，并在统一的空间信息平台上建立控制线体系，以实现优化空间布局、有效配置土地资源、提高政府空间管控水平和治理能力的目标。

总体而言，多规合一是指将国民经济和社会发展规划、城乡规划、土地利用规划、生态环境保护规划等多个规划融合到一个区域上，实现一个市县一本规划、一张蓝图，解决现有各类规划自成体系、内容冲突、缺乏衔接等问题。

4. 城镇发展潜力评价指标

根据科学性、整体性、层次性、可操作性、动态性、前瞻性原则，城镇发展潜力评价指标体系的建立从影响小城镇发展潜力的主要因子分析入手，既反映质量水平，又反映数量水平，从而来准确反映小城镇的发展潜力状况。结合城镇自身的特色和发展的实际情况，以及指标数据的可获得性、可量化性，选取城镇规模、经济规模、城镇发展基础、城镇人居环境、区位条件作为五大作用模块，人口规模、城镇化水平、经济实力、产业结构、基础设施、科技水平、城镇环境、居民生活水平、交通区位、经济区位、自然区位 11 个因素共 30 个因子构成小城镇发展潜力评价的指标体系（表 9-1）。

表 9-1 城镇发展潜力评价指标体系

一级指标（目标层）	二级指标（准则层）	三级指标（方案层）
城镇规模	人口水平	乡镇总人口
		镇区总人口
		镇区人口密度
	城镇化水平	城镇人口比例
		外来人口比例
经济规模	经济实力	财政总收入
		人均财政收入
		乡企实缴税金总额
		非农户固定资产投资
	产业结构	第一产业就业人数占总人数比重
		第二产业就业人数占总人数比重
		第三产业就业人数占总人数比重
		工业企业人员占企业人员比例

续表 9-1

一级指标(目标层)	二级指标(准则层)	三级指标(方案层)
城镇发展基础	公共设施	万人拥有电话数
		自来水普及率
		生活用燃气普及率
		有线电视入户率
	科教水平	万人拥有初高中教师数
		万人拥有初高中在校学生数
		万人拥有科技人员数
		科学事业费支出
		教育事业费支出
城镇人居环境	公共设施	公共绿地面积
		人均公共绿地面积
	居民生活水平	人均居住面积
		万人拥有医生数
		万人拥有病床数
区位条件	交通区位	各级道路总分值
	经济区位	与中心城市距离总分值
	自然区位	矿产、旅游资源赋存量

描述

1. 秭归县域城镇体系结构规划

1）城镇体系空间结构

形成"一主一副，一带三轴"的城镇空间结构。

主中心：秭归城区。

副中心："郭家坝—屈原—归州"跨江联合组群。

一带：沿江城镇发展带（贯穿东西的沿长江综合发展轴线）。

三轴：贯穿南北的发展轴（沿兴山—长阳高速公路，串联县域副中心、九畹溪、杨林桥）。西南发展轴（串联县域副中心、两河口镇、梅家河乡、磨坪乡）；西北发展轴（串联县域副中心、水田坝乡）（图9-1）。

2）镇村等级规模结构

（1）一级中心。秭归中心城区作为全县政治、经济、文化中心，是各类要素集聚的核心地区，辐射带动全县城乡发展。北向拓展至兰陵溪，南向扩延至九里片区，建设北部翻坝

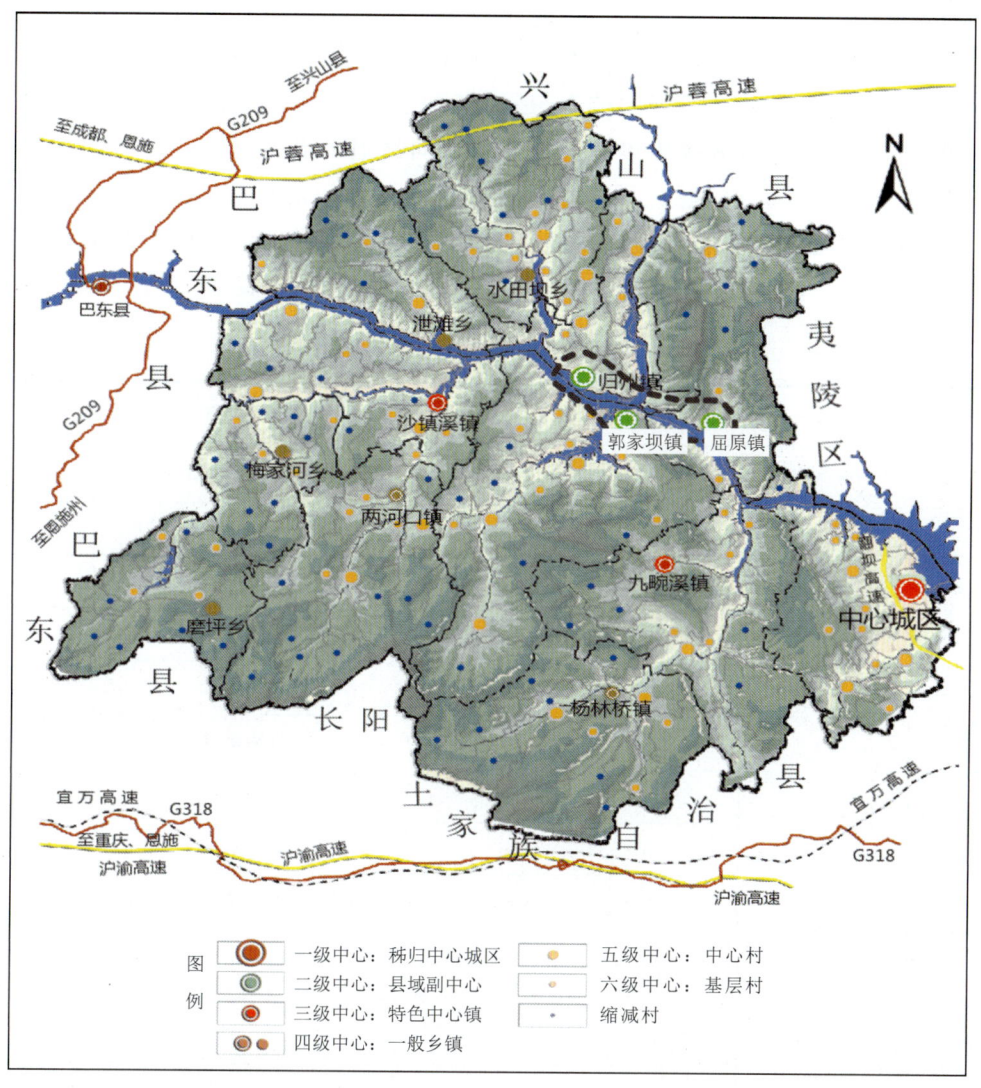

图 9-1　秭归县城镇体系规划图（湖北省城市规划设计研究院 绘，2015）

物流园、中部老城区综合服务中心、南部生态工业园，为城市产业经济发展提供坚实的空间载体。

（2）二级中心。县域副中心："郭家坝—屈原—归州"跨江联合组群。遵循沿江城镇发展思路，抢抓三峡库区旅游和港口物流发展机遇，协力打造沿江城镇发展带，通过加强"郭家坝—屈原—归州"三镇在交通联系和培育城镇产业的分工与协作，规划形成三镇跨江联合组群，借助县域几何中心优势，弥补中心城区偏于一隅难以辐射全县的不足，承担县域副中心的综合服务职能，通过共建物流中心、旅游走廊和脐橙基地，联动三个城镇发展轴，带动山区其他乡镇发展。

（3）三级中心。特色中心镇：沙镇溪和九畹溪，以"突出特色，做强镇区"为战略目标，采取"因地制宜，新型灵活"的发展模式，沙镇溪以资源加工和港口物流为特色，九畹溪以休闲旅游为特色。

(4)四级中心。一般乡镇:两河口镇、杨林桥镇、水田坝乡、泄滩乡、梅家河乡、磨坪乡,是带动各个乡镇区经济社会发展的核心,是镇区和乡集镇向农村地区扩散经济技术能量的中介和农村地区向中心城镇集聚各种要素的双向通道节点。

(5)五级中心。中心村,是广大农村地域中发展条件相对较好的农村,强调服务半径和均衡布局,通过配置公共服务设施构建新型社区,集聚农村地区人口的基本节点。

(6)六级中心。基层村,是满足农业生产需求的农村居民点(表9-2、表9-3、图9-2)。

表9-2 秭归县城镇体系分级与人口规划

等级		城镇人口规模(万人)	城镇名称
Ⅰ级	中心城市	20	秭归中心城区
Ⅱ级	县域副中心	2.5	归州镇
			郭家坝镇
			屈原镇
Ⅲ级	特色中心镇	0.5	沙镇溪镇
		0.5	九畹溪镇
Ⅳ级	一般乡镇	0.3~0.5	两河口镇
		0.3~0.5	杨林桥镇
		—	水田坝乡、泄滩乡、梅家河乡、磨坪乡
Ⅴ级	中心村	—	王家桥、望柱、贾家店、屈原、长岭、溪口坪、四溪、向家湾、范家坪、棋盘岭、马家坝、郭家坝、马家山、文化、庙垭、土珠庙、高桥河、砚窝台、杨林桥、三渡河
Ⅵ级	基层村		略

2. 秭归县县域重点城镇发展规划

1) 三镇跨江联合(郭家坝—屈原—归州)发展规划

(1)总体定位。以综合服务、商贸物流、旅游、农产品加工为主的县域副中心。三镇联合组群共建物流中心(小商品批发、农产品、建材),共建旅游走廊(香溪河、归州印象、屈原故里、脐橙园观光),共建脐橙生产和加工基地(归州和郭家坝的优质脐橙基地)。

(2)三镇定位。郭家坝镇区偏重工业发展,以矿产、建材、商贸、农产品加工为主。归州镇区偏重商贸流通业发展,以商贸物流、旅游、农产品加工为主。屈原镇区偏重文化旅游业,以发展旅游、建材为主。

(3)城镇规模。三镇联合组群总城镇人口为2.5万人左右。其中,归州镇1~1.5万人,郭家坝镇0.5~1万人,屈原镇0.5~1万人。

表 9-3　秭归县城镇体系、职能与发展规划

	名称		县城主导作用	城镇基本职能		发展方向
				类	型	
一级中心职能	秭归中心城区		行政、经济为主的综合性城市	行政中心城市	地方性中心城市	以生态工业、翻坝物流、文化旅游和综合服务为主
二级中心职能	三镇联合组群	归州镇	流通职能为主的城镇	贸易中心城镇	商贸型	共建物流中心(建材、小商品批发、农产品);共建旅游走廊(屈原故里、香溪河、归州印象、脐橙园观光);共建脐橙基地。郭家坝镇区,偏重工业,以工业、商贸、农产品加工为主;归州镇区,偏重物流和商贸,以商贸物流、旅游、农产品加工为主;屈原镇区,偏重文化旅游,以旅游、建材为主
		郭家坝镇	交通、工业职能为主的城镇	部门交通性、工业性城镇	工业型	
		屈原镇	文化职能为主的城镇	旅游文化城镇	旅游型	
三级中心职能	沙镇溪镇		矿业和工业城镇	煤炭、非金属矿业城镇	工业型	以矿产资源开发和深加工、港口物流为主
	九畹溪镇		文化职能为主的城镇	生态旅游城镇	旅游型	以休闲旅游开发和综合服务为主
四级中心职能	两河口镇		行政为主的城镇	农村和农业服务乡镇	农业型	以农产品加工、行政服务为主
	杨林桥镇		行政为主的城镇			以农产品加工、行政服务为主
	水田坝、泄滩乡、梅家河、磨坪乡		行政为主的乡集镇			以农村集镇功能为主

2) 沙镇溪镇发展规划

发展定位:以矿产资源开发和深加工、港口物流为主的特色中心镇。城镇规模:镇区人口规模 0.5 万人左右。

3) 九畹溪镇发展规划

发展定位:以休闲旅游开发和综合服务为主的特色中心镇。城镇规模:镇区人口规模 0.5 万人左右。

第二节　城市景观规划

路线　基地→秭归城市规划局→基地。

任务　(1)秭归城市规划的地理环境影响(包括自然地理环境与人文地理环境)。

(2)了解城市性质和城市职能。

(3)了解城市功能区划分和地理环境关系,了解城市景观系统。

(4)绘制秭归县城市规划功能分区图。

点位 秭归县住房和城乡建设局（茅坪镇平湖大道8号）。
GPS E111°58′30.19″，N30°49′40.42″；$H=223$m。
点义 了解秭归县城市景观系统。

知识链接

1. 城市

城市也叫城市聚落，城市是"城"与"市"的组合词，"城"主要是为了防卫，并且用城墙等围起来的地域，"市"则是指进行交易的场所。城市是以非农业产业和非农业人口集聚形成的较大居民点，一般包括住宅区、工业区和商业区，并且具备行政管辖功能。

2. 城市性质

城市性质是城市在一定地区、国家以至更大范围内的政治、经济、社会发展中所处的地位和所担负的主要职能，是城市在国家或地区政治、经济、社会和文化生活中所处的地位、作用及发展方向。城市性质由城市主要职能所决定。

3. 城市职能

城市职能是指城市在一定地域内的经济、社会发展中所发挥的作用和承担的分工，是城市对城市本身以外的区域在经济、政治、文化等方面所起的作用。但也有一些学者认为城市职能应包括为城市本身服务的活动，即城市中进行的各种生产、服务活动均属于城市职能范畴。

4. 城市景观

城市景观是城市人居环境的重要空间和组成实体，它是由城市居民的生活、工作及休息娱乐等一系列相关的聚居活动共同组成的景观整体。城市景观是指景观功能在人类聚居环境中固有的和所创造的自然景观美，它可使城市具有自然景观艺术，使人们在城市生活中具有舒适感和愉快感。

5. 城市景观要素

城市景观要素包括自然景观要素和人工景观要素。其中自然景观要素主要是指自然风景，如大小山丘、古树名木、石头、河流、湖泊、海洋等；人工景观要素主要有文物古迹、园林绿化、艺术小品、商贸集市、建（构）筑物、广场等。这些景观要素为创造高质量的城市空间环境提供了大量的素材，但是要形成独具特色的城市景观，必须对各种景观要素进行系统组织，并且结合风水使其形成完整和谐的景观体系和有序的空间形态。

构成城市景观的基本要素包括路、区、边缘、标志、中心点5项。道路、区、边缘、标志和中心点是城市图像的骨架，它们结合在一起构成了城市的景观。在城市规划时，应创造出新的、鲜明的景观，以激起人们对整个城市的想象。

描述

1. 秭归城市性质

秭归是以屈原文化为底蕴的坝上库首旅游名城，长江三峡地区重要的物流基地和中转枢纽，宜昌长江城镇聚合带西部的副中心城市。

2. 秭归城市职能

1) 旅游职能

(1)秭归是国家屈原文化旅游名城。屈原文化是秭归旅游业发展最具核心竞争力的资源,是提高秭归国际知名度、融入三峡国际旅游目的地和鄂西生态文化旅游圈的通行证。

(2)三峡景区是重要的休闲度假基地。屈原故里国际文化旅游区的建设应该立足于文化加环境生态的开发模式,建立起文化旅游与三峡平湖生态环境保护相互促进的机制,建立生态文化休闲旅游度假胜地。

2) 物流职能

秭归有以翻坝物流为特色的区域交通枢纽。物流产业园区和翻坝高速公路形成的区域性枢纽港区,将成为国家扩大三峡枢纽通过能力工程的重要组成部分,可使我国中西部地区运输变得更加经济和便捷。

3) 工业职能

三峡库区是重要的生态经济示范基地。工业已成为现阶段秭归经济发展的最主要动力,秭归移民生态工业园依托位居三峡工程坝上库首的区位优势,依城(县城)依港(港口)布局,将优势产业集群化,充分利用本地资源优势,形成特色农产品加工、食品加工、矿产资源开发等资源型产业集群;将传统产业新型化,改造提升服装制鞋业、水泥建材传统工业,扶持产业关联度大、带动效应强、经济效益明显的重大技术改造项目,实现高效率、低能耗和"零污染";将新型产业规模化,大力培育电子信息、生物医药、新材料等科技含量高的先导产业,不断形成系列化开发体系。以生态工业园为空间载体,生态产业为重点,建成三峡库区重要的生态经济示范基地。

3. 秭归城市景观系统规划

(1)城市景观特色。

秭归因江而兴、靠山而建,因此"山水城市"是总结秭归城市景观特色不可缺少的内容,自然山水"一核两带,五廊联通"的格局将秭归城市分隔为多个组团,从而形成上至松树坳、下至陈家坝,长达10km的城市景观画卷。

(2)城市景观总体结构

"江环城,城镶山"——以自然山体、江河、田园风貌为背景,以长江景观带为主轴,以5个生态廊道为分隔,围绕绿心建设山、水、城、坝相互交融的多组团城市,未来形成"一核两带,五廊联通,点轴协同"的景观格局。

(3)江河景观带

长江景观带是秭归城市景观的重要特征,是对外展示秭归城市景观的窗口。严格控制长江沿线的公路和建设行为,逐步拆除影响景观的建筑;严格保护长江沿岸现有自然山体尤其是临江山体,对已遭破坏山体尽快进行绿化恢复工程。新建设行为应严格保护自然岸线,除了必要的港口设施和市政设施外,其他建设活动应留出30m以上的自然岸线;合理配置岸线资源,尽量减少生产岸线;生活岸线注重不同断面的设计,增加亲水空间。

控制长江沿岸紫竹林至凤凰山段滨江的建筑界面,保护长江右岸的自然山体。紫竹林至凤凰山的城市轮廓线控制应以凤凰山、金缸城等主要观景点的视觉效果为依据进行设计和控制。

重视沿江重要景观节点的塑造,保护现有的三峡大坝、凤凰山、木鱼岛、江滩、游客码头等沿江重要景观节点。在银杏沱物流园和松树坳生态廊道、银杏沱生态廊道的建设中,增加重要景观节点。

4) 山体景观带

将山体划分为城外山体、城内山体。规划将西部自然山体定义为城外山体,实施生态环境保护。规划强调对西部自然山体的保护,计划将其作为城市景观与生态的重要背景。规划将夔龙山、凤凰山等定义为城内山体。城内山体的保护应着重体现自然山体和城市公共空间的结合,避免将山体围合在建筑群中,通过设置局部山脚绿地,将山体向城市敞开,保护山体的原有植被,山体周边进行开发时应保持原有地形特征。中心城区内3个社区应尤其注意山体与城市空间的结合,包括西楚社区、滨湖社区、橘颂社区以及由城区通向银杏沱物流园之间的滨江道路。

5) 绿心与廊道

结合秭归城区中现有的自然山体,建设秭归景观系统中的生态廊道,包括松树坳生态廊道、银杏沱生态廊道、金缸城生态廊道、陈家冲生态廊道、九里生态廊道。

规划强调对自然山体进行严格管理,不得建设工业项目。夔龙山和凤凰山是城市的重要绿心,兼顾市民旅游和生态保育职能,规划建设城市公园。将绿心的打造与秭归城市的建设相结合,联系外围的自然山体以及长江、茅坪河等水系,形成主城区组团之间、组团与自然山水之间的结构框架。

6) 水系梳理

滨水景观的打造主要围绕长江与茅坪河展开,建设滨水公园与生态绿地,与山体结合,构成完整的水系廊道。在茅坪河沿岸建设茅坪河三公园,控制茅坪河沿岸用地,重点加强茅坪河公园的建设,形成连续的绿地空间,改造水系周边城市环境,形成城市内部公共活动空间(图9-2)。

第三节 库区移民搬迁与安置

路线 基地→银杏沱村委会→银杏花园→基地。

任务 (1) 调查了解移民搬迁的补偿标准。

(2) 了解移民搬迁后的生计资本变化。

(3) 了解移民搬迁后的文化融入状况。

点位 银杏沱村村委会。

GPS E110°57′26″,N30°47′2″;$H=216m$。

点义 移民搬迁后的生活状况调查。

图 9-2 秭归县中心城区景观风貌规划图(湖北省城市规划设计研究院,2015)

 **知识链接**

1. 乡土文化区

乡土文化区是居于某一地区的居民在思想感情上的一种共同的区域自我意识。这种自我意识除在感情上有所反映外，有的还有一种符号标志。乡土文化区与功能文化区相比既无功能中心，又无明确的边界线，且缺乏形式文化区的那种文化特征上的一致性。这种存在于人们思想感情上的文化，往往会在某种利益的活动中表现出来，扎根于当地的民俗中。

2. 跨文化交际

跨文化交际是指本族语者与非本族语者之间的交际，也指任何在语言和文化背景方面有差异的人们之间的交际。跨文化交际作为一门新兴的边缘科学，正是在新的时代背景下产生的，这个领域的研究是为了适应一个日益发达的跨文化交往和人际交往的需要而产生的。因为这门学科必须研究不同文化背景形成的价值取向、思维方式的差异，必须研究不同社会结构导致的角色关系、行为规范的差异，必须研究不同民族或人群习俗所积淀的文化符号、代码系统的差异，必须研究不同交际情景制约的语言规则、交际方式的差异（图9-3）。

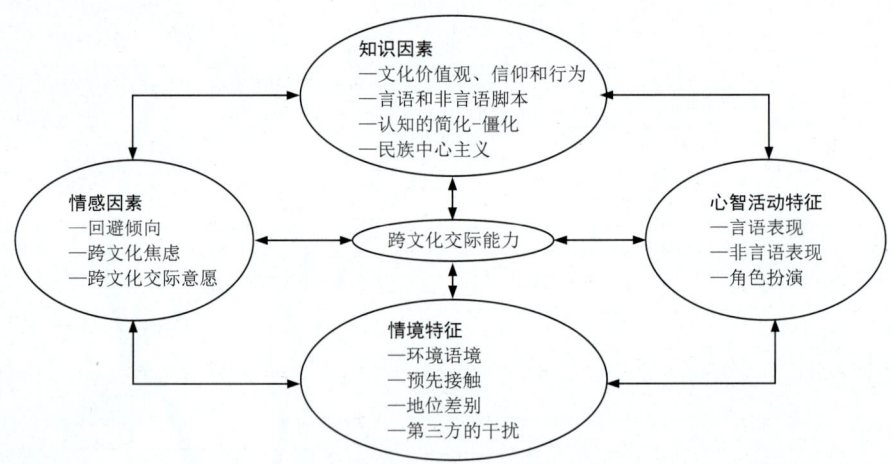

图9-3 移民跨文化交际能力的影响因素

3. 文化融合

文化融合是指民族文化在文化交流过程中以其传统文化为基础，根据需要吸收、消化外来文化，促进自身发展的过程。文化具有时代性和民族性。民族文化既不能全盘外化，也不能排斥外来文化。中国文化史曾经历了先秦各国的文化交融、汉唐时对西域和东南亚文化的吸收。近百年来外来文化对中国文化产生较大影响的是五四时期的新文化运动。

4. 移民生计资本

20 世纪 80 年代中期，Robert Chambers 首次提出生计资本这一概念，他将生计资本划分为有形资本和无形资本两大类。随后，为了便于研究，学者将生计资本划分为自然资本（对移民而言，耕地是最重要的自然资源，是他们最基本的生存保障）、物质资本（指移民维持生产生活的基础设施和生产资料，包括住房、家庭资产）、金融资本（移民实现其生计目标的金融资源，包括家庭收入和获取资金渠道两部分）、社会资本（指移民采取生计策略时所调动的社会资源，包括社会关系网络和人际信任两大方面。社会支持网络主要包括财务支持网、实际帮助支持网和情感支持网规模。信任是人际交往的产物，信任可以分为认知性的人际信任与情感性的人际信任）和人力资本（指移民所拥有的技能、知识、劳动能力和健康等）五大方面（表 9-4）。

表 9-4 移民搬迁前后生计资本变化对比调查表

一级指标	二级指标	三级指标	搬迁前	搬迁后
移民生计资本	自然资本	人均耕地面积		
		耕地质量		
		人均水域面积		
		人均山林面积		
	物质资本	住房赋值		
		自有资产		
		医疗服务		
		农田水利		
		道路交通		
		学校环境		
	金融资本	家庭收入		
		融资管理		
	社会资本	财务支持网规模		
		实际帮助支持网规模		
		情感支持网规模		
		移民内部交往		
		移民与外村居民交往		
	人力资本	身体状况		
		心理状况		
		生产适应		

描述 非自愿移民搬迁是一个痛苦的过程,搬迁后,移民生计资本受到损失,包括失去土地、无家可归、失业、社会排斥、食物没有保障、疾病或死亡增加、失去享受共同财富的途径、社会组织结构的解体。生计资本损失使移民处于脆弱的环境中,面临次生贫困的风险。随着经济社会发展水平的提高,移民补偿与安置政策的不断完善和移民安置规划的科学性与操作性不断增强,上述风险在一定程度上得到了缓解或控制。尽管如此,移民生计资本损失的现象仍然存在。

由于受到跨文化交际、文化融入的因素影响和生计资本的变化,有些移民多年后仍然愿意返回其原居住地。

银杏沱村移民安置简介

银杏沱村位于西陵峡南岸,距秭归县城5km,距三峡大坝6km。总面积8.37km²,现有5个村民小组,1207户,3246人。50年来,银杏沱村经历了3次大移民(三峡水库移民、翻坝高速建设移民和翻坝物流产业园建设移民)。2016年,全村实现农村经济总收入7371万元,人均收入8887元(图9-4)。

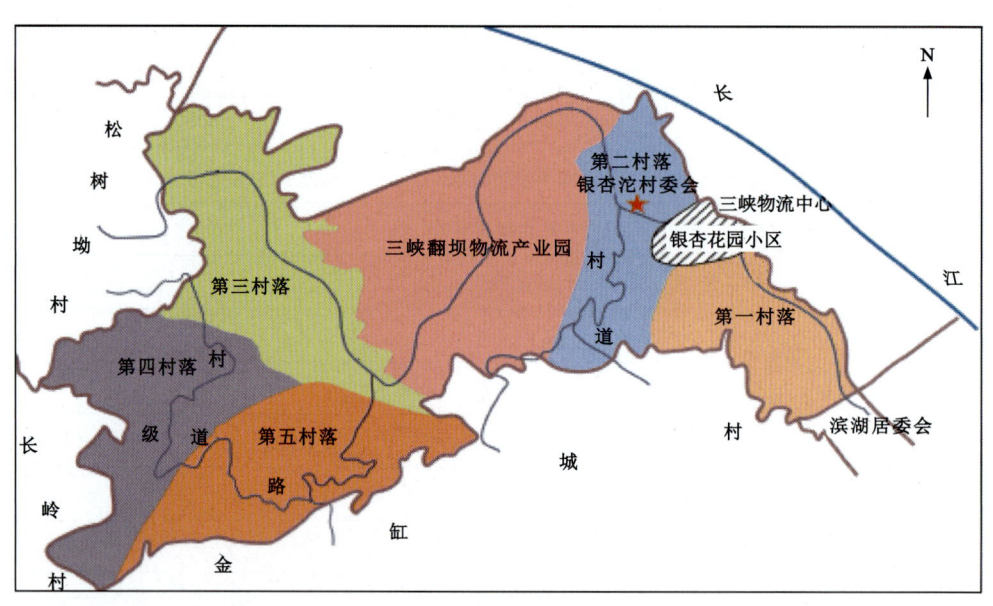

图9-4 秭归县茅坪镇银杏沱村村落与翻坝物流产业园布局图(崔邦忠,2018)

三峡翻坝物流产业园项目,2009年动工,征地1.22km²,拆迁房屋385栋,银杏沱村移民安居1 500人。投资50亿元,建成集仓储、转运、组装、物流、码头装卸为一体的综合服务园区。

翻坝高速公路全长57.8km,总投资40.13亿元。这条路减轻了三峡船闸的通行压力,满载货物的车辆从码头直奔宜昌。它是码头的延伸,是岸上的船闸,是县市的半小时经济圈,更是长江三峡与江汉大地的快捷通道。

银杏沱港埠码头,2004年建成,5个1000t级的泊位,岸线长518m,主要是为大型载重车辆进出川渝而建的滚装码头。占地0.165 3km²,停车场25 000m²,年吞吐量80万辆。安检、配载、调度、环保设施一应俱全。

三峡通航管理局，管理三峡大坝至庙河河段水域，内设海事局、船闸管理处、待闸锚地、水上救援等部门。管理局设在刘家坳深入长江的半岛上，三面环水，水位深，港湾大，是天然的锚地。

沿公路而建的一簇簇整齐的楼房，是三峡大坝移民的自建房，全村共10个居民点，安居412户，统一规划，供水排水设施齐全。银杏花园是物流园占地建设的移民还建房，它分两期建设，共计27栋，可住千余户（图9-5）。

图9-5　银杏沱村的银杏花园移民安置小区（侯林春，2018）

翻坝物流产业园建设移民与补偿情况。银杏沱村的移民接近500户，而且多是二次移民。以前的移民，政府补偿是给农户一块平地作为宅基地，让农户自己再建房。而翻坝物流产业园建设的移民是集中安置，当时补偿标准是414元/m^2，按期拆除。安置政策是保证人均20m^2的住房面积，保证每个农户有住房100m^2。

第四节　柑橘农业与产业化

路线　基地→郭家坝镇镇政府→郭家坝镇烟灯堡村柑橘示范园→基地。

任务　(1) 调查了解秭归县柑橘农业产业化与产业关联情况。

(2) 调查了解柑橘种植所需的土壤、气候条件。

(3) 了解柑橘不同品种及成熟时间。

(4) 调查了解柑橘生态种植措施。

(5) 了解柑橘农民专业合作社及其运作。

(6) 了解中国驰名商标——秭归脐橙与峡江气候的关系。

(7) 了解智慧柑橘农业及其推广的意义与困境。

点位 秭归县农业局和郭家坝镇烟灯堡村委会。
GPS E110°57′26″, N30°47′02″；$H=260 \mathrm{m}$。
点义 调查了解柑橘农业种植与产业化状况。

知识链接

1. 规模经济

规模经济是指通过扩大生产规模而引起经济效益增加的现象。规模经济反映的是生产要素的集中程度同经济效益之间的关系。规模经济的优越性在于：随着产量的增加，长期平均总成本下降。但这并不仅仅意味着生产规模越大越好，因为规模经济追求的是能获取最佳经济效益的生产规模。一旦企业生产规模扩大到超过一定的规模，边际效益会逐渐下降，甚至跌破零，变成负值，引发规模不经济现象。

2. 生态农业、有机农业和绿色农业的区别

生态与有机是两个不同类型的概念，有机（是一种生产方式）的概念重点在于纯天然，不添加人工合成的农药化肥等；生态（是一种生产体系）的概念重点在于模仿自然生态的过程，是可循环的，往往是种植和养殖相结合，如种植业种植农作物，农作物的副产品作为饲料给养殖业，养殖业的副产品动物粪便再给种植业作为肥料。

生态农业的产品可以是有机的，也可以不是。生态农业简称ECO，是按照生态学原理和经济学原理，运用现代科学技术成果和现代管理手段，以及传统农业的有效经验建立起来的，能获得较高的经济效益、生态效益和社会效益的现代化高效农业。通过适量施用化肥和低毒高效农药等，突破传统农业的局限性，但又保持其精耕细作、施用有机肥、间作套种等优良传统。

有机农业是指在生产中完全或基本不用人工合成的肥料、农药、生长调节剂和畜禽饲料添加剂，而采用有机肥满足作物营养需求的种植业，或采用有机饲料满足畜禽营养需求的养殖业。

绿色农业是指将农业生产和环境保护协调起来，在促进农业发展、增加农户收入的同时保护环境、保证农产品的绿色无污染的农业发展类型。绿色农业涉及生态物质循环、农业生物学技术、营养物综合管理技术、轮耕技术等多个方面，是一个涉及面很广的综合概念。

3. 农业经济

农业经济是农业中经济关系和经济活动的总称，包括生产、交换、分配、消费等方面的经济活动和经济关系。它的发展具有自身的规律性，在生产关系的改革和生产力的组织方面都有一系列特殊的经济问题。如在社会主义条件下，如何使农业生产关系更加适合生产力的状况，如何正确处理国家、集体和个人三者之间的利益关系等，显然与工业有所不同。

4. 农民专业合作社

农民专业合作社是在农村家庭承包经营基础上，同类农产品的生产经营者或者同类农业生产经营服务的提供者、利用者，自愿联合、民主管理的互助性经济组织。农民专业合作社以其成员为主要服务对象，提供农业生产资料的购买，农产品的销售、加工、运输、贮藏以及与农业生产经营有关的技术、信息等服务。农民专业合作社在农村流通领域撮合成交或直接组织农产品交易,迎合了农业、农村和农民(三农)的发展需求,在厂商和农民,城市和农村之间筑起金色的经济桥梁。它是农村经济发展的必然产物,也是推动农民走向市场经济的重要力量。

5. 产业关联效应

产业关联效应指的是一个产业的生产、产值、技术等方面的变化引起它的前向关联关系和后向关联关系对其他产业部门产生直接和间接的影响,从而可以分为前向关联效应和后向关联效应。前向关联效应是指某些产业因生产工序的前后,前一产业部门的产品为后一产业部门的生产要素,这样一直延续到最后一个产业的产品,即最终产品为止。后向关联效应是指后续产业部门为先行产业部门提供产品,作为先行产业部门的生产消耗。

6. 气候资源

气候资源通常指光、热、水、风、大气成分等,作为人类生产、生活必不可少的主要自然资源,可被人类直接或间接利用,或在一定的技术和经济条件下为人类提供物质及能量。气候资源分为热量资源、光能资源、水分资源、风能资源和大气成分资源等。气候资源具有普遍性、清洁性和可再生性,已被广泛应用于国计民生的各个方面,在人类可持续发展中占据重要地位和作用。

7. 积温

某一段时间内逐日平均气温大于等于10℃持续期间日平均气温的总和,即活动温度总和,简称积温。它是研究温度与生物有机体发育速度之间关系的一种指标,从强度和作用时间两个方面表示温度对生物有机体生长发育的影响。一般以摄氏度·日(d·℃)为单位。

活动积温,即作物某时段或某生长季节内逐日活动温度的总和,是表征某地的热量资源、作物生长发育对热量要求的主要指标,活动温度,是指高于植物生物学下限温度(即生物学零度)的温度。活动积温广泛应用于农业气候分析、农业气候区划和农业气象预报。通常把大于等于10℃持续期内的日平均气温累加起来,得到的气温总和,即活动积温。

8. 智慧农业[①]

智慧农业就是将物联网技术运用到传统农业中去,运用传感器和软件通过移动平台或者电脑平台对农业生产进行控制,使传统农业更具有"智慧"。除了精准感知、控制与决策管理外,从广泛意义上讲,智慧农业还包括农业电子商务、食品溯源防伪、农业休闲旅游、农业信息服务等方面的内容。

所谓"智慧农业"就是充分应用现代信息技术成果,集成应用计算机与网络技术、物联网技术、音视频技术、"3S"技术、无线通信技术及专家智慧与知识,实现农业可视化远程诊断、远程控制、灾变预警等智能管理。

智慧农业是农业生产的高级阶段,是集新兴的互联网、移动互联网、云计算和物联网技术为一体,依托部署在农业生产现场的各种传感节点(环境温湿度、土壤水分、二氧化

[①] 资料来源:https://baike.baidu.com/item/智慧农业/726492?fr=aladdin。

碳、图像等)和无线通信网络实现农业生产环境的智能感知、智能预警、智能决策、智能分析、专家在线指导,为农业生产提供精准化种植、可视化管理、智能化决策。

"智慧农业"是云计算、传感网、"3S"等多种信息技术在农业中综合、全面的应用,实现更完备的信息化基础支撑、更透彻的农业信息感知、更集中的数据资源、更广泛的互联互通、更深入的智能控制、更贴心的公众服务。"智慧农业"与现代生物技术、种植技术等高新技术融合于一体,对建设世界水平农业具有重要意义。

9. 观光农业

观光农业是指广泛利用城市郊区的空间、农业的自然资源和乡村民俗风情及乡村文化等条件,通过合理规划、设计、施工,建立具有农业生产、生态、生活于一体的区域农业。

观光种植业指具有观光功能的现代化种植业,它利用现代农业技术,开发具有较高观赏价值的作物品种园地,或利用现代化农业栽培手段,向游客展示农业最新成果。如引进优质蔬菜、绿色食品、高产瓜果、观赏花卉作物,组建多姿多趣的农业观光园、自摘水果园、农俗园、果蔬品尝中心等。

描述

1. 秭归县农业和工业的发展规划

《秭归县城镇体系总体规划(2015—2030)》明确了秭归县农业和工业的发展规划(图9-6)。

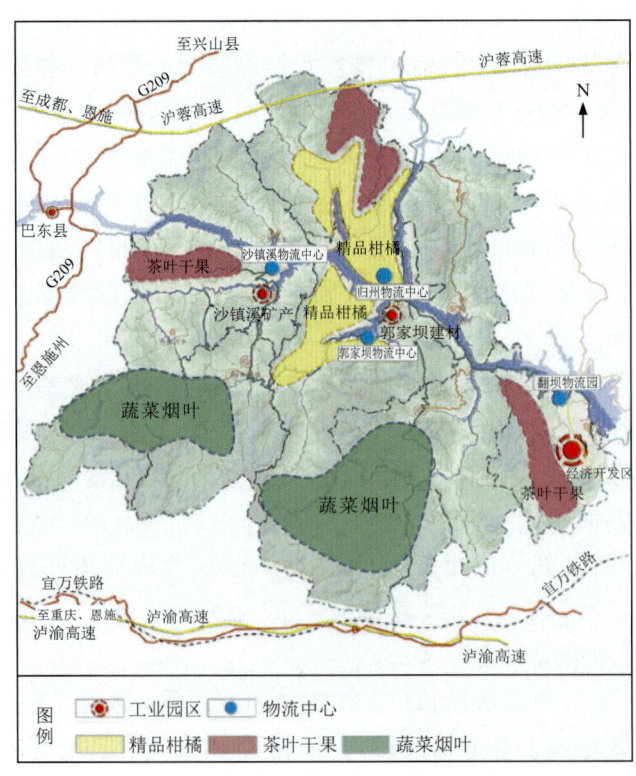

图9-6 秭归县县域产业布局规划图(湖北省城市规划设计研究院 绘,2015)

(1)农业方面:因地制宜、特色经营、基地建设、专业组织。结合山地特殊的地理环境,大力发展柑橘、茶叶、蔬菜、生猪等优势产业和培育干果、烟叶、水产等农业新方向,构建山地立体现代农业。通过脐橙基地、早茶基地、烟叶基地、高山蔬菜基地的建设,提升农业的规模化和品牌化,通过专业组织运作,增强农业的技术服务和市场经营能力。

(2)工业方面:沿江发展、"一区两点"产业集群、三足鼎立。发挥坝上库首、滨江临港的优势,着力打造沿江经济走廊,构建以中心城区、郭家坝、沙镇溪镇为核心的"一区两点"沿江产业新高地,推进产业高度集聚,加速秭归经济开发区建设,优先发展光电子、食品加工、纺织服饰三大产业集群。在九里工业园区建设光电产业园、纺织服饰产业园、食品加工产业园、纸品包装产业园、生物医药产业园;在茅坪陈家冲建设中小企业创业园;在西楚路以西建设农产品加工产业园;在曲溪港湾建设三峡翻坝物流产业园、临港工业园。

2. 柑橘种植品种

柑橘属于芸香科下属植物,是橘、柑、橙、金柑、柚、枳等的总称。在植物分类上,柑橘类果树是指芸香科柑橘亚科柑橘族柑橘亚族的一群植物,其果实具有典型的"柑果"特征。真正柑橘类果树包括 6 个属,即柑橘属、金柑属、枳属、多蕊橘属、澳指檬属和澳沙檬属,其中用作经济栽培的有 3 个属,而枳属、柑橘属和金柑属,又以柑橘属植物的鲜果栽培经济价值最大,常见的栽培类型有甜橙、柚、葡萄柚、宽皮柑橘、柑、柠檬、枸橼等。我国柑橘栽培历来以宽皮柑橘为主,甜橙和柚类次之,另有少量的金柑和柠檬。宜昌柑橘主要有"宜昌蜜橘"和"秭归脐橙",这两个品种是宜昌地区的"地标性"水果品种。

3. 秭归县柑橘产业现状与存在问题

柑橘是世界第一大水果。柑橘统计表明,截至 2016 年,我国柑橘面积超过 $2.3 \times 10^5 km^2$,产量 $3 \times 10^7 t$,柑橘作为一大宗水果,已超过苹果、香蕉,跃为全国第一大水果。同时,柑橘也成为我国南方丘陵山区、库区和老区农民脱贫致富的产业依靠。特别是位于湖北省三峡大坝的秭归县,凭借三峡河谷地区独特的气候效应,大力发展脐橙种植,根据当地实际,大力发展早、中、晚熟品种,形成全国唯一一个"春有红肉、伦晚,夏有夏橙,秋有九月红,早红脐橙,冬有长虹、纽荷尔脐橙,四季都有鲜橙上市"的柑橘生产县,秭归也因此成为全国唯一能全年供应鲜橙的柑橘产区。

秭归地处鄂西长江西陵峡段,是三峡工程库区坝首,也是全国著名的柑橘大县。区内山峰林立、沟壑纵横、溪河网布,导致地势复杂,温层效应、坡壁效应、水体效应显著,立体垂直气候特点突出,属于典型热带大陆季风气候,气候温暖潮湿,光照充足,雨量充沛,四季分明。年平均气温 18.3℃,极端最高温度 42℃,年最冷月平均温度 6.5℃;年日照平均时数 1200~1650h,无霜期为 260~306d;大于 10℃ 活动积温 5 723.6℃;平均降雨量为 1000mm;湿度 65%~75%。秭归是全国柑橘(脐橙)生长三大优势区域之一。

秭归县内最高海拔 2 056m,最低海拔 40m。海拔 600m 以下为低山,海拔 600~1200m 为半高山,海拔 1200m 以上为高山。低山地带年平均气温15℃以上,年有效积温 48 000℃ 以上,土壤多为黄壤、紫色土和石灰土,磷钾含量丰富,微酸性至中性,适宜柑橘生长发育。海拔 600m 以下低山河谷地区发展以脐橙为主的柑橘产业,其中海拔 300m 以下,以种植伦晚、红肉脐橙为主,分别在1~4月分批上市;海拔300~500m,发展中熟脐橙产业;而海拔300~400m,应以种植纽荷尔脐橙为主;海拔500~600m,则发展早熟脐橙产业。

1) 秭归柑橘产业发展现状

柑橘产业是秭归县的农业支柱产业。全县12个乡镇都盛产柑橘,占所有乡镇的100%;其中,种植面积6.67km² 以上的乡镇6个,13.34km² 以上的5个,33.34km² 以上的3个。全县柑橘专业村达100个,柑农6.7万户,占乡村总户数的60%。从事柑橘产业的劳动力达123 950人,占乡村劳动力从业人员的61.3%。截至2017底,柑橘总面积达220km²,占全县耕地面积(272km²)的80.8%。2017年投产面积150km²,占种植面积的79.80%,总产量$3.775\ 18\times10^5$ t,柑橘销售收入近30亿元。柑橘产业是秭归低山地区农民收入的主要来源,在柑橘专业村柑橘产业收入占农村经济总收入的60%~90%。秭归柑橘种植面积、产量和产业效益均在全国名列前茅,是全国柑橘大县之一(表9-5)。

表9-5 秭归县柑橘种植品种与成熟时间

品种		开始采收时间	主栽品种
早熟	温州蜜柑	9月上旬	大浦
	脐橙	9月中下旬	早红
中熟	脐橙	11月中旬	纽荷尔、罗脐
	桃叶橙	11月中旬	桃叶橙
	椪柑	12月上旬	普通
	温州蜜柑	11月中旬	兴津、尾张
	柚类	11月中旬	贡水白柚
晚熟	脐橙	2—3月	伦晚、红肉
	夏橙	5月下旬	伏令

(1)柑橘品种结构趋于优化。秭归从2008年起,采用高接换种与新建园并举的措施,优化柑橘品种结构。截至2017年底,全县柑橘总面积达到220km²。其中,早熟品种13.34km²,占总面积的6%;中熟品种140km²,占总面积的63.7%;晚熟品种66.67km²,占总面积的30.3%。早、晚熟柑橘品种占柑橘总产量的36.3%,相比2012年上升10个百分点。

(2)山区柑橘产业优势显现,经济效益不断提升。近几年来,随着柑农不断加大柑橘投入、广泛应用新技术,当地柑橘品质不断提升,柑橘价格稳步上涨,到2016年,伦晚脐橙(晚熟)最高卖到16元/kg,纽荷尔脐橙(中熟)达到6元/kg,九月红(早熟)卖到8元/kg。全县出现3个产值过亿元的村,产值5000~8000万元的村12个,柑橘(脐橙)产业创造了良好的经济效益。

(3)品牌意识进一步增强。2007—2017年,秭归在搞好县内宣传引导的同时,每年投资100多万元,充分利用广告、媒体、会展、异地举办"秭归脐橙节"等多种形式,大力宣传"秭归脐橙"品牌,充分发挥"中国脐橙之乡"、中华名果地理标志产品保护等品牌效应,提升秭归脐橙的品位,提高市场知名度和覆盖率。2008年"秭归脐橙"被农业部认定为"中国名牌农产品",2009年和2014年"秭归脐橙"商标被湖北省工商行政管理局认定为"湖北著名商标"。2017年"秭归脐橙"被国家工商总局认定为"中国驰名商标""中国原产地地理保护标志"。

(4)产业链不断延伸,产业素质稳步提高。秭归有屈姑食品、帝元罐头、泽依饮品等6家农产品深加工龙头企业,它们与农户建立利益联结机制,将农产品生产、加工、销售有机结合。"企业+基地+农户"的产业化格局正在逐步形成,农户个体经营的市场风险压力正在逐步减轻。此外,全县有家庭农场29家,通过实行规模化、集约化生产,具备了较强的市场竞争能力。在秭归进行果品商品化处理(洗果、分级、打蜡生产线)的企业共有47家、柑橘果品包装服务企业10家、柑橘果品销售公司2家、秭归脐橙电子商务网店9家,产业分工日趋专业化,产业链条不断延伸。

(5)专业合作社发展迅速,柑橘技术支持进一步加强。秭归于2002年成立了柑橘协会,协会自成立以来一直把提高农民的组织化程度作为一个重要抓手。截至2015年底,全县有农民柑橘专业合作社126个,其中国家级示范社1个、省级示范社1个、市级示范社3个、县级示范社5个。秭归柑橘良种繁育中心被确定为"国家引种引智示范基地"和"国家柑橘育种秭归试验站",建立了较高标准的母本园,贮藏了50多个柑橘品种,已具品种优势,为全县柑橘品种结构更进一步优化提供了物质基础。秭归建立县特产推广中心、农技服务中心、植保植检站、种管站、柑橘良种繁育中心、柑橘研究所和12个乡镇农技服务中心,共同服务于柑橘产业。

2)秭归柑橘产业存在的主要问题

(1)脐橙熟期结构不够合理。秭归县柑橘中熟品种居多,早、晚熟品种较少,成熟期相对集中。全县传统脐橙罗伯逊脐橙还有近60km²,占脐橙总面积30%左右,且果园老化郁闭,亟待改造。品种的熟期结构还不够合理。

(2)产业链条不够紧密。秭归县的生产主要是千家万户分散式家庭经营,集约化、组织化程度不高,致使柑农的管理水平、果实品质不均衡,产业优势效益不足。现有的打蜡加工销售企业规模小、营销能力弱、产业带动力有限。作为柑橘加工营销的龙头企业还没有真正发挥出"龙头"的作用。

(3)基础设施不够完善。秭归县属于山区,果园立地条件有限,干旱、洪涝灾害频发,基础设施建设任务大。产业缺乏投入,一些果园的排灌设施和道路、电力等基础设施没有按标准配套,果园抗旱、抗寒能力有限;机械化程度低,柑农的劳动强度大,生产力的成本高。

(4)病虫防治机制不够健全。三峡大坝建成后,水位的上升给秭归县带来了气候、生态等环境的一系列变化,柑橘大食蝇等一些危险性的病虫害有高发蔓延趋势,柑橘病虫害防治压力增大。全县有必要建立一套完整、合理的病虫害防治机制,在制度、体系上逐步完善。

4. 郭家坝镇烟灯堡村简介

1) 郭家坝镇简介

郭家坝镇位于长江南岸西陵峡畔，地处秭归县中部，背靠兵书宝剑峡。离秭归县城 40km，离巴东县城 60km，全镇国土面积 313km²，辖 20 个村、1 个居委会，总人口 5.4 万人，其中农村人口 4.9 万人。全镇现有柑橘面积 43.333km²，柑橘产量近 1×10^5 t，全镇有 17 个村（居委会）、98 个组、12 000 个农户种植脐橙，全镇 2/3 以上的村、农民都以种植脐橙为主要收入，是全县柑橘面积第一大镇。

2) 烟灯堡村简介

秭归县郭家坝镇烟灯堡村地处长江西陵峡南岸，卜文公路、香堡公路穿越全村。全村土地面积 9.59km²，辖 8 个村落，765 户，共 2075 人。村内最低海拔 175m，最高海拔 1000m 以上，是一个低山和半高山相结合的村，山势陡峭，土地贫瘠。低山以柑橘产业为主，半高山以退耕还林为契机，发展养殖业和第二、第三产业。该村属于移民村，全村现有耕地资源 1.65km²，其中柑橘园就占 1.483km²，林地有 5.681km²。该村是秭归县著名的脐橙产业大村，粮食以玉米、土豆为主。烟灯堡村也先后荣获省"宜居村庄""市级生态村""县科技示范村"和"县文明村"称号。

烟灯堡村以"产业发展生态化、基础建设优质化、村庄布局美观化、集体经济多元化"为主题，构建现代脐橙产业体系。

该村通过丰悦专业合作社流转土地，建成脐橙核心示范园 0.133 3km² 和精品果园 1.333 3km²。安装"微润灌溉"系统和山地果园轨道运输系统，推广优质峡江特色晚熟脐橙伦晚，按照"标准化定植、生态化栽培"的要求，积极培育专业合作社、家庭农场和电微商发展，大力推广应用容器大苗定植、测土配方施肥、覆膜控水增糖、生态绿色防控等现代生产技术（图 9-7）。

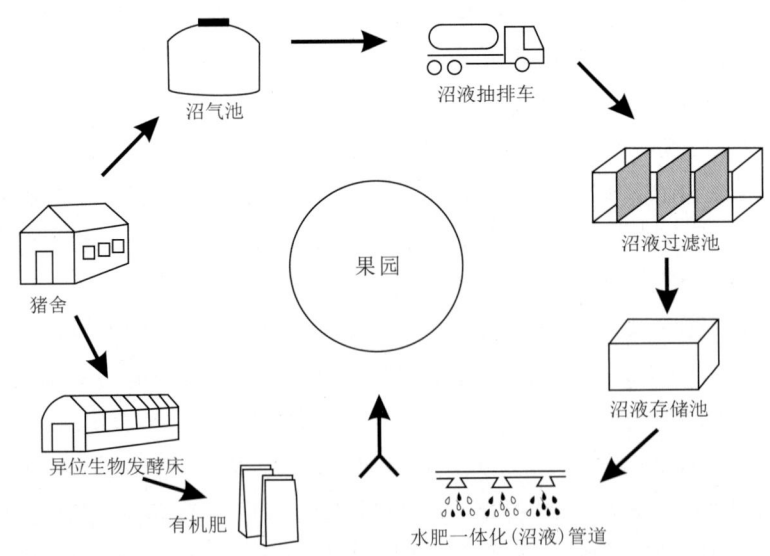

图 9-7 丰悦专业合作社脐橙园内的果－沼－蓄综合利用模式

柑橘园建设实现了五化,即基地规模化,品质优良化,管理生态化,运输机械化,销售渠道多元化。

丰悦脐橙专业合作社主要技术模式及目标:示范"绿肥+有机肥+水肥一体化、果—沼—蓄"模式。种植光叶苕子绿肥0.4km²;增施商品有机肥0.266 7km²;建设沼液三级过滤系统及存储池105m³;铺设水-肥-药一体化滴灌系统0.133 3km²;配套遥控牵引式轨道运输线200m,枝叶粉碎机1台,电动修剪机2套;安装气象站、墒情监测、病虫害远程诊断、视频监控、智能水-肥-药物联网及产品质量追溯管理系统。实施果园生草覆盖、水-肥-药智能控制、秸秆沼液还田循环利用、修剪施肥运输省力化,实现示范区禁止除草剂,改善果园生态环境,有机肥用量增加20%以上,土壤有机质在原有基础上提高5%,节约用水量70%以上,节约人工60%以上,减少化肥用量40%以上,减少农药用量30%以上,增产30%以上,可溶性固体物提高1%以上,果品全部符合食品安全国家标准,每亩增收1000元以上(图9-8)。

图9-8 烟灯堡村丰悦脐橙专业合作社的果园(左,远景;右,果园内)(侯林春,2018)

目前该村已经形成"粉面黛瓦马头墙"的峡江民俗建筑群落,加之高峡平湖和村后退耕还林项目,掩映绿波青山之间的美丽乡村格局已经形成。该园区也已成为集生态、高效、观光于一体的现代农业园,2017年接待旅行社和自驾游游客达3000人,销售柑橘收入近百万元,带动周边柑农和农家乐增收数十万元。

主要参考文献

陈香兰. 土地资源评价综述[J]. 安徽农学通报,2009,15(3):69-70.

陈孝红,谭春玉,唐作友. 长江三峡国家地质公园(湖北)概况[J]. 资源环境与工程,2006,3(20):20-28.

陈兴,覃建雄,史先琳. 川西横断山高山峡谷区旅游资源评价及开发构想[J]. 国土资源科技管理,2012,29(5):55-63.

程品运. 秭归县旱灾规律及其防御对策初探[J]. 湖北气象,2002(1):22-24.

方创琳,冯仁国,黄金川. 三峡库区不同类型地区高效生态农业发展模式与效益分析[J]. 自然资源学报,2003,20(18):228-234.

高媛. 国家地质公园评价与保护研究[D]. 西安:长安大学,2007.

侯林春,彭红霞. 秭归产学研基地野外实践教学教程——自然地理与资源环境 人文地理与城乡规划分册[M]. 武汉:中国地质大学出版社,2016.

湖北省城市规划设计研究院. 秭归县城市总体规划(2012—2030)[R]. 2015.

李小建. 经济地理学(第二版)[M]. 北京:高等教育出版社,2002.

梁晨,杨洋,王晓春. 物流园区规划[M]. 北京:中国财富出版社,2013.

刘本培,全秋琦. 地史学(第三版)[M]. 北京:地质出版社,1996.

吕宜平,代合治. 地理野外实习的教学模式与评价探讨[J]. 高等理科教育,2006,6(2):79-82.

马传明,周建伟. 秭归产学研基地野外实践教学教程——水资源与环境分册[M]. 武汉:中国地质大学出版社,2014.

马晓微,杨勤科. 基于GIS的中国潜在水土流失评价指标研究[J]. 水土保持通报,2001(2):41-44.

毛迪凡,万军伟,覃德富. 张家冲小流域的水土流失及防治对策[J]. 中国水土保持,2010(12):59-61.

屈原皋,解古巍,龚一鸣. 10亿年前的地一日一月关系:来自叠层石的证据[J]. 科学通报,2004,20(49):2083-2086.

宋发安. 秭归县柑橘产业现状及对策[J]. 农村经济学(现代农业科技),2016(10):306-310.

覃德富. 植物篱对坡耕地农作物生长的影响[J]. 中国水土保持,2009(12):50-60.

汪云. 风景区生态旅游开发之探讨——秭归四溪生态旅游区开发规划构想[J]. 华中建筑,1999,17(4):67-69.

王催春,朱冬碧,吕政. 跨文化交际[M]. 北京:北京理工大学出版社,2008.

王国爱,李同昇,刘洋. 峡谷型生态旅游景区开发与规划——以山西省泽州县丹河峡谷景区为例[J]. 规划设计,2010,11(26):30-39.

王家生,喻建新,江海水,等. 北戴河地质认识实践教学指导书[M]. 武汉:中国地质大学出版社,2011.

王壬,陈莹,陈兴伟.区域水资源可持续利用评价指标体系构建[J].自然资源学报,2014,29(8):1441-1452.

文小平,胡红亮.水库消落带植物措施设计建议[J].中国水土保持,2016(5):55-57.

吴志强,李德华.城市规划原理(第四版)[M].北京:中国建筑工业出版社,2010.

夏邦栋.普通地质学(第二版)[M].北京:地质出版社,1995.

徐友宁.中国西北地区矿山环境地质问题调查与评价[M].北京:地质出版社,2006.

严登才.搬迁前后水库移民生计资本的实证对比分析[J].现代经济探讨——三农问题,2011(6):59-63.

张明正,彭松柏,张利.秭归地区震旦系陡山沱组碳酸盐岩结核成因新认识及其地质意义[J].地球科学,2016,12(41):1977-1994.

张群,彭栋梁.工程旅游的概念辨析与发展意义探索[J].企业家天地,2009(8):154-155.

张珊珊,陈继军,周忠发,等.基于格网GIS的重点生态功能区生态系统敏感性研究:以贵州省雷山县为例[J].环境工程,2017,35(4):139-143.

张希月,虞虎,陈田.非物质文化遗产资源旅游开发价值评价体系与应用——以苏州市为例[J].地理科学进展,2016,35(8):997-1007.

郑耀星.旅游景区开发与管理[M].北京:旅游教育出版社,2010.

秭归县人民政府.秭归县志(1979—2005)[M].北京:方志出版社,2010.